U0190216

此书为国家社会科学基金项目《「战时农都」在外来旱地农作物本土化进程中的作用》的结题成果（批文号：11BZS081）

唐凌　潘济华　唐咸明　李晓幸　著

外来旱地粮食作物的
引进、改良与传播

战时农都

GUANGXI NORMAL UNIVERSITY PRESS
广西师范大学出版社
·桂林·

图书在版编目（CIP）数据

战时农都：外来旱地粮食作物的引进、改良与传播 / 唐凌等著. —
桂林：广西师范大学出版社，2022.2
ISBN 978-7-5598-4602-0

Ⅰ．①战⋯ Ⅱ．①唐⋯ Ⅲ．①旱作农业－粮食作物－外来种－
引种－研究－中国 Ⅳ．①S510.22

中国版本图书馆 CIP 数据核字（2022）第 003716 号

广西师范大学出版社出版发行

（广西桂林市五里店路 9 号　邮政编码：541004）
（网址：http://www.bbtpress.com）

出版人：黄轩庄

全国新华书店经销

广西广大印务有限责任公司印刷

（桂林市临桂区秧塘工业园西城大道北侧广西师范大学出版社
集团有限公司创意产业园内　邮政编码：541199）

开本：710 mm × 990 mm　1/16

印张：21.5　字数：230 千字

2022 年 2 月第 1 版　　2022 年 2 月第 1 次印刷

定价：68.00 元

如发现印装质量问题，影响阅读，请与出版社发行部门联系调换。

目　录

研究缘起

现在，人们越来越清楚地认识到，高产的粮食作物是改变人类社会的重要力量之一，其培育、改良、推广的过程，是农业文明成果传播的过程，是人类社会发展进步的生动体现。因此，必须重视对其进行研究。

毫不夸张地说，玉米、番薯、马铃薯等美洲作物的传播是一场世界性的运动，因为这些旱地粮食作物不仅高产，而且能适应不同的环境，种植相对容易，而且用途广泛，从多个方面影响人们的生产和生活。这些粮食作物在引入中国后的400余年间，迅速掀起了中国的"第二次农业革命"，并且至今仍在继续进行；这不仅促进了中国粮食的生产，改变了中国的粮食结构，也促进了中国山地的开发和人口的增长，进而又引起了农业生态和农业生产技术等一系列的变化。

本土化是相对于全球化来说的一个概念，《现代汉语新词语词典》的解释是"从国外引进的先进技术或产品，根据国情进行改进或改造，使之适应本国的需要"，它是一个外引物动词"化"的过程。[1]外来旱地粮食作物的本土化正是其引进、传播并逐渐符合本土特性的过程。外来旱地粮食作物作为本土化的客体，必然受到本土多种因素（地理环境、政治、社会—风俗、战争等）影响，其双向互动又决定了外来旱地粮食作物本土化的程度。就这个层面来说，本土化是一个更为复杂的过程。而研究这些因素，对揭示外来旱地粮食作物实现本土化的过程无疑具有重要的意义。

一、课题研究历史回顾

（一）国外研究概况

国外学界对外来旱地粮食作物（也即美洲作物）在中国的本土化历史的关注源自欧美个别汉学家的研究，这些研究虽成果不多，但对相关问题的关注较早。

早在 1906 年，西方著名汉学家和人类学家贝特霍尔德·劳费尔（Berthold Laufer）便撰写了一篇《玉蜀黍传入东亚考》，该文通过对清代陈元龙《格致镜原》和天主教士厄拉达（Martin de Herrada）的追忆录及几种 19 世纪后半叶至 20 世纪初西方人在西藏、西康、云南、海南岛的游记进行考证，得出如下结论：玉蜀黍（玉米）是在 16 世纪经缅甸输入云南和中国内地的；在作物传播上，一般而言，陆路传播优于海路传播。此外他还研究了中国人食用玉米的方法：青玉米作蔬菜，成熟后磨粉加工成玉米饼或煮成玉米粥。[2]

此外，美国学者何炳棣分别于 1955 年、1956 年发表《美洲粮食作物在中国的传播》（The Introduction of American Food Plants into China）、《中国的美洲粮食作物》（American Food Plants in China）两篇文章，他在 1959 年出版的《中国人口研究（1368—1953）》（*Studies on the Population of China，1368-1953*）一书（第八章第三节）中也有关于美洲作物传华的论述。他认为美洲粮食作物（玉米、甘薯、花生和马铃薯）是中国第二次农业革命的主要媒介，指出在近代这些美洲作物"继续显示出对本地旱地作物的优势"。何炳棣的研究涉及对外来旱地粮食作物传入中国的时间、路线和种植情况等，他认为玉米进入中国的时间比其他外来旱地粮食作物要早至少十或二十年，通过陆路进入中国的玉米甚至还要早上几年，其路线是东部沿海海路和从印度经缅甸最终到达云南的陆路，并且认为玉米在中国是"穷人和少数民族的食物"。他还认为包括玉米在内的美洲作物在中国繁荣的原因，一是劳动力密集的水稻类作物种植面积和发展手段已达到最大限度；二是赋税提高和灌溉设施建设与维护的困难；三是生产力下降和人口的增长。1978 年，何先生又撰文《美洲作物的引进、传播及其对中国粮食生产的影响》，在严格的史料考证基础上，概论前三种作物的传播，详论其俗名，对马铃薯则详于传播史，并注重志书编者们的重要观察和按语，以期了解当时土地、食粮、人口之间的矛盾。[3] 这是他讨论中国人口问题的历史基础，展现了其严谨踏实的治学作风。

近二十年来关于美洲作物传播方面的力作是阿图洛·瓦尔曼（Arturo Warman）的《玉米与资本主义》（Corn and Capitalism）一书，作者以人类学的视角把玉米的传播与世界资本主义的扩张结合起来，阐述了一个植物"杂种"对世界范围内人类政治、经济的巨大影响。作者在《玉米在中国：半个地球以外的冒险故事》一章中对玉米在中国本土化的相关研究做了梳理，认为"玉米在欧美大陆建立联系后大约五十年左右就开始向中国进发"，其在中国的出现"伟大而意义深远，是前所未有的大事"。与其他地区不同的是，红薯、马铃薯等美洲作物一起加入了"玉米的早期探险"。作者认为，玉米早期作为夏季作物，在中国西南省份和周围发展缓慢的山区和丘陵地区的倾斜低地和陡峭山坡缓慢扩展，至 1700 年后，玉米适应性强及易于储藏、运输和加工的优势，使其随着移民浪潮迅速扩展，并成为移民高效掠夺空间的手段，迅速取代了其他季节性的夏季欧洲作物。这种高产的外来旱地农作物（还有红薯、马铃薯等）带来了中国第二次农业革命，"使中国的食品自给成为可能"。同时，在这个过程中，玉米种植与氏族观念完全分离，并逐渐与普遍的农业传统相结合，此后，"中国农业和饮食完全接纳了玉米和其他美洲作物"。[4]

（二）国内研究概况

国内研究大致可分为三个阶段，分述如下：

第一阶段是 1956—1965 年。国内学界对美洲旱地农作物的关注发轫于

1956 年罗尔纲在《历史研究》发表的《玉蜀黍传入中国》一文。他对明清时期玉米传入中国的时间、地点及传播情况作了简短的介绍，并说明它的影响："盖到清代道光时，中国西南四川、云南、贵州等山区，由于农民辛勤培植推广新种，玉蜀黍已成为主要粮食矣。"[5]其后又有学者探讨了番薯和玉米的引种、传播，并做了比较细致的考证，代表作为 1958 年胡锡文的《甘薯来源和我们劳动祖先的栽培技术》一文。该文在考证古籍的基础上，比较分析甘薯与番薯的来源和植物性状，认为古代的"甘薯"实为"山药"。[6]其后 1961 年，王家琦、吴德铎、夏鼐等人先后在《文物》上发表四篇文章展开了关于甘薯是否为中国土生作物及其传入时间的探讨，进一步深化了学界对甘薯来源的研究。[7]

万国鼎先生分别于 1962 年和 1964 年著文详细考证了玉米的传入时间及路径。这些研究成果都注重史料的考证与辨析，为日后美洲作物的研究奠定了坚实的基础，[8]这是国内学界关注美洲高产旱地农作物本土化研究的发端。

第二阶段是 1966—1978 年。这段时期，在政治因素的影响下，外来粮食作物本土化进程进一步加速。关于这些高产的旱地粮食作物的研究成果主要集中在农业科技领域，关于本土化历史的研究成果不多，主要有佟屏亚的一篇《玉米的起源与进化》。该文借助考古发现，梳理了玉米的起源、进化与变异历程，分析了劳动人民对玉米的改良经历了漫长的自然选育状态到近代发展杂交种引起的玉米进化革命，杂交玉米的产生使玉米在全世界的种植面积迅速扩大，使玉米总产量仅次于小麦，在全世界居第二位，最后以一个农业科学工作者的立场表达了未来发展矮秆、多穗、高品质玉米杂交种的理想，这是其关注玉米史之始。[9]这也是这一时期在"农业学大寨"背景下从农业科技史角度关注外来旱地粮食作物的重要成果。

第三阶段，1978 年以后。这一时期关于外来高产旱地粮食作物的研究在原来的基础上向纵深发展，经过进一步的史料考证，学界在相关问题上研究方面取得了一些新的进展，主要成果包括以下方面：

首先，基本确定了番薯、玉米的引种性质，并对其传入时间及途径和传播情况进行了探讨。关于番薯是否是中国的原有作物，学术界在研究初期便有争论，前面已做介绍。在本阶段，除1983年周源和在《甘薯的历史地理——甘薯的土生、传入、传播与人口》[10]引用新证据认为番薯是后世传入的甘薯良种外，学术界基本认可番薯传入说，并形成了甘薯传入的几条路径和传播情况；这个时期也出现了关于玉米的是否是中国本土作物的争论，关于玉米的传入时间和传入路径也存在多种说法。关于马铃薯的研究没有出现本土和引种的争论，其研究主要集中在传入时间和争论上，其成果较番薯和玉米的研究少。这些关于美洲作物的引入及其时间及路径的研究，基本厘清了这几种作物本土化的前期历史。

其次是对这些旱地粮食作物（主要是玉米和番薯）在中国的传播及分布的探讨，也有对玉米栽培的研究。其成果主要有陈树平的《玉米和番薯在中国传播情况研究》、章楷的《番薯的引进和传播》、郭松义的《玉米、番薯在中国传播中的一些问题》、咸金山的《从方志记载看玉米在我国的引进和传播》、龚胜生的《清代两湖地区的玉米和甘薯》、耿占军的《清代玉米在陕西的传播与分布》、马雪芹的《明清时期玉米、番薯在河南的栽种与推广》、曹树基的《清代玉米、番薯分布的地理特征》、张箭的《论美洲粮食作物的传播》等。[11]这一时期的研究，不仅详析外来旱地粮食作物在全国的传播情况，也出现了地域性的研究成果，这反映了从整体到局部的历史研究趋向，有利于整体史和区域史的协调发展，从而使我们更加清晰地认识历史的发展。

最后，旱地粮食作物本土化对中国社会各方面产生影响的研究也是这一时期研究的重要突破。其影响包括：

1. 对中国粮食生产和人口的影响。

这方面的研究起源于何炳棣对中国人口问题的关注，其1978年发表的《美洲作物的引进、传播及其对中国粮食生产的影响》[12]一文，是关注外来粮食作物本土化进程对传入地影响的重要研究成果，该文的重点在于"论证粮食生产革命与人口爆炸互为因果，并强调这些作物在人口爆炸后对缓解人口压力并促进山区开发过程中的作用"。相关的成果还有闵宗殿的《海外农作物的传入和对我国农业生产的影响》、赵冈等编的《清代粮食亩产量研究》、陈树平的《玉米和番薯在中国传播情况研究》等。[13]

2. 对中国社会经济和社会生活的影响。

陈树平在《玉米和番薯在中国传播情况研究》一文中论述了玉米、番薯在中国的传播对缓解粮食压力、促进经济作物的种植和粮食生产的商品化的重要意义，并认为其种植间接有利于手工业和商业的发展。李映发在《清初移民与玉米甘薯在四川地区的传播》一文中也论述了玉米和甘薯入川对四川经济发展的影响。[14]21 世纪初，南京农业大学的国家社会科学基金资助项目"明清时期美洲作物的传播及其对中国农业生产的影响"课题组发表了一系列的文章，对这方面的探讨更加深入，主要有王思明的《美洲原产作物的引种栽培及其对中国农业生产结构的影响》。该文认为，美洲作物的传播不仅在推进农业技术进步和满足日益增长的人口的需求等方面发挥了积极的作用，而且对丰富中国农作物的种类、改善中国饮食原料的结构、推进商品经济的发展和增加农民收入也产生了非常重要的影响。[15]相关成果还有曹玲的《美洲粮食作物的传入对我国农业生产和社会经济的影响》《美洲粮食作物的传入对我国人民饮食生活的影响》，王宝卿的《明清以来美洲作物的引种推广对经济社会发展的影响——以山东为例（1368—1949）》，梁四宝、王云爱的《玉米在山西的传播引种及其经济作用》等文章，[16]还有相关的硕士论文和博士论文，成果可谓丰硕。此外，蓝勇的《明清美洲农作物引进对亚热带山地结构性贫困形成的影响》一文则认为，美洲作物的引入造成了中国亚热带山区结构性贫困，制约了商品经济的发展，以新的研究视角审视物种引进对传入地的影响。[17]

3. 对民族关系的影响。

近十年来，对玉米、番薯、马铃薯的研究呈现出新的态势：国内一些学者开始注重探究玉米、番薯、马铃薯在少数民族地区的种植、传播及其影响。韦诗业认为影响玉米、红薯等旱地农作物在近代广西大面积种植和快速传播的社会因素主要包括外来工业生产力的冲击，近代广西的行政因素、农业科教因素以及人地关系矛盾因素等。[18]张祥稳、惠富平认为，玉米的耐旱和耐寒等生长优势、清代中后期政府垦荒政策的刺激、外来移民对山地所有者的利益诱惑、市场的刺激等四个主要原因促进了玉米在我国山地的广泛种植。[19]刘祥学探究了明清以来壮族种植结构的变迁，发现玉米等杂粮在种植结构中的比重，大致呈现出由平原和丘陵向山区不断增加的趋势，但是水稻种植仍然占据绝对的主导地位。同时，壮族的种植结构变化还存在明显的区域差异，这反映了民族关系的发展状况。[20]郑维宽指出，桂西民族地区山多田少，适宜种植玉米，玉米的引进及推广，成为改变桂西农业生态环境的重要推动因素。[21]朱圣钟探讨了玉米、番薯、马铃薯在四川凉山彝族地区种植的时间、传播方式及其影响。他认为外来作物在凉山各地始种时间有先后，不能笼统地界定其传入凉山的时间。[22]朱圣钟这一观点对我们进行玉米、番薯、马铃薯在各地的种植时间研究很有启发。娄自昌认为玉米的引进和推广是苗族人口迁徙的重要经济因素。[23]温春来则探究了移民运动与玉米、番薯、马铃薯在黔西北少数民族地区种植的关系。[24]方慧谈到清代玉米和马铃薯由汉族移民从内地传入西南少数民族地区，分析了其对解决山区人民的口粮问题和民族经济的发展所起的重要推动作用。[25]西南地区的少数民族多聚居在山地。旱地农作物在传播的过程中，促进了民族经济融合。2003年，唐凌（本书作者之一）在《民族经济融合史研究论纲》[26]一文中提到，"作物品种引进与民族经济融合的关系"是"以生产力的发展和民族的交往为主线，来研究历史上的民族经济融合现象"的内容之一。该文认为，这些高产粮食作物品种是民族经济融合的产物，对农作物品种培育和引进的研究，有利于我们了解民族经济融合的情况，并强调研究引进和培育的途径和方法，及其过程背后的社会政治、经济因素的重要性。该文还认为，农作物品种的引进，对促进各民族的经济交往、融合有着重要的作用。外来粮食作物的引进与民族经济融合是一种互动的关系，即外来旱地粮食作物的引进促进了民族经济的融合，而民族经济融合的结果又为旱地粮食作物的传播创造了更为有利的条件。

4. 其他方面的影响。

高产的旱地农作物的引进和大规模种植对生态环境的破坏也值得关注，如张芳的《明清时期南方山区的垦殖及其影响》一文，就论述了红薯、玉米、马铃薯等农作物种植面积扩大后，生态环境恶化的情况。[27] 近年来，一些研究生的学位论文开始关注外来旱地农作物传入对中国农业生产、社会经济、饮食生活以及生态环境等诸多方面的影响，并对其进行综合分析，既肯定其积极意义，也指出其消极作用。这些论文主要有：曹玲的《美洲粮食作物的传入、传播及其影响研究》，宋军令的《明清时期美洲农作物在中国的传种及其影响研究——以玉米、番薯、烟草为视角》，杨海莹的《域外引种作物本土化研究》和郑南的《美洲原产作物的传入及其对中国社会影响问题的研究》等。[28]

地域性的研究成果是这一时期研究的亮点，显示了整体和区域史的结合，相关研究状况前面已有所介绍。针对广西民族地区的研究成果略显不足，专门性的研究有郑维宽的《清代玉米和番薯在广西传播问题新探》[29]，该文通过对清代广西方志资料的系统考察，分析了清代玉米和番薯在广西的引种、分布及作用。其他如傅容寿、王中林编写的《广西粮食生产史》中部分章节对玉米、番薯和小杂粮马铃薯的生产发展概况、品种类型及演变、栽培制度等方面进行了考察，但多注重现代部分，清代、民国的历史发展研究不足。此外，本书作者所在单位广西师范大学的地方民族史研究所的师生通过研究认为，清朝至民国时期政府力量的强大为经济移民提供了良好的社会环境，推动了为外来旱地农作物品种和施肥制、选种制、轮作制等技术的引进，促进了桂西地区山林坡地的开垦。李闰华在《民族交往与近代广西农业的发展变化》中认为，番薯、玉米等杂粮的引进与扩展对广西粮食产量的提高、粮食种植结构的完善及农业发展具有重要意义。[30]

从以上几点我们可以看出，学术界从关注本土化初期传入、传播路径及分布等史料考证，到开始纵深关注本土化进程中各种因素和客体（外来旱地粮食作物）之间的互动，再上升到民族经济融合的高度来考察，极大深化了对外来旱地粮食作物本土化的考察。

总之，学术界对外来旱地粮食作物的考察是不断拓展并深化的，这有助于我们认识到外来旱地粮食作物的本土化作为一个复杂的过程，其进程是各种因素交叉互动的结果，我们需要放在社会大背景下，运用多种学科理论进行分析，力图全面深入理解其进程及进程背后的交叉力量。

（三）中国"战时农都"改良和传播旱地粮食作物方面的研究概况

全面抗战时期，柳州沙塘成为"中国大后方地区唯一仅存的农业实验中心"，在促进大后方农业科研方面发挥过积极而重要的作用。秦宏毅、侯宣杰在《抗战时期的广西农业》[31]中，详细介绍了沙塘农事试验场在抗战期间所开展的科研活动，包括农业科研机构的演变，科研的方式、主要内容、主要成果，这些成果转化为大后方农业生产力的过程，等等。此外，还详细介绍广西省政府建设农事试验场时所采取的各种措施，并在此基础上论述中央农业实验研究所等科研机构在广西农事试验场开展的一些活动。该书没有对"战时农都"（也称为"农都"）这一概念进行深刻阐发，也没有从"战时农都"的立场对抗战期间柳州沙塘的农业科研活动进行评价。也许是立足于研究广西农业科研的缘故，作者没将外地科研机构在沙塘改良与传播外来旱地粮食作物的情况纳入研究范围。近年来，随着抗战研究的深入，"农都"的地位与作用逐渐为人们所认识，有关成果陆续出现。韦丹芳、石慧在《"农都"与抗战时期的农业科学研究》[32]中，论述了"农都"创建以来所开展的农业科研活动，主要有科研实验、创办农业科研刊物、成立学术团体、承担培训任务、接待学术考察等。该文明确指出，旱地粮食作物的引进与传播是农业科研的主要内容之一，充分肯定旱地粮食作物改良对大后方粮食增长的积极作用，但未能具体论述引进与传播的过程，也未能对技术力量与行政力量的关系进行分析。韦丹芳、石慧还关注抗战期间农都学术群体的形成与作用，在《抗战时期广西沙塘农业学术群体研究》[33]一文中，将抗战时期沙塘的学术群体分为农事试验场学术群体、广西大学农学院的学术群体和农林部广西推广繁殖站的学术群体三个群体，分别介绍他们在农艺、土壤改良、肥料使用、品种培育等方面开展的研究活动，并肯定其成功之处在于他们之间形成的"科—教—推"三位一体科研体制。范柏樟、黄启文《抗日战争时期的中国"农都"——沙塘》[34]一文，依据史料，认为"农都"在玉米等外来旱地粮食作物的培育之所以取得突出成绩，是因为当时的粮食生产对支撑抗战有着非常特殊的意义。战争环境下，政府和社会各界为农业科研人员提供了相对较好的工作和生活条件，有效激发了科研人员的积极性，因此，经"农都"改良的旱地粮食作物才能在大后方地区不断传播，促进粮食的产量。

从总体上看，外来旱地粮食作物在中国的研究，在学术界的共同努力下，真知灼见纷呈，成果丰硕。不过，研究中存在的问题及研究的薄弱环节仍然很多：

一是以往的研究对外来旱地粮食作物引进与传播力量的揭示还不够深入，尤其在对政府作用的分析上。中国的农业是一个传统行业，习惯势力异常强大。外来旱地粮食作物的引进及传播，势必会受传统生产习惯的制约，因此，推动力的研究就是很有必要的。1986 年郭松义在《玉米、番薯在中国传播中的一些问题》中肯定了移民尤其是外地客民在推广种植玉米、番薯的过程中的重要媒介作用。他对比了清朝政府对玉米、番薯引进和推广的明显态度差别。乾隆年间，官府积极推广种植番薯，而对于玉米的种植，官府不但不积极引导，甚至一再下令禁止垦山农民种植，并解释了其原因。[35]咸金山也略提到过玉米在少数民族、"棚民"、"流民"以及一般农民中的推广种植，但是没有说明其原因。[36]杨永福和邱学云指出玉米是随着外地汉族移民的进入而传入的，且产量很高，很快成为山区人民的主食。[37]李映发肯定了客家人为玉米、甘薯的传播及四川农业经济的恢复和发展做出的显著贡献。[38]移民、政府、农民以及市场等力量在外来旱地粮食作物传播的过程中起到重要的作用，因此有必要对这些力量进行深入的研究。但是，从目前情况看，这方面的研究是较为笼统的，不仅未能具体区分各种力量的构成，更未能进行比较分析。政府作为社会的管理者和农业生产的促进者，在外来旱地粮食作物引进及传播的过程中肩负着非常重要的使命，目前的研究成果虽然对政府制定的政策与措施有所涉及，但是研究的深度和广度都有待加强。

二是未能对外来旱地粮食作物引进与传播在不同的区域和不同的历史时段进行考察，论证过程"面"与"点"的结合程度有限，历史细节不够具体生动，学术表现力有些薄弱。目前，学术界主要是对外来旱地粮食作物的引进与传播进行宏观的整体综合研究，而对于某个区域的外来旱地粮食作物进行中观的甚至是微观的研究甚少。仅就笔者对中国期刊全文数据库的搜索统计，20世纪80年代至今，专论各地区玉米、番薯或马铃薯的论文数量是：两湖地区5篇，京津1篇，河北2篇，山东5篇，河南3篇，浙江2篇，山西2篇，陕西3篇，新疆2篇，广东和福建各有2篇，贵州4篇，云南5篇，广西7篇，四川3篇。这种格局的形成，既与外来旱地粮食作物引进与传播的成效有关，也与研究力量不均衡有关。

三是对引进与传播中的改良研究缺乏足够的重视，未能清晰说明外来旱地粮食作物"本土化"的进程、特点及规律。只有张青瑶谈到清至民国时期山西马铃薯的品种改良和普及。[39]人类学家阿图洛·瓦尔曼认为，由于人为因素的加入，玉米成为"植物学的私生子"。事实上，在不同的地区和不同的气候条件下，玉米、番薯、马铃薯的生长情况是不同的。其品种要不断进行杂交与改良，才能适应各种自然环境的需要。而以往的研究很少注意到各地对其改良推广措施及其影响，因此，只能了解其引进与传播所取得的成果，却难以发现取得这些成果的技术原因，更难了解其本土化过程中所需要的因素。

四是缺乏对引进和传播外来旱地粮食作物的实验基地和实验推广系统

的研究。毫无疑问，农业科研实验和实验推广系统的建设是近代才开始的事情，而由于近代中国是一个半殖民地半封建的国家，独立农业科研体制的创建困难重重。在这种情况下，外来旱地粮食作物改良工作长期未受到应有的重视，对实验基地及实验推广工作更是少有记载。科研实验不仅关系外来旱地粮食作物的引进与传播的速度与方式，还关系到农业的健康持久发展。20世纪30年代，南京中央农业实验所为促进全国各地农业推广，开始举办培训班，推介科研实验成果。同时，国民政府农产促进委员会以提高粮食生产为工作重点，在各地政府的支持下，创建一些农业实验基地和实验区，取得了一些成果。但是，全面抗战爆发后，由于各种条件的限制，农业科研实验工作受到很大的制约，有关情况未能为社会所认识，因此，相关研究也就相对薄弱。

根据上述情况，要想深化研究，应选择以下策略：

第一，拓展主题，延长时段，发掘新的领域。研究主题的遴选，应立足历史演进的迹象，不断开拓创新。史学研究既要具体展现历史细节，以增强历史研究的针对性和生动性，又要注重整体历史研究，置细节于整体之中，防止"碎片化"。笔者认为，由于中国疆域大，地理特征复杂，各个地区的情况不一，因此可以拉长研究时段，对某个区域或某一种外来旱地粮食作物作整体而细致的研究，不断展现其生动而具体的历史。

第二，强化资料的发掘和整理。随着新的地方志编修工作的推进，外来旱地粮食作物品种的引进及传播情况成为越来越多地方志的新内容。依据这些资料，可勾勒出外来旱地粮食作物传入的时间和空间分布，再通过相关因素的分析，就能了解这些粮食作物本土化的基本状况。地方志资料来源丰富，真实性强，特点明确，具有很高的价值。只要大力发掘，系统整理，充分利用，是可以有效推进旱地粮食作物引进与传播历史研究的。另外，随着档案管理事业的发展，从各地农业科研机构及推广机构发现和整理的资料也越来越多，并逐步向社会公布。这些资料，或多或少都包含一些旱地粮食作物引进及传播的资料，若在研究中加以利用，同样可以提高研究水平。近年来，外来旱地粮食作物引进与传播比较集中的地方，都有档案资料的公布，尤其是西南和西北各省区市。当然，农业考古发现的实物资料，通过自然科学技术证明来自外地，是与本国品种杂交的产物，并与其他资料相互参证，对提高研究质量具有更积极而重要的作用，虽然难度很大，但是，毕竟开辟出新的道路，前景是光明远大的。

第三，加强实证研究与科际整合。坚持实证研究，开展大量而扎实的个案研究，生动具体地展现美洲旱地粮食作物在中国的特点和传播规律。案例研究的类型，可以是一个试验县或实验区，也可以是某种旱地粮食作物，还可以是某种种植或传播方法。通过科际整合，综合运用经济学、社会学、政治学以及人类学等学科的有关理论与方法，深化外来旱地粮食作物在中国的研究，仍是一个充满艰辛和希望的挑战。确实，无论引进、改良还是传播，外来旱地粮食作物的综合研究都需要做大量的工作。目前所取得的成果只是初步的。

二、本课题研究的缘由

本书之所以选择全面抗战时期"农都"引进及传播外来旱地粮食作物中的作用作为研究重点，主要基于如下考虑：

第一，全面抗战时期的"农都"是中国农业科研的重要基地，农业科研的主要力量聚集在此。在当时的社会形势下，提高粮食生产量，支撑大后方经济，是各级政府的主要任务，也是农业科研人员的工作重点。而提高粮食产量的主要途径之一，就是改良及推广外来旱地粮食作物品种。因此，加强对"农都"科研人员这一工作的研究，不仅可以完善外来旱地粮食作物在中国实现本土化的过程，还能帮助人们理解中国战时经济的特点及作用。受战争等限制，"农都"的地位长期未引起学者的重视，虽然抗战结束后不久，金陵大学就撰文，认为柳州沙塘是抗战期间"中国大后方地区唯一仅存的农业实验中心"，并冠以"农都"的称号，但是，对于抗战期间发生在这里的农业科研活动，学者并未进行深入全面的研究。上述学术史回顾显示，抗战结束 70 余年来，有关"农都"的研究成果屈指可数，"农都"关于旱地粮食作物引进及传播的研究成果更是严重缺乏。从 20 世纪末开始，随着全民抗战观的形成，社会各界认识到，抗战力量的构成是多元的，大后方地区为支撑抗战做出了独特而重要的作用。因此，应重视对大后方抗战史的研究。在这种背景下，柳州市政协文史委员会多次开展"农都"历史资源调查，发现了许多历史内情及其相关的历史资料，并与来宾市档案馆合作，于 2016 年 11 月整理出版了《战时"农都"纪实》一书。"农都"作为重要的抗战遗址，对其保护与开发利用，受到柳州市政府及相关部门的关注，系列措施相继出台，目前，"农都"遗址已成为重要的爱国主义教育基地和新的旅游景点。但是，农业科研内情的揭示，无论深度还是广度都有待加强。本课题选择"农都"在外来旱地粮食作物引进及传播中的作用作为研究对象，就是为了揭示抗战中的农业科研发展史，深化大后方历史的研究，同时促进地方文化和经济建设。

第二，旱地粮食作物的引进与传播是一个漫长的历史过程，涉及许多复杂的自然因素和社会因素。抗战时期社会急剧动荡，给引进与传播带来许多困难，但是，战争时期对粮食生产的迫切需求又给引进与传播提供了强大的动力。这两者的结合，使抗战时期的外来旱地粮食作物的引进与传播具有许多独特性。尽管在整个外来粮食作物本土化过程中，全面抗战期间"农都"所做的工作并没起主导作用，但也不可或缺。若缺乏对战时"农都"工作的研究，外来旱地粮食作物本土化的历史就是不完整的。中国的抗日战争不仅是中华民族反抗日本侵略的斗争，也是世界反法西斯战争的重要组成部分。抗战进入相持阶段后，世界不少国家为了帮助中国抗击日本侵略者，主动将一些高产的玉米、马铃薯等旱地粮食作物品种输送到中国，还通过人才培训、技术交流、救助等方式，推动中国农业科研的发展和这些粮食作物的传播，以壮大抗战的经济力量。可以这样说，抗战时期外来旱地粮食作物的引进及传播，既有内力的作用，也有外力的作用，这些作用使引进与传播的速度大大加快。"农都"存在的历史只有短短的五六年，影响有限，但是，它对外来旱地粮食作物品种的改良与传播，以及对大后方农业生产技术的提升所发挥的作用，为其他政府部门和农业科研机构所不能比。研究"农都"在抗战中的这些作用，既可丰富外来旱地粮食作物在中国引进及传播的内容，还可展现战争力量与科研力量的相互关系。从新的视角认识"农都"的地位。

第三，玉米、红薯、马铃薯等旱地粮食作物主要适宜在山坡地生长，而西南和西北地区多为山区。抗战时期，聚集在柳州沙塘"农都"的研究人员由于主要为大后方地区的经济建设服务，因此，在改良与传播旱地农作物的过程中，主要围绕着西南和西北地区的生产环境开展科学实验工作。"农都"目前所存的实验报告、生产计划、日志、工作经验、总结等，多数带有鲜明的山区烙印。历史事实显示，外来旱地粮食作物最初在东南沿海各省引进，但是传播却主要在西南和西北山区。其中全面抗战期间是传播速度较快的时期。这与"农都"针对山区生产环境开展的系统研究所取得的成果存在较大关系。因为这种研究，为农业技术落后的地区扫清了许多生产的技术障碍，指明了前进的方向。因此，从玉米、红薯、马铃薯等旱地粮食作物生长的条件来看，加强"农都"作用的研究也是非常有必要的。

第四，战时"农都"由农业科研机构与广西省政府共同组建，集研究、实验、推广多种功能于一体。农业科研人员的研究成果，经过一定初步实践检验后，在各级政府的帮助下，通过实验推广系统，迅速在大后方地区传播。"农都"科研机构与政府农业部门如何协调工作？"农都"与各地联系如何建立？推广系统是如何运作的？这些问题都需要回答。众所周知，在自然经济主导的社会背景下，传统的农业生产方式根深蒂固。因此，政府推动农业改革阻力重重。外来旱地粮食作物的引进与传播既是一个先进技术的发展过程，也是社会系统变革的过程。显然，其研究意义非同寻常。

本课题研究的优势在于：

第一，地缘优势。"农都"地处柳州市城郊。民国初年，广西的农业科研活动就在这里启动。即使从广西农事试验场的创建算起，也有近百年的历史。虽然在桂南和桂柳会战期间，这里的设施遭到日军的极大破坏，但是仍有一些遗址保留了下来。抗战胜利后，"农都"结束了自己的使命，但这里的农业科研工作始终没有停止，一直延续至今。柳州沙塘周边地区的许多垦区、农场和村庄，都是"农都"的实验基地，承担过各种不同的农业科研实验任务。参与"农都"创建及科研工作的科技人员、干部、职工、村民，有的还健在。他们熟悉当地的情况，了解当年的历史，更重要的是，他们热爱这片曾为抗战做出过重要贡献的土地，也都想为"农都"遗存和文化的保护和开发贡献一份力量。在研究过程中，通过深入实地开展调查，可以了解真实的历史场景，把握历史的脉动，认识历史的意义与价值。毫无疑问，这种研究的地缘优势是其他地区所不能比的。

另外，广西抗战的地位独特而重要。从地理上看，抗战时期的"大后方"主要是西南和西北各省；就战争环境而言，大后方不同于前线，其任务是以加强建设，为前方的斗争提供各种支撑为主。广西靠近东南沿海地区，面向东南亚，与越南接壤，同时是连接中原地区和西南地区的交通枢纽。全面抗战前期，广西是大后方的组成部分。中期，由于桂南战役的爆发，广西的大后方地位有了改变。日军撤离后，这一地位又得以恢复。到了后期，日军为了打通大陆交通线，发动了豫湘桂战役，桂林、柳州、南宁等成为中日争夺的重点，整个广西变成了战场。因此，准确来说，抗战时期的广西并非严格意义上的大后方，而是相对意义上的大后方，或者说是部分阶段具有大后方特征。这种特征，决定了抗战时期的广西与其他大后方地区既有联系又有区别。这就是其地位特殊之所在。广西作为大后方，在政治、经济、文化、军事等方面的建设取得突出成绩，确保全国抗日得以坚持，增强了中华民族战胜敌人的信心；而广西作为前线，无论正面战场还是敌后战场，都给日军以重创，为整个战局赢得了时机。广西之所以能在抗战中做出重大贡献，与这种既是大后方又是前线的特殊地位有很大关系。由于"农都"设在广西中部的柳州沙塘，战争的形式变化就会直接或间接地影响这里的农业科研活动。同样，"农都"的工作成效，也会直接或间接地对大后方地区的农业产生影响。旱地粮食作物的引进与传播在这种情况下面临着复杂的形势，恰恰因为如此，研究"农都"在其中的作用也就显得特别必要和重要。

第二，资源优势。"战时农都"创建期间，中央农业研究所等科研机构与广西农事试验场合署办公，除共同开展研究外，还共同创办《沙塘农讯》等刊物；此外，广西大学农学院、广西农事试验场也独立创办了一些刊物，发表"农都"的农业科研成果；这些刊物及其成果，相当部分保存在沙塘。翻开当年的农业研究成果记录，发现不仅有翔实的科研过程记录，还有各种生产方法的论述和生产环境的分析。有的工作报告虽然没有直接涉及农业科研，但包含许多农业推广计划、对策等。扩大旱地粮食作物的种植是当时各级政府的重点工作之一，因此，推广计划、对策大都针对如何实现扩大种植面积来制定实施。从中不难发现外来旱地农作物引进及传播成功的原因。当年一些在"农都"工作的人员尽管离开了沙塘，但是他们对战时农都沙塘的思念没有停止，并以各种方式支持沙塘的农业发展。他们的回忆、讲话、讲学、招商引资行动等，丰富了"农都"的内涵，进一步完善了"农都"的资料结构，并使之具有权威性与独特性。新一轮地方志编修过程中，许多在抗战期间承担外来旱地粮食作物改良实验的县、镇、乡等，都认真挖掘相关资料，努力揭示这一历史的真相。桂林作为当时广西的省政府所在地，其图书馆桂林图书馆保存有大量文献资料。柳州市图书馆和来宾市图书馆也日益重视"农都"特色资源的开发与利用，设立专题文献库。新建的战时农都博物馆，更是收集了大量的实物资料、图片资料和口述资料。这些，都为本课题的研究创造了有利的条件。

第三，合作优势。笔者所供职的单位长期致力于广西地方史的教学与研究，与柳州生态职业技术学院社会科学教学部、广西科技大学社会科学教学部、广西职业技术师范学院社会科学教学部、中共柳州市党史办公室、柳州市社会科学界联合会、柳州市地方志编纂委员会、柳州市档案馆等单位建立了较为密切的工作联系，经常联合开展科研活动，或者在研究中相互支持，共同探索，共同促进。早在前几年，笔者已与上述高校及科研机构的同行开始关注"战时农都"在改良外来旱地粮食作物中的作用，并协助其中的一些学者着手开展这一课题的研究，取得了一些成果。同时，在学科建设和专业建设中，笔者也把强化"农都"研究作为主要内容。因此，本课题的研究，可在原有合作的基础上，扩大范围，深化战时科技领域，产生更多有影响力的成果。

三、本课题研究的基本任务与方法

（一）基本概念界定

1. 战时农都

1938 年春，南京中央农业试验所在沙塘设立工作站，与广西农事试验场合署办公，标志着"战时农都"成立。至 1944 年底"农都"被日军炸毁，"农都"一共存在约 6 年时间。在此期间，先后在此开展农业科学实验的，还有农林部广西省推广繁殖站、农林部西江水土保持试验区、广西大学农学院、广西省立高级农业职业学校，此外，农林部中央农业试验所、江苏教育学院等科研机构或学校的科研人员也在此开展过一些农业实验工作。因此，"农都"的科研力量构成，既包括原来在此一直开展科研实验工作的广西农事试验场，也包括从外地迁移到此的中央农业试验所等科研机构，还包括外地在此开展过实验工作的科研人员，以及与沙塘有所联系的科研机构和高校。"农都"当时的主要任务，是培育高产的粮食作物和经济作物，并在大后方地区进行推广，以促进抗战经济的发展。而沙塘附近的垦区及农村，负责将"农都"培育的优良品种进行试种，因此，这些垦区及农村，是当时"农都"的重要组成部分。广西省政府为了引进与传播先进的农业生产技术，设立了六个农业督导区，分别在桂林、桂平、宜山、南宁、田东、龙州设立农场，并将临桂、宜山、柳城三县定为农业推广中心实验县，这些农场和实验县直接承担着"农都"的各种实验任务。事实上，抗战期间，"农都"的科研人员有的经常到这些地方指导和开展农业科研活动，有的则通过与当地农业科研人员合作开展实验工作，因此，这些地方也是"战时农都"的重要组成部分。本课题依据上述情况，把凡是与"农都"在外来旱地粮食作物改良与传播有关系的地域，都列入研究范围。

1945 年，金陵大学校刊载文称沙塘"是中国战时后方唯一仅存的农业试验中心"，这是对沙塘农业科学研究地位最早的肯定。当年在沙塘从事学习与研究的人员，对沙塘农业科学试验的活动予以高度赞扬。后来研究者根据亲历者的评价，使用"战时农都"的概念。曾在沙塘学习，后任农业部部长的何康，2003 年在访问柳州沙塘时将沙塘称为"农都"[40]。2012 年他再一次访问柳州沙塘时，亲笔题下"沙塘——战时农都"几个字。2013年他接受《百年潮》杂志编辑采访，访谈以《结缘农业七十年：农业部原部长何康访谈录》为题发表，其中又一次提到了"战时农都"[41]。后来，这篇采访被《新华文摘》转载[42]。

2. 外来旱地粮食作物

从战时经济的立场出发，"农都"的主要任务是培育、推广高产的粮食作物和经济作物。本课题涉及的外来旱地粮食作物，主要是从国外引进的玉米、红薯、马铃薯等，这些旱地粮食作物，不仅高产，而且符合西南和西北地区的生产环境，对迅速提高粮食产量，促进中国战时农业经济发展发挥着十分重要的作用。因此，"农都"科研机构及其工作人员始终把外来旱地粮食作物的引进及传播过程，以及在此过程中的相关因素作为研究的主要对象。当然，鉴于旱地粮食作物的杂交是引进及传播的主要方式，而附近省区的一些优良品种对杂交实验具有促进作用，更重要的是，它们还是当时科研实验不可缺少的条件，因此，本课题也将其纳入外来旱地粮食作物的范畴。从这个意义上说，外来旱地粮食作物，有广义和狭义之分。本课题重点关注狭义的外来旱地粮食作物，即从国外引进的玉米、红薯、马铃薯；而根据研究需要，会适当扩大视野，将广义的，即广西以外省区培育的旱地粮食作物品种，作为研究中的参照系。

3. 引进与传播

外来旱地粮食作物的成功引进和有效传播，必须以本土化的实现为前提。而要实现本土化，就必须对外来品种进行精心培育，使之不仅能尽快适应本地的生长环境，还能通过与本地优良品种杂交等途径得到优化。因此，本课题将"农都"科研人员培育玉米、红薯、马铃薯的经过及成效，作为重要研究内容。同时，旱地粮食作物的传播还要通过行政和教育的力量予以推动，因此，本课题也把各实验区的种植情况，以及各级政府鼓励的政策、措施、成效等作为研究的重要内容。鉴于"农都"以柳州沙塘为中心，许多实验也主要集中在附近的垦区及广西省政府确定的农场、实验县，引进与传播的状况将以广西为主要考察范围，并适当扩大到大后方其他地区。

（二）研究思路与方法

本着"以史鉴今"的原则，本课题以为社会提供"战时农都"依靠政府和科技力量，改善民生，改变战争力量，将外来粮食作物转化为财富和自强因素的历史借鉴为目标。

从全面收集、整理有关的历史资料入手，以抗战时期玉米、番薯、马铃薯等外来旱地粮食作物的种植面积及产量变化为研究基础，以"引进——改良——推广——实现本土化"为基本研究思路，运用实证和比较分析、统计分析等历史学基本方法，同时借鉴区域经济理论和现代化理论，对战时"农都"促进外来旱地农作物本土化进程中的作用进行评析。

（三）研究的重点和难点

本课题研究的重点，主要是"战时农都"改良、推广外来旱地粮食作物的具体过程，以及它在促进其本土化进程中的作用，包括方向引领、组织实施、技术指导、辐射影响等。

努力突破的难点：一是抗战时期外来旱地粮食作物在大后方地区"本

土化"的特殊性及其表现形式。对于人们对这些品种的认可方式和认可程度，除用种植面积和产量表现外，尽量进行历时性的揭示。观念是一种深层次的存在。农民保存了上千年的生产方式要进行改变，在战争环境下接受外来旱地粮食作物，显然是一个艰难的过程。研究中，不仅需要对不同地区和不同民族种植的外来旱地粮食作物的数量和产量予以考察，还要研究其思想观念和生产方式变化的原因，而这就决定了必须收集大量的资料，从生产过程和思想观念改变过程两个维度进行翔实的分析。二是抗战时期，农业科研环境与科研成效的正确评析。"农都"是全面抗战时期中国重要的农业科研基地，它在外来旱地粮食作物的引进、改良与传播中的作用，既体现了科研规律，也体现了战争规律，这两种规律的有机结合，需要正确寻找时代原因，更需要准确把握两种规律的核心构成要素。"农都"科研成效，既要重视经济效益的考察，也要重视社会效益的考察。这是两种不同指标系统的效益评价，要正确协调立场，必须从经济学和历史学的基本立场出发，以战时中华民族利益的实现为依归。因此，无论理论还是实践，都要进行新的艰难的探索。三是"战时农都"创建中国民政府及广西省政府的关系。要立足于放在大后方经济的整体格局中进行考察，从各种政策、措施中分析"农都"存在的政治基础及技术基础，揭示战时中央势力与地方实力派的关系。以蒋介石为代表的国民党中央势力与李宗仁为首的桂系势力历来存在尖锐的矛盾与斗争。全面抗战爆发后，他们的矛盾与斗争虽然有所缓和，但未停止。"农都"创建与发展过程中，国民党中央势力与地方势力均以各自的方式渗透其影响，这就对研究工作增加了难度，必须从政策和措施等层面辨析矛盾的实质及其表现形式，予以正确的评价。四是"农都"遗产的文化价值。要从近代农业科技的视角，剖析这种价值的构成要素及其社会影响力。全面抗战时期的农业科技史是学术界研究的薄弱环节，缺乏可资借鉴的成果，只能加强独立探索，才能产生形成有影响力的成果。

（四）基本观点

本课题通过研究，将依据历史事实努力证明：

20世纪30年代的广西是中国的"模范省"，这为"战时农都"的创建奠定了坚实的社会基础。全面抗战爆发后，欠发达的边疆地区存在着特殊的发展机遇。战争的需求和政府的努力相结合，使得"农都"的科技元素有效转换为生产力，支撑抗战经济。

全面抗战时期"农都"之所以能够发挥积极而重要的作用，既取决于科研机构制定的科学实验制度及方法，也取决于桂系集团所建立的农村基础组织，还取决于大后方经济建设的推动。科技、政治和经济等多种力量的推动，是战时外来农作物实现本土化的重要保证。

民生改善是外来旱地粮食作物实现本土化的社会基础。"战时农都"的领导者和践行者充分利用本地的自然和社会资源，把改善民生与改革生产和生活方式结合起来，促进了外来旱地粮食作物的本土化。在战争环境下，这既是一种应急之策，也是一种创举。

中央政府和广西省政府都对"农都"予以支持，形成了一定的合力，客观上有助于旱地粮食作物的改良与推广。全民抗战的精神，在农业科研实施过程中得到较为全面而深刻的表现。"战时农都"在中国近代农业发展史上具有十分重要的地位。

抗战时期，高产旱地粮食作物的改良与推广是改变敌我力量对比的因素之一。"农都"科技为抗战胜利做出了独特的贡献，历史不应该忘记。

第一章

抗战前外来旱地粮食作物在广西的引进及传播概况

要了解"战时农都"引进及传播外来旱地粮食作物的状况，必须了解这些作物过去的历史。这里以地方志资料为主要依据，勾勒出这些作物在中国，尤其是广西的引进和传播的基本情况。

一、外来旱地粮食作物的品种

粮食作物主要有水稻、玉米、麦类、黍、高粱、芋、马铃薯等。其中，外来旱地粮食作物主要有番薯、玉米、马铃薯等。

根据《广西年鉴》（第二回）记载，广西的粮食作物主要有："水稻、陆稻、小麦、玉蜀黍、高粱、黄粟、鸭掌粟、荞麦、甘薯、芋、木薯、大豆、绿豆等"。[1] 而除了水稻，它们都属于旱地粮食作物。然而，主要的外来旱地粮食作物之一马铃薯，在《广西年鉴》（第一、二、三回）中并未见相关记载。新编《广西通志·农业志》提道："马铃薯别名洋芋、土豆、山药蛋。是粮食、蔬菜兼用作物。原产南美洲，传入我国已 300 多年历史，广西则在近 100 年才有种植。1960 年自治区农业厅调查容县等 12 个县，发现黎村马铃薯等 16 个农家品种中，栽培时间最长的达 71 年，短的也有 18 年，一般是 22 年至 53 年。"接着又说道："马铃薯在广西多作蔬菜用，农家多是零星种植，大面积成片栽培较少。"[2] 由此可以推断，1944 年以前，马铃薯在广西的种植范围较小，产量较少。

本文主要探讨玉米、甘薯（番薯）、马铃薯这三种外来旱地粮食作物引进及传播的有关问题。

（一）玉米的别称

农业的发展进步，往往需要每一个地方人民的努力推动，不同地区不同作物相互交流的过程。不同地区作物的相互引入和传播，也需经过各个地方人民的辛勤耕作得以推广，外来作物更是如此。

根据佟屏亚编著的《中国玉米科技史》，"玉米作为一种新引进的农作物，当地人总是以其象形或相近于某一作物为词根，再加上一个原作物的名词或修饰语，合成一个有别于本地农作物的名称。所以玉米的词根总离不开麦、黍、谷、豆，等等。但难免同其他农作物品种的原有名称发生交叉和混淆，极容易引起后人的误解。"[3] 在此也列出《中国玉米科技史》中关于玉米在文献和方志中的异名。其"在查阅古籍方志和编写本书时，接触到的玉米异名多达124个，但有些异名因查无实据而不能完全辨其真伪。本文仅从中选列50例"[4]。如下表所示。

表1-1 中国地方古籍方志中玉米的异名表

序号	异名	古籍印刷时间	出处
1	玉麦	嘉靖三十年（1551）	河南《襄城县志》
2	番麦	嘉靖三十九年（1560）	甘肃《华亭县志》
3	御麦	万历元年（1573）	浙江《留青日扎》
4	玉谷	万历三十一年（1603）	山东《诸城县志》
5	西天麦	万历四十四年（1616）	甘肃《肃镇志》
6	西番麦	崇祯十五年（1642）	江苏《吴县志》
7	包谷	康熙二十一年（1682）	湖北《竹山县志》
8	玉芦	康熙二十二年（1683）	浙江《天台县志》
9	玉秫	康熙三十年（1691）	江西《广昌县志》
10	红须麦	康熙三十七年（1698）	云南《蒙化府志》
11	遇粟	康熙三十七年（1698）	浙江《武义县志》

序号	异名	古籍印刷时间	出处
12	雨麦	康熙六十一年（1722）	贵州《思州府志》
13	棕包粟	雍正十年（1732）	福建《永安县志》
14	珠米	乾隆十一年（1746）	广东《河源县志》
15	观音粟	乾隆十六年（1751）	江西《安远县志》
16	番大麦	乾隆二十八年（1763）	福建《泉州志》
17	玉黍	乾隆三十二年（1767）	河南《嵩县志》
18	玉米粟	乾隆三十六年（1771）	江西《龙县县志》
19	玉包谷	乾隆三十八年（1773）	湖南《郧西县志》
20	御蕉籽	乾隆四十三年（1778）	山西《长子县志》
21	包儿米	乾隆四十六年（1781）	《热河志》
22	须粟	乾隆四十九年（1784）	江西《萍乡县志》
23	象谷	乾隆四十九年（1784）	江西《萍乡县志》
24	陆谷	乾隆五十三年（1788）	浙江《鄞县志》
25	芋麦	嘉庆十年（1805）	山东《汶志纪略》
26	棒儿米	嘉庆十三年（1808）	山东《禹城县志》
27	夭方粟	嘉庆十六年（1811）	四川《金堂县志》
28	玉米	嘉庆二十二年（1817）	四川《茂州志》
29	包菽	嘉庆二十四年（1819）	湖南《安仁县志》
30	包萝	嘉庆二十四年（1819）	安徽《怀远县志》
31	玉角	道光十二年（1832）	湖北《长阳县志》
32	玉粒子	道光十二年（1832）	湖北《长阳县志》
33	鸡豆粟	道光十四年（1834）	江苏《明斋小识》
34	苞米	道光十九年（1839）	山东《蓬莱县志》
35	玉蜀黍	道光二十一年（1841）	贵州《遵义府志》
36	玉粟	道光二十七年（1847）	《广顺州志》
37	玉秫秫	道光二十九年（1849）	山东《平度州志》
38	禹谷	同治五年（1866）	山西《河津县志》
39	包谷豆	同治九年（1870）	四川《营山县志》
40	腰粟	同治九年（1870）	浙江《嵊县志》
41	金豆	同治十年（1871）	江西《南昌府志》
42	珠粟	同治十一年（1872）	江西《南城县志》

序号	异名	古籍印刷时间	出处
43	宝珠粟	同治十一年（1872）	江西《瑞金县志》
44	粟包	光绪二年（1876）	广西《上林县志》
45	巴儿米	光绪八年（1882）	上海《嘉定县志》
46	棒子	光绪十一年（1885）	吉林《通化县志》
47	玉豆	光绪十一年（1885）	山东《日照县志》
48	包麦	光绪二十七年（1901）	《白盐井志》
49	榜子	光绪三十年（1904）	山东《寿光乡土记》
50	西番谷	民国三年（1914）	《辑安县乡土志》

资料来源：佟屏亚：《中国玉米科技史》，北京：中国农业科技出版社，2000年，第23—25页。

从以上玉米的异名看，由于我国各地的方言繁多，文字划一而语音语调相异或相差甚远，大部分的农作物推广者往往是底层的劳动人民——农民，他们识字不多甚至不识字，因此，在引入和推广外来作物之时，当地人一般都会给它起个新的名称。推广的地区多了，种植的面积大了，名称也就愈来愈多。正如佟屏亚所言，玉米在我国各地种植后，劳动人民给它起了很多异名，或由其源，称为御麦、御米、番麦、西番麦、西天麦；或缘其形，称为包果、苞谷、包粟、棒子、玉菱、包儿米；或贵其质，称为珍珠果、珍珠米、玉蜀黍、玉麦、五谷、玉豆，等等。[5]

广西地方古籍方志中，玉米的异名多达十几个，有玉蜀黍、苞米、玉高粱、苞谷、包粟、番麦、御麦、珍珠粟、包谷、粟、苞粟等。现在列出广西地方古籍方志中玉米的异名。

表1-2　广西地方古籍方志中玉米的异名

序号	异名	古籍印刷时间	出处
1	苞米	清嘉庆五年（1800）	《广西通志》卷八十九《舆地略十·物产一》

序号	异名	古籍印刷时间	出处
2	包粟	民国三十七年（1948）	《宾阳县志》第四编《经济·产业·农产·谷之属》
3	玉黍	民国二十三年（1934）	《隆安县志》卷四《食货考·经济·物产并·农产》
4	包谷	清道光十年（1830）	《白山司志》卷十《物产·谷之属》
5	苞粟	民国二十二年（1933）	《同正县志》卷六《物产·植物》
6	粟	民国三十三年（1944）	《思乐县志》卷二《经济篇·物产·植物·杂粮类》
7	珍珠粟	民国三十三年（1944）	《思乐县志》卷二《经济篇·物产·植物·杂粮类》
8	马齿粟	民国三十三年（1944）	《思乐县志》卷二《经济篇·物产·植物·杂粮类》
9	粟包	民国二十三年（1934）	《上林县志》卷七《食货部·物产·谷之属》
10	御米	民国二十三年（1934）	《柳城县志》卷二《地舆·物产·杂粮之属》
11	玉蜀黍	清光绪三十一年（1905）	《临桂县志》卷八《舆地志二·物产》
12	玉高粱	清光绪三十一年（1905）	《临桂县志》卷八《舆地志二·物产》
13	包米	清光绪三十一年（1905）	《临桂县志》卷八《舆地志二·物产》
14	露粟	清道光十九年（1839）	《西延轶志》卷十《杂记·土产附·谷类》
15	玉麦	民国二十三年（1934）	《北流县志》第三编《经济·农产·谷之属》
16	番麦	清光绪二十三年（1897）	《容县志》卷五《舆地略五·物产上·谷之属》
17	御麦	清光绪二十三年（1897）	《容县志》卷五《舆地略五·物产上·谷属》

由上表可见，玉米的异名，广西有十七种之多，这仅仅是目前查阅到的广西古籍方志资料中出现的一些称谓。中国是多民族的国家，又是长期统一的历史大国，随着交往的发展，各地区的人们会自觉或不自觉地趋向于使用其中几个称谓，最终统一使用规范化名称。现今世人所称的玉米、苞谷和玉蜀黍，就成为广泛使用的名称。

（二）甘薯、马铃薯的别称

关于甘薯的名称，何炳棣通过查阅中国多部方志及朝鲜的《种薯谱》，发现"计甘薯名之可考者，共二十六：甘薯，白蓣（芋），红蓣（芋），紫蓣（芋），红薯，白薯，甜薯，金薯，番薯，红山药，番苕，番荠，粤蓣，番芋，山芋，朱薯，黄薯，回子山药，土瓜，地瓜，红山蓣，山薯，黄苕，赤芋（朝鲜），琉球芋（朝鲜），番茄（朝鲜）"[6]。不过，至于这些名称是否全都是甘薯，目前亦有学者进行研究。尹二苟先生从多方面多视角考证得出"回回山药"并非甘薯或洋山药，而是马铃薯。[7]梁四宝先生研究后发现，"回子山药"并非甘薯而是马铃薯。[8]

在广西，红薯的称谓也很多，桂北称地瓜，桂南叫番薯。1949年之前的广西地方志对红薯的称谓还有：薯、青藤薯、白皮薯、京薯、黄心薯、脚板薯、黄姜薯、博白薯、六月红、六十薯、臭收薯、枫沙薯等。

马铃薯，亦称山药、山药蛋、洋山芋、洋芋、土豆、地蛋、爪哇薯、荷兰薯、番鬼慈薯。具体地说，"河北、东北叫土豆，内蒙古、张家口叫山药，山西叫山药蛋，云南、四川叫洋芋，上海叫洋山芋"[9]。广东的马铃薯叫爪哇薯，相传是从爪哇传来，还称之为"薯仔、荷兰薯、地瓜"[10]。福建叫洋芋，江苏、浙江叫洋山芋。浙江温州还叫"洋芋、番人芋、洋蕃荠或凤凰蛋"[11]。东北称作土豆，已迟至19世纪。[12]广西则多称之为马铃薯。

二、玉米引进广西的路线及在广西的分布

（一）玉米传入中国的时间和路线

对于玉米传入我国的时间和渠道，部分学者认为目前尚缺乏明确记载。然而，佟屏亚根据查阅到的古籍文献，认为"大约在16世纪初期，玉米沿着一条曲折的、时断时续的道路进入中国。因为它来自西方，故当时人们管它叫番麦或西天麦，又因为它是以罕见珍品奉献给皇帝，所以又有御麦的美称"。[13]他查阅16世纪（1501—1600）的古籍和方志，发现以下关于玉米种植的记录：

1. 嘉靖三十年（1551），河南《襄城县志》，玉麦。

2. 嘉靖三十四年（1555），河南《巩县志》，玉麦。

3. 嘉靖三十九年（1560），甘肃《平凉府志》，番麦、西天麦。

4. 嘉靖四十二年（1563），云南《大理府志》，玉麦。

5. 万历元年（1573），田艺蘅著《留青日扎》，御麦。

6. 万历二年（1574），《云南通志》，玉麦。

7. 万历五年（1577），河南《温县志》，玉麦。

8. 万历六年（1578），李时珍著《本草纲目》，玉蜀黍、玉高粱。

9. 万历九年（1581），慎懋官著《华夷花木鸟兽珍玩考》，御麦、番麦等。

10. 万历十五年（1587），王世懋著《学圃杂疏》，西番麦。

11. 万历二十二年（1594），河南《原武县志》，玉麦。

12. 万历年间（约 1570—1600），兰陵笑笑生著《金瓶梅词话》，玉米。

据目前所掌握的古籍方志，虽不能确切玉米传入中国的时间，但是应该是可以估计玉米大约在明正德、嘉靖之际传入中国。美国学者安德森在《中国食物》中写道："玉米的首次确切记载是在 1555 年，出自河南；最初应该在中国其他地区引种（何炳棣，1955 年）……玉米肯定是经海路而来，同时也可能取陆路从云南入境。在前哥伦布时代，玉米在中国并不为人所知，但欧洲人一到远东，它无疑就被引进到中国了；葡萄牙人发现，玉米在热带气候下比其他任何农作物都长得更好，所以他们到处种植，而且经常当其刚刚首航到某一地区时就这样做。由于产量高，甚至在丘陵和贫瘠土壤中也易于生长，玉米迅速地传播开来。"[14]他认为玉米是经海路而来的，但在其著作中未见其论证，因此不知道他是如何得出这个结论的。安德森可能未看到嘉靖三十年（1551）刊行的河南《襄城县志》中关于"玉麦"的记载，因此认为"玉米的首次确切记载是在 1555 年"。1573 年（明万历元年）浙江钱塘（今杭州）人田艺蘅在《留青日札》中记述："御麦出于西番，旧名番麦，以其曾经进御，故名御麦。干叶类稷，花类稻穗，其苞如拳而长，其须如红绒，其实如芡实，大而莹白。花开于顶，实结于节，真异谷也。吾乡传得此种，多有种之者。"[15]这也证实了明末中国已经开始种植玉米了。

据陈树平先生对玉米在中国的传播情况的研究，这种农作物大概是通过三条渠道传入的：一是由海路传到东南沿海各省然后传入内地；二是由西北陆路传入陕甘地区；三是由西南陆路传入。[16]美国学者安德森认为"玉米肯定是经海路而来，同时也可能取陆路从云南入境"，这与陈树平先生认为的三条渠道中的两条吻合，只是否认从西北陆路传入陕甘地区。海路输入的具体情况，因实证资料缺乏，目前不是很清楚，但随商路输入的可能性较大。

（二）玉米引进广西的时间及在广西的分布

对于玉米引进广西的时间，从目前掌握的研究成果看，有两种说法：一种观点认为广西开始种植玉米，大约在明末清初。万国鼎在《五谷史话》中提到"玉米最早传到我国的是广西，时间是 1531 年"[17]，但未见其资料出处。陈树平在《玉米和番薯在中国传播情况研究》中也认为广西是在文献中最早记载引种玉米的省份，只是由于广西以生产稻米为主，"玉米种植发展比较缓慢，到清代也仅山地稍有栽植"[18]；持这一看法的还有新编《广西通志·农业志》。该书指出，"广西最早记载玉米的文献见于明嘉靖十年 （1531） 的 《广西通志》 和嘉靖四十三年 （1564） 的 《南宁府志》 "。[19]覃乃昌在《壮族稻作农业史》中虽然没有直接说明玉米引种广西的时间，却引用了明嘉靖四年地方志《南宁府志》的记载："黍，俗呼粟米，……茎如蔗高"，可知他也认为玉米在明嘉靖年间就已经引种广西。[20]另一种观点则是对第一种观点提出质疑并加以分析，然后根据地方志文献资料进行推理，得出下列结论："至迟在雍正年间，广西境内已经有玉米种植，但是从数量上看还非常稀少，人们把它当作珍贵的品种，而且从认识上看，人们还没有意识到玉米作为粮食作物的重要性，种植的范围也极其有限。直到乾隆年间，方志中关于玉米的记载才由雍正时的模糊描述转变为清晰的刻画，可以说，此时玉米的重要性才逐渐为人们所认识，种植的范围也因之不断扩展开来"。[21]

至于玉米何时引种广西，本课题组首先认同郑维宽在《清代玉米和番薯在广西传播问题新探》中对将嘉靖《广西通志》和《南宁府志》中记载的"黍"当成了玉米的论证。嘉靖《广西通志》卷二十一《食货志》载："黍，俗名粟米。"嘉靖《南宁府志》卷三《田赋志》亦载："黍，俗呼粟米，有二种，曰粘、曰糯，茎如蔗高，实黑色。"根据上述记载，很难判断"黍"具体属于何种作物。现在规范农作物名称之后，我们熟知的黍，古代专指一种籽实叫黍子的一年生草本植物，叶线形，籽实淡黄色，去皮后称黄米，比小米稍大，其籽实煮熟后有黏性，可以酿酒、做糕等。但是在当时的志书编纂者来看，黍既不是古代所指的黍子，也不是指有些学者认为的玉米。乾隆《南宁府志》中记载："黍，俗呼曰高粱，茎高五六尺，如蔗，实黑色，可为酒。"[22]从描述来看，志书中的"黍"应为高粱，而非玉米。民国时期编纂的《邕宁县志》也记载："高粱，一名蜀黍，一名蜀秫，一名芦稷，一名木稷，一名荻。北方谓之高粱，或红粱，或曰黄粱。《尔雅翼》云：今之粟类。《南宁府志》以为黍。"[23]该书认为《南宁府志》的"黍"就是北方的高粱。"一些研究者之所以出现上面的误判，原因在于混淆了蜀黍与玉蜀黍、高粱与玉高粱之间的区别，其实蜀黍是指高粱，而玉蜀黍、玉高粱才是指玉米，二者之间仅差一个'玉'字。"[24]由此，可以说未有直接的文献证明玉米引种广西的时间是明末的嘉靖、隆庆、万历年间。

既然无法确定明代嘉靖、隆庆、万历年间广西是否引种了玉米，那么要知道玉米何时传入广西，就有重新梳理古籍尤其是地方志的必要。雍正十一年（1733）《广西通志》卷三十一中记载桂林府玉米"白如雪，圆如珠，品之最贵者"[25]。该卷也记载浔州府各县均有玉米出产，不过这只表明浔州府有"玉米，各县出"的事实而已，并未对玉米进行描述。随后，嘉庆五年（1800）《广西通志》卷八十九引用了乾隆《全州志》的描述，表明在桂林府的其他各县也出产玉米，认为"玉米，《本草》曰玉蜀黍，又曰玉高粱，俗名苞米。苗叶似高粱，苗心别出一苞，鱼形，苞内子颗颗攒簇"[26]。嘉庆五年（1800）《广西通志》卷九十三中对雍正时期浔州府各属县的玉米生产情况还是沿用雍正时期《广西通志》的描述，仍认为

"玉米，各州县出"[27]。由此，不难得出，玉米最早引种广西的时间，为雍正之前无误。已有史料证明，至迟到雍正时期广西已经完成引种玉米并有一定的影响，因为玉米的引种只有经过一段时间的生产和传播才会产生一定的影响，方能引起志书编写者的注意。

至于清代及民国玉米在广西的分布，郑维宽在《清代玉米和番薯在广西传播问题新探》中对清代玉米进行空间分析，列出清代广西玉米种植的时空分布表。该表从清代或民国的广西地方志中统计了清代广西十个府级行政区和当时隶属于广东廉州府境内的玉米种植情况。[28]在清代，有玉米种植记载的有：桂林府、平乐府、梧州府、郁林直隶州、浔州府、太平府、思恩府、庆远府、镇安府、泗城府、廉州府。未发现与南宁府和柳州府相关的地方志有玉米种植的记载。然而民国时期这两府的属县地方志均有玉米种植的记载，比如民国《邕宁县志》卷十八有非常详细的记载："玉蜀黍，一名玉高粱，俗呼玉米。茎叶俱似高粱而肥矮，宜畬地。苗苗则不能移植，移植不实。二月种者五月收，五月种者八月收获。顶穗花而不实。其实形如竹笋，长可六、七寸，白叶，腋生，名曰苞。苞端出白色须数百条，（疑一粒一须）视其须变黄黑色，则粒必长成，便可全苞择取。若须纯黑，则粒老质硬，味不佳矣。每株结苞二、三、四枚不等，苞嫩时名曰玉米笋，取其切片炒食，味如玉版。粒如齿形，取其磨粉，以作糕糍糊粥等，山农以此常为餐。新鲜者全苞置水中煮熟，粒食极甜，或取粒炒爆，和糖作团，或和油盐肉类煮食者均佳。楂（负粒之干）杆俱有甜味，可饲豕，可作薪。味可治小便淋沥、沙石痛不可忍者。"[29]不仅记载了玉米的俗名，还对玉米的物种及生长规律做了介绍，并对玉米作为粮食的作用、食用方法及医学功效等做了详细的描述，这些都足以表明玉米在该地很受重视，是该地重要的粮食作物。上述民国《邕宁县志》提到玉蜀黍俗呼玉米，而民国《宾阳县志》也记载"玉蜀黍，俗呼包粟、又名玉米"[30]。民间对玉蜀黍的称谓玉米作为物种规范名称的备注记载到志书中，可以说明民间对玉米的称谓已经约定俗成，而这是需要一段时间才形成的。由此可以推断出南宁府和柳州府在清代应该有玉米种植，也可以看出清代南宁府和柳州府的地方志对玉米未有足够的重视或者有所疏忽。

据《广西年鉴》（第二回）记载，玉米"为旱地作物。本省西半部山脉绵延，旱地较多，栽培特广，尤以向都、龙茗、镇结、都安、隆山、天河一带为最"[31]，这说明广西中西部是种植玉米最多的区域。一般认为，"因为西部气候土质均宜于玉蜀黍之种植，且以稻产不足自食，遂致玉蜀黍成为该区之主要食粮"[32]。在广西东部，特别是东南区，玉米的种植极少，原因主要是"东部盛行双季稻，谷物收获期间延迟，以至不宜玉蜀黍之栽种"[33]。因此，抗日战争前玉米在广西以中西部为主要种植区域、东部为次种植区域，玉米在广西的种植几乎包括所有的县份［分布图可参见广西统计局编《广西年鉴》（第二回），1935 年，第 240 页］。现根据民国《广西年鉴》（第二回）的《各县主要作物栽培面积年产量值》（民国二十二年）的数据进行整理，单列出玉米的种植面积、年产量值（即年产量与年产值）（见表 1-3）。

表 1-3　1933 年玉米在广西的栽培面积及年产量值

面积单位：亩；产量单位：担；价值单位：元

县别	面积	产量	产值	县别	面积	产量	产值
全县	95 042	76 034	153 589	迁江	46 410	40 620	67 804
兴安	95 886	67 200	138 967	来宾	15 673	22 194	46 095
龙胜	24 826	32 964	65 098	象县	4 564	11 850	19 891
义宁	9 932	6 156	15 627	都安	313 692	269 802	588 987
灵川	1 976	2 400	4 605	隆山	51 815	121 380	242 760
灌阳	36 988	39 264	75 914	那马	34 729	29 968	44 262
桂林	21 039	18 432	44 575	果德	44 065	44 947	81 354
百寿	6 431	11 825	26 378	隆安	59 297	90 372	173 792
中渡	5 415	4 342	6 813	武鸣	88 724	126 295	271 258
永福	3 020	2 544	4 697	上林	147 966	167 394	347 664

县别	面积	产量	产值	县别	面积	产量	产值
阳朔	13 128	15 229	26 499	宾阳	26 548	30 000	66 600
恭城	47 590	79 176	125 238	横县	100 823	115 524	218 052
富川	34 738	50 206	79 847	永淳	23 341	20 210	38 866
贺县	16 666	20 499	36 693	邕宁	103 103	133 007	260 694
钟山	19 205	24 156	37 405	扶南	31 293	54 123	93 673
平乐	43 230	34 831	55 093	绥渌	17 262	8 460	8 449
荔浦	8 490	8 622	19 897	上思	13 629	8 370	12 881
榴江	3 136	1 512	3 780	西隆	39 569	116 220	214 560
修仁	2 162	847	1 823	西林	41 374	37 980	32 722
蒙山	9 021	7 657	16 197	田西	38 937	35 670	46 645
昭平	5 345	5 027	9 745	凌云	65 697	61 080	70 477
怀集	32 809	40 997	74 385	天峨	61 063	72 665	90 831
信都	—	—	—	乐业	49 124	57 960	57 960
苍梧	2 168	3 346	9 823	凤山	40 774	91 466	112 575
藤县	103	100	223	东兰	150 310	151 500	189 014
岑溪	—	—	—	百色	41 659	65 821	80 302
平南	92	102	215	田东	100 403	114 732	229 387
容县	35	43	139	万冈	84 920	79 825	133 308
桂平	10 518	19 273	51 454	平治	239 546	142 600	197 446
武宣	19 397	23 244	47 032	田阳	105 973	121 860	207 177
贵县	173 396	197 328	469 176	敬德	54 592	63 327	105 139
兴业	987	1 228	2 603	天保	177 013	184 720	317 394
玉林	855	1 000	2 400	向都	140 914	145 128	186 433
北流	84	55	138	镇边	80 545	97 460	139 368
陆川	58	41	82	靖西	259 140	300 602	450 903
博白	1 525	986	2 174	雷平	45 520	82 921	127 571
三江	13 168	15 243	29 874	龙茗	80 521	129 804	149 774
融县	26 565	25 237	47 193	镇结	90 223	120 000	212 303
城罗	40 974	20 625	32 516	万承	46 072	71 880	127 172
宜北	23 124	13 332	16 720	养利	19 436	41 514	57 481
天河	90 623	189 138	290 982	同正	30 586	63 768	103 010

续表

县别	面积	产量	产值	县别	面积	产量	产值
思恩	120 717	90 250	159 742	左县	15 423	27 139	52 191
南丹	68 882	66 816	100 892	崇善	33 487	61 467	104 020
河池	104 910	124 512	205 924	上金	26 467	41 352	71 888
宜山	313 501	316 636	569 945	龙州	25 268	28 273	48 347
柳城	43 113	44 838	79 363	凭祥	1 216	1 749	2 354
雒容	1 022	2 496	3 456	明江	3 121	2 559	3 406
柳州	38 687	72 123	120 739	宁明	7 902	7 092	11 456
忻城	299 232	163 536	278 657	思乐	6 009	4 284	5 701
合　计					5 165 669	5 870 394	10 065 779

资料来源：广西统计局编《广西年鉴》（第二回），1935 年，第 200—202 页。

注：该表不包含当时属广东省的钦、廉、防等地的数据。

从以上数据可知，1933 年广西种植玉米的面积情况大致如下：种植超过 30 万亩的有都安（313 692 亩）、宜山（313 501 亩）2 个县；种植面积 20 万—30 万亩的有忻城（299 232 亩）、靖西（259 140 亩）、平治（239 546 亩）3 个县；种植面积 10 万—20 万亩的有天保、贵县、东兰、上林、向都、思恩、田阳、河池、邕宁、横县、田东等 11 个县；而种植面积 5 万—10 万亩的有 15 个县，种植 1 万—5 万亩的有 39 个县。从以上图表亦可看出，玉米的分布集中于"西南区，其次为中央区，再次为西北区，在东部，特别是东南区，栽种者极少"[34]。更值得注意的是，"如以玉蜀黍的产量作成分布图，则恰好与水稻之分布成一对照"[35]。原因有两个方面，一方面是"西部气候土质均宜于玉蜀黍之种植，且以稻产不足自食，遂致玉蜀黍成为该区之主要食粮"，另一方面是"东部盛行双季稻，谷物收获期间延迟，致不宜于玉蜀黍之栽种"。[36]按现在的行政区划，玉米的种植主要分布在崇左、百色、河池、南宁等地。

至于玉米引种广西的路线，本可以按照时间顺序进行排列，但是由于玉米异名繁多，最早有玉米种植的地方未必是最早记载玉米种植的地方。

再加上中国传统的士绅主要精力集中在科举考试上，对农业领域尤其是新物种上的传播缺乏兴趣，使得文献对农作物难免出现漏记和滞载现象，因而这里提到的资料并不能准确表明各地引种玉米的实际先后顺序。不过，以上记载仍提供了一些信息。首先从时间上看，最早明确记载有玉米种植的有桂林府的全州县及浔州府各县。这两个地方，一个与湖南接壤，一个则处于西江流域的枢纽。因此，我们有理由认为，玉米引种广西的路线有两条：一条是全州县民众在与湖南民众的来往中发现并引种，由此从桂东北传播到桂林府属县及附近府县；一条则是沿着西江从广东进入广西梧州、浔州、南宁、龙州或百色等地，并扩散到沿线周边府县。

三、番薯引进广西的路线及在广西的分布

（一）番薯传入中国的时间和路线

对于番薯传入中国的时间和路线，不少学者进行了研究，取得了比较令人信服的成果。[37]其中都涉及番薯引进中国的时间和路线问题，经过仔细比较这些研究成果，笔者认为杨宝霖的论证更为可靠，他认为番薯是在16世纪由东南亚传入中国，主要由安南（今越南）传到广东、由吕宋引进福建，然后逐渐传播到各处种植。

（二）番薯引进广西的时间和路线

关于番薯何时传入广西，目前主要有两种看法，一种认为在明朝后期传入广西[38]，另一种认为在明末清初传入[39]。不过遗憾的是，这两种说法目前都未有直接的证据证明。因此，"要弄清楚番薯传入广西的时间，首要的工作应是对史料中那些近似番薯的记载加以辨析，排除干扰因素，才能抓住问题的核心"[40]。郑维宽通过反复研究，认为"至迟在康熙初期，广西境内已有番薯种植"[41]。

广西对番薯的记载，最早见于文献康熙《南宁府志·物产志》，书中记载："有人薯、牛脚薯、篱峒薯、鹅卵薯，又有红皮实长者，曰京薯。"此

处的"京薯"即为番薯。然而，"京薯"在读音上与最早种植番薯的福建的"金薯"相似，也就是说，"京薯"为"金薯"的误读，这从另一个侧面可以说明，康熙年间在南宁府种植的番薯来自福建。乾隆《桂平县资治图志》卷四《杂志二》提到，"番薯有紫、白二种，闽人携种至浔，故有种"。而清乾隆三十二年（1767）修的《梧州府志·舆地志·物产》也提到"山薯……名玉枕薯、番薯，瘠土沙中最易生。其种得自海外，万历间闽中始有之，今扬粤山地广种"。这表明番薯最先在福建种植，后在广西得以推广，在桂林、平乐等地方志中亦有相似的记载，进一步证明康熙以来西江流域种植的番薯引种自福建。

除从福建传入广西这条路线外，番薯引种广西还有另一条路线，即从广东传入桂东南。据民国四年（1915）修《桂平县志》卷十九《纪地·物产下·植物》记载："薯，分木本、藤本。木本总称木薯，藤本一名番薯，自明万历间由高州人林怀兰自外洋扶其种回国，今高州有番薯大王庙，以祀怀兰为此事也。"高州，现属广东省茂名市，位于广东省西南部，东近南海，西连广西，与广西北流市接壤。番薯自海外引种高州，在高州推广种植番薯期间，从高州引种广西的可能性极大。由此，可以说，桂东南等地的番薯有的引自广东高州。

综上所述，番薯引进广西的路线有二，一条是从福建传播到广西；另一条是从广东传播到广西。

番薯引入广西后，得到了大力的推广，并在晚清至民国中前期得到了广泛的种植。特别是在现在的桂东南，由于番薯种植季节恰与水稻相连接，因而可以利用一部分的水田种植之；加上稻作区的人民并不完全食米，番薯作为主要的辅助食量，产量甚高。亦由于以上原因，番薯的分布与水稻相同；产量亦是如此，以东南区最多，东北区次之，中央区与西南区再次之，西北区最少。因此，抗日战争前番薯在广西以东南部为主要种植区域、东北部为次种植区域，在桂中、桂西南、桂西北等地区种植较少［分布图可参见广西统计局：《广西年鉴》（第二回），1935 年，第 241 页］。现根据民国《广西年鉴》（第二回）的《各县主要作物栽培面积年产量值》（民国二十二年）的数据进行整理，单列出番薯的种植面积、年产量值（见表1-4）。

表 1-4 1933 年番薯在广西的栽培面积及年产量值

面积单位：亩；产量单位：担；价值单位：元

县别	面积	产量	产值	县别	面积	产量	产值
全县	68 501	538 421	290 747	迁江	24 704	64 656	26 228
兴安	58 237	439 005	259 043	来宾	28 914	115 680	48 052
龙胜	13 458	59 792	28 688	象县	21 274	103 764	37 361
义宁	2 368	12 336	10 438	都安	114 089	218 384	95 272
灵川	8 975	59 718	26 643	隆山	16 664	42 426	21 865
灌阳	10 097	97 796	30 276	那马	16 371	36 066	16 648
桂林	28 764	152 137	73 692	果德	5 661	12 455	5 605
百寿	13 032	39 322	33 272	隆安	6 306	10 658	7 378
中渡	7 493	26 130	38 190	武鸣	46 244	92 730	36 927
永福	12 698	46 296	28 490	上林	21 268	72 276	30 578
阳朔	22 793	105 302	56 863	宾阳	27 266	99 794	39 918
恭城	30 768	171 060	89 477	横县	78 544	310 124	147 985
富川	27 723	206 616	90 296	永淳	57 029	273 456	105 175
贺县	40 300	276 861	121 819	邕宁	64 099	206 397	84 623
钟山	32 132	255 341	93 471	扶南	3 014	9 420	6 015
平乐	38 432	148 776	67 976	绥渌	5 922	9 324	5 914
荔浦	53 243	239 682	147 343	上思	20 366	32 076	11 412
榴江	13 126	51 294	36 300	西隆	735	4 290	5 060
修仁	23 151	87 696	60 712	西林	202	292	90
蒙山	20 663	99 888	73 838	田西	2 107	2 598	1 198
昭平	35 221	181 560	104 746	凌云	1 851	6 360	2 886
怀集	105 828	767 912	294 387	天峨	690	2 000	800
信都	22 500	73 212	25 793	乐业	659	1 906	1 172
苍梧	21 039	210 269	140 872	凤山	4 297	9 427	5 801

续表

县别	面积	产量	产值	县别	面积	产量	产值
藤县	49 105	360 924	202 117	东兰	18 857	57 480	20 648
岑溪	21 464	137 986	71 002	百色	7 808	17 412	9 348
平南	71 210	630 226	318 457	田东	3 216	16 847	7 774
容县	36 289	252 704	135 636	万冈	17 942	38 576	16 588
桂平	91 071	1 010 448	488 564	平治	11 164	23 616	7 266
武宣	24 926	126 504	57 788	田阳	1 992	5 000	2 300
贵县	180 471	590 868	234 079	敬德	1 897	7 437	4 239
兴业	9 409	60 276	25 908	天保	12 216	32 495	13 973
玉林	71 354	459 521	220 570	向都	18 749	41 856	17 708
北流	68 322	488 682	262 909	镇边	7 484	23 873	14 324
陆川	42 359	350 028	200 585	靖西	26 879	81 703	45 756
博白	149 025	981 436	474 398	雷平	10 653	53 340	37 748
三江	8 293	30 845	25 454	龙茗	10 926	34 632	18 648
融县	23 291	88 274	52 964	镇结	8 735	22 872	15 835
罗城	29 723	116 532	33 865	万承	2 551	10 614	6 124
宜北	1 404	2 328	1 182	养利	1 013	9 624	5 922
天河	12 596	155 213	24 152	同正	1 448	9 060	6 969
思恩	14 410	41 886	21 785	左县	1 083	2 040	1 883
南丹	232	1 000	480	崇善	1 933	7 721	6 949
河池	9 868	86 400	46 722	上金	2 902	10 636	10 064
宜山	55 402	200 000	78 000	龙州	1 871	7 116	6 333
柳城	26 922	107 688	51 690	凭祥	118	694	534
雒容	8 486	25 842	8 946	明江	3 089	7 227	3 168
柳州	55 129	276 661	87 410	宁明	979	3 852	2 963
忻城	33 531	78 264	33 335	思乐	4 570	8 184	3 273
合　计					2 553 190	13 277 429	6 447 030

资料来源：广西统计局编《广西年鉴》（第二回），1935年，第206—208页。

注：该表为民国二十二年的数据，不包含原属广东省的钦、廉、防等地的数据。

从以上数据可知，1933年广西种植番薯的情况大致如下：种植超过15

万亩的只有贵县（180 471 亩）一个县；种植面积 10 万—15 万亩的有博白（149 025 亩）、都安（114 089 亩）、怀集（105 828 亩）等 3 个县；种植面积 5 万—10 万亩的有 12 个县；而种植面积 1 万—5 万亩的有 45 个县。

四、马铃薯引进广西的路线及在广西的分布

（一）马铃薯传入中国的时间和路线

关于马铃薯传入中国的时间，目前有三种说法：1. 16 世纪；2. 17 世纪；3. 18 世纪。[42] 最早关于马铃薯的记载见于清代中叶（1848 年）吴其浚著《植物名实图考》，书中吴氏把马铃薯定名为阳芋。有学者研究认为："中国的台湾在 17 世纪初已种上了马铃薯，1650 年荷兰人在台湾见到这种作物，称作'荷兰薯'。"[43] 亦有学者认为"马铃薯传入中国，早于欧洲与俄国"[44]。不过，这些学者并未有种植马铃薯的证据。

有学者直接指出："有一点似乎可以肯定，即：马铃薯是在鸦片战争以后，随着各帝国主义国家的入侵，由各国殖民者特别是传教士分别带入我国各地，并开始大量栽培的。"[45] 遗憾的是，却未见到该学者提供有力的证据。但是可以明确的是，16 世纪下半叶，马铃薯由南美洲首先传入欧洲的西班牙和英国，"马铃薯引入欧洲，最初作为药用植物在欧洲传布，与玉米等新大陆的作物不同，它种植在药剂师的菜园与植物园中，而不是作为食物摆在餐桌上，其原因在于短日照类型利用价值低。属于长日照智利类型传入欧洲，并经药剂师、植物学家的培育、选种之后，至 18 世纪初具有经济价值与食用价值的马铃薯在欧洲真正培育出来"[46]。"马铃薯从药剂师的菜园到农民的菜园大约用了 150 年的时间。"[47] 然而，当代英国农学家霍克斯（J. G. Hawkes）在《马铃薯改良的科学基础》中说："马铃薯传到印度据说是在 17 世纪末，是由不列颠的传教士带去的，而传到中国的时间则略早一点。"[48] 不仅如此，马铃薯"引入欧、亚洲后，在我国首先作为食品，比英法等国进入餐桌早一百多年。明清时期，马铃薯不仅是皇家的珍味，

家庭盛馔，甚至枝叶都能作成小菜"[49]。又见《植物名实图考》卷六《蔬类·阳芋》[50]：

> 阳芋，黔、滇有之。绿茎青叶，叶大小、疏密、长圆形状不一，根多白须，下结圆实，压其茎则根实繁如番薯，茎长则柔弱如蔓，盖即黄独也。疗饥救荒，贫民之储，秋时根肥连缀，味似芋而甘，似薯而淡，羹臛煨灼，无不宜之。……山西种之为田，俗呼山药蛋，尤硕大，花色白。闻终南山岷，种植尤繁，富者岁收数百石云。

这说明云南、贵州、山西等地种有马铃薯，且为广泛种植。可见，在16世纪，马铃薯就从海外传入中国，并逐渐在北京、河北、台湾、云南、贵州、广东、浙江、山西、东北三省等地得到广泛的种植。

清代中叶，马铃薯由北方传入温州。[51]马铃薯，"明朝末期由欧洲人传入中国。首先在京津地区栽培，随后发展到安国、深县、南皮、围场等县种植"[52]。这呼应了康熙二十一年（1682）《畿辅通志》（我国最早记载马铃薯的志书）中《物产部》关于"18世纪中叶马铃薯在京津地区已经广泛种植"[53]的观点。

另外，翟乾祥《16—19世纪马铃薯在中国的传播》一文认为，马铃薯传入中国的路线有两条，一是从海外以朝贡方物的形式直达京津，即"在明代，朝贡方物是当时引进外来物品的主渠道，故我国马铃薯多滥觞自京、津"[54]。另一条路线是"通过印、缅移植滇省，称洋（阳）芋，较东南沿海和北京约迟一百年。滇、川、黔的洋（阳）芋后来传播到西北和西南的辽阔地区"[55]。何炳棣在《美洲作物的引进、传播及其对中国粮食生产的影响（三）》中提到的66种方志关于马铃薯的资料，可以说提供了研究马铃薯传播路径的重要史料。"若将这些方志所代表的地点以及西人见闻录绘制成图，从云南经四川、湖北、湖南、陕西至山西、塞外察哈尔、奉天、吉林、黑龙江形成一线，这些记载马铃薯的方志83%以上出现在这一线，福建、上海、台湾以及新疆、甘肃等地则游离于此线之外"[56]。造成游离此线的原因，可能是作者在北美收集到的资料未必完整，也可能是"凡土壤贫瘠，气温较低，其他粮食作物不易生长的高寒山区，却成了马铃薯传播繁衍之区"[57]，即马铃薯的一些生长环境相对偏僻，未被人们所关注。尽管如此，地方志的记载还是勾勒出了马铃薯引进中国的大致轮廓。

综上所述，马铃薯传入中国的路线有三条：1. 从海外直接传到京津一带并在其周围传播；2. 从东南亚传播至东南沿海省份再传入内地；3. 从印缅传入云南、四川等地，再传入其他省份。

（二）马铃薯传入广西的时间与路线

马铃薯引种广西的史料甚少。《广西通志·农业志》（1995）中记载："马铃薯传入我国已 300 多年历史，广西则在近 100 年才有种植。"[58]正如《广西 1931 年度粮食增产实施计划》中所说，"马铃薯移种本省，系最近数年之事"[59]。广西引种马铃薯的时间估计为晚清或民国初年。《邕宁县志》（1937）虽有"马铃薯，原产美洲之智利国，清季，其种始传而吾县"[60]的记载，却未写明邕宁县所种马铃薯是于何时何地引入广西。又有容县的黎村马铃薯，在新中国成立之前"从广东信宜引进，在广西容县栽种已有几十年，适应了当地的环境"[61]。据《桂平县志》（1920）记载，"草瓜薯，亦来自外洋，名番鬼葛，形似马铃，故又名马铃薯，大如碗，可生食"[62]。《北流县志》（1934）记载："马铃薯即荷兰薯，此种近年自外洋传来，春种冬收，形似马铃而小，煮食质松味甘。"[63]有学者研究发现，由南洋爪哇（荷属印尼）传入广东、广西的马铃薯，又被称为爪哇薯。[64]从以上史料看，桂平称马铃薯为"草瓜薯""番鬼葛"，北流称马铃薯为"荷兰薯"，而且"爪哇薯与草瓜薯在白话发音上相似"[65]。综上所述，晚清或民国初年，马铃薯从爪哇（荷属印尼）传入桂东南地区传入广西。

马铃薯在广西的分布较少，除以上提到的邕宁县、北流、桂平外，还有陆川县——民国《陆川县志》（1920）卷十二《物产》中提到"马铃薯"。在民国时期编制的三册《广西年鉴》均为收录，新中国成立之前，"马铃薯在广西多作蔬菜用，农家多是零星种植，大面积成片栽培较少"[66]。不过，依据"1960 年自治区农业厅调查容县等 12 个县，发现（容县的）黎村马铃薯等 16 个农家品种中，栽培时间最长的达 71 年，短的也有 18 年，一般是 22 年至 53 年"[67]。虽然未能明确农业厅调查的 12 个县的具体名称，但《广西粮食生产史》中提到，民国时期种植的马铃薯在桂"东南各县栽培甚多"[68]，因此，马铃薯在广西的分布主要集中在桂东南地区。

五、移民是当时边疆地区引进旱地粮食作物的主要力量

要弄清楚是什么力量促进玉米的进一步传播，我们需要进一步研究广西引种玉米的两条路线。一条是由湖南进入桂东北然后传播道桂林府属县及附近府县，这是由于桂林全州县民众在与湖南民众的来往中发现了玉米并将其引入广西；另一条则是沿着西江从广东进入广西梧州、浔州、南宁、龙州、百色等地，并扩散到沿线周边府县。而这两条路线，正好与钟文典主编的《广西通史》第一卷中提到的移民路线相同，即湖南人移民桂东北地区；粤东商人西进。[69]

（一）移民在广西引进外来旱地粮食作物的主要原因

明末清初之前，广西被中原地区视为蛮荒之地，开发不足，经济文化较为落后，自然条件也较为恶劣，相对其他省份来说更难吸引经济型移民，因此，在此之前主要吸引的是政治型移民。但是随着福建、江西、湖南、广东等邻近省份的人口压力和土地矛盾加剧，人少地多、经济较落后的广西逐渐成为邻近省份无地或少地农民的移民目的地。这些农民迁入广西后，必然按照其原来的生产方式或生活习惯开展生产和生活，也就带来了原来种植的农作物，并尝试在广西进行种植。大致在明末清初，广西的移民运动逐渐进入高潮。移民在广西引进外来旱地农作物，有以下几个主要因素。

1. 地理环境。总体上，广西气候以亚热带气候为主，地理环境以山地和丘陵为主，适宜旱地农作物的生长和结果。如全州县气候"中和，惟西延地势最高山岚之气蒸迈天表，已时以前阳光少现，一日之间气候不齐"[70]。全州县大部分地区属于亚热带气候，阳光充足，适宜种植各种农作物。其"县境地处广西东北部，是著名的南岭山脉，又为'五岭'的一部分，其南部、西北部及东南部高山环绕，地势较高，西南和东北部地势较低平，中部为丘陵地带，湘江由南西往北东流纵贯县境，湘江两岸呈狭长的丘陵——盆地，俗称'湘桂走廊'"[71]。广西地处岭南，东南与广东接壤，南临北部湾，西南与越南相连，西北接云南、贵州，东北邻湖南。"地势西北高，东南低，多山岭，中部丘陵起伏，不少地方山峦连绵，地势破碎，石山林立如笋，故有'七山二水一分田'之称。"[72]

2. 人口压力。清代以来，随着外省移民的到来，原有土地就出现了人口带来的压力。《广西年鉴》（第一回）中《本省历代人口》记录了当时广西的人口状况。

表1-5　明清广西人口数量

朝代	年份	户数	人数
明太祖洪武廿六年	1393	211 263	1 482 671
明孝宗弘治四年	1491	459 640	1 676 274
明孝宗弘治五年	1502	182 422	1 005 042
明世宗嘉靖廿一年	1542	209 164	1 093 770
明神宗万历六年	1578	218 712	1 186 179
清顺治十八年	1661	—	115 722
清康熙廿四年	1685	—	179 454
清光绪十一年	1885	—	5 100 000
清宣统元年	1909	—	6 500 000
清宣统二年	1910	1 724 544	8 967 629

资料来源：广西统计局编《广西年鉴》（第一回），1933年，第129页。

从表 1-5 可以看出，明代广西人口数量基本保持在 100 万左右，而到了清朝顺治、康熙年间，广西的人口数量锐减至十几万。这可能是明末清初广西战乱所致。首先，明末清初，广西是南明政权的抗清基地；其次，吴三桂叛清时，广西又是当时的主战场，延续多年的酷烈战争，致使广西的社会经济遭受严重破坏，人口锐减，土地荒芜。可是，从顺治、康熙年间的十几万人口，一下子到光绪十一年的 510 万人口，人口增长近五十倍，这显然不可能只靠人口的自然繁衍就能实现。有学者对这个问题进行了研究，认为"一个地方区域的人口增长，除了境内的条件外，还要受到全国和四邻的影响，如境外移民和少数民族户口的补报等。但是，广西人口增加了，对于维持人口繁衍所需的起码的生活资料，也要多一些"[73]。显然，人口的增加，不论是广西境内的自然增长还是境外移民到境内，都需要增加维持人口生存和繁衍的生活资料。

下面以全州县在清代初期的人口变化数据，进一步探讨人口增长对高产的旱地农作物的强烈需求。清代初期全州县人口数量如下：

表 1-6　清代初期广西全州县的人口变化

朝代	公历	户数	人数
顺治八年	1651 年	2 576	17 424
康熙十年	1671 年	4 589	28 564
雍正十三年	1735 年	10 297	52 080
乾隆二十一年	1756 年	32 423	130 197
乾隆二十九年	1764 年	32 567	135 837

资料来源：唐楚英、刘溯福主编《全州县志》，南宁：广西人民出版社，1998 年，第 97—98 页。

从表 1-6 看，全州户数与人口数的变化在乾隆年间基本处于稳定的状态，估计这个时候的人口数量在全州县范围内是与其经济发展相适应的。但更值得关注的是，从顺治八年到康熙十年，户数在 20 年的时间里就增加了 2 000 余户；而在康熙十年到雍正十三年的 64 年时间里增加了 5 700 多户，户数的增长超一倍，人口数量同样也增长近一倍；到乾隆二十一年，全州县的户数为雍正十三年的三倍多。人口不断膨胀，所需要的生活资料自然就不断增长，在固定和有限的地理环境里，经济压力随着人口压力不断加大。这两种压力，共同推动了外来旱地农作物的引进。

3. 国家政策。康熙末年，清政府规定"滋生人丁，永不加赋"。雍正初年，清政府在广西实行招民垦荒政策，在清政府颁行"摊丁入亩"政策的基础上，川陕总督岳钟琪奏开"招民事例"，向进入四川、广西、贵州的穷民提供"牛具、种子，令其开垦荒地"[74]。大量无地少地的外省农民纷纷进入广西，手工业者和商人也接踵而来，广西境内人口大增。"在这种情况下，大批无地少地的湖南农民来到桂北地区，'杂集于山谷高原、水泉阻绝之处'，种植红薯、玉米等杂粮"[75]。朝廷还在种子和种植技术上给予支持，在"康熙时，圣祖命于中州等地，给（番薯）种教艺，俾佐粒食，自此广布蕃滋，直隶、江苏、山东等省亦皆种之"[76]。由于经济利益的巨大诱惑，加上以垦荒为目的的农业移民有清政府的大力倡导和扶持，因此，经济型移民的规模往往较大，人数较多，迁移时间集中在乾隆中期至光绪前期的 100 多年时间里。

4. 作物特性。不论是政府还是人民，都需要解决由人口压力过大引起的社会问题。笔者认为，只有在大量人口不挨饿之时才有可能实现社会稳定。而由于人口压力和自然环境的限制，需要选择种植一些高产的、适合高山丘陵及旱地的农作物。而玉米和番薯恰巧满足这些要求，遂被引入广西。

玉米生长期较短，生长期内要求温暖多雨。玉米生长耗水量大，如果降水少，灌溉水源不足，就会减产甚至绝收。如果秋季初霜来得太早，玉米在成熟期受冻，也会减产。而广西属于亚热带气候，阳光充足，气候温和，同时大部分属于山地和丘陵，空气潮湿，刚好适合玉米的栽培。民国《东兰县政纪要》中记载："本县的土地，多属高山峻岭，极少平畴，出产方面，也就随同环境的决定。普通所产谷类有陆稻、水稻、粳米、香粳米、旱米等；豆类有大豆、绿豆等；杂粮有大麦、小麦、玉蜀黍、甘薯、荞麦等，其中以玉蜀黍为大宗。"[77]从中可以看出，适宜玉米生长的东兰县环境，决定了玉米的种植面积和产量为该县粮食产出的大宗。

甘薯是块根作物，具有高产、稳产、适应性广、抗逆性强、营养丰富、用途广泛等特点。甚至可以说，只要是有土或沙地的地方都适宜甘薯生长。台湾谚语"番薯不怕落土烂，只求枝叶代代传"，生动说明了番薯的生命力极强。"番薯，即蓣也，有红白二种，性宜沙土，蔓生蔽野，人以为粮。去其皮，色甚红，味甘。本出琉球国，闽中后亦有之。康熙时，圣祖命于中州等地，给种教艺，俾佐粒食，自此广布蕃滋，直隶、江苏、山东等省亦皆种之。光绪时，有欧洲薯输入，则色白而味淡，然非马铃薯也"[78]。这段话不仅说明了番薯适宜种植的环境，还说明了适宜的区域范围之广。"番薯，种于旱田（可充饥）"[79]。再有，"山薯，一名玉延，《稗史》云：有发深山邃谷而得重数十斤者，味极甘香。名玉枕薯、番薯，瘠土沙中最易生。其种得自海外，万历间闽中始有之，今扬粤山地广种。"[80]可以看出，番薯产量大、味道甘美、香气清甜；"瘠土沙中"更能看出番薯的适应性强。由于这些原因，番薯成为广大人民的选择。

（二）移民在边疆地区广西引进旱地粮食作物的意义

移民作为当时边疆地区引进旱地粮食作物的主要力量，对于移民目的地广西来说无疑产生了深刻又广泛的影响。移民的迁入彻底改变了广西的民族构成、人口数量及其地理分布格局；并极大地促进了广西的经济和社会发展；大量汉族人口徙居广西，有效地巩固了祖国西南边疆的领土安全和稳定；大量移民的徙居还促进了广西的文化发展，改变了广西各地的文化面貌等。这些，已有学者做过专门研究[81]。在此仅讨论移民在边疆地区引进旱地粮食作物的意义。

首先，在引进旱地粮食作物之后，移民能迅速适应在移民目的地的生存环境。移民刚到目的地时，往往是先耕种移出地的主要粮食作物，而不是马上根据移民目的地的地理和气候来选择要种植的粮食作物。因此，能否迅速适应移民目的地的生存环境取决于是否种植与移民目的地相适应的、高产的粮食作物。据民国《宾阳县志》记载，"甘薯，俗呼番薯，有红、白两种。又一种名黄姜薯，心黄，味香甜，惟种不多。近更有一种名四季薯，皮亦红色，虽不及种红、白薯之佳，而收获则丰，故人多种之。"[82]正是由于番薯适应宾阳县的自然环境，收获颇丰，自然种植的人就多了。又据民国《横县志》记载，"薯，薯为地下茎，引蔓于外，其种类不一，有人面薯、牛脚薯、鹅卵薯等，更有红皮长大如藕者曰红薯，一名番薯，有黄、白二种，其味甘甜，出产最多，近来村民赖此以补充粮食。"[83]番薯在横县也高产，成了农民的主要粮食。民国《思乐县志》记载了玉米的情况："玉蜀黍，俗名包粟、玉米，或简称粟，颗粒如珍珠者，名珍珠粟。如齿者，名马齿粟，有黄白红三者，惊蛰后下种，夏至前后收获，可制糕粉，贫民多恃之以充饥。"[84]虽然没有证据证明贫民就是移民，但由此也可以说明，解决饥饿问题往往依赖于高产的玉米、番薯等。解决了饥饿问题，移民方能适应移入地的生存环境，才能谋发展。

其次，移民在引进旱地粮食作物上不仅增加了移入地的物种，还由引进的物种衍生出许多副产品，丰富了人民的生活方式和商品种类，同时还活跃了市场。玉米由原来的"白如雪，圆如珠，品之最贵者"[85]，"俗名苞粟，种出西番，旧名番麦，曾进御，亦名御麦"[86]，到"向惟天保山野遍种，以其实磨粉，可充一、二月粮。近来汉土各属皆种之"[87]。这是一个对玉米的认知过程，由刚引进中国和最早出现在广西地方志中的珍贵物种，到后来各地皆栽种的普通物种。此外，玉米引入广西后，人们逐渐对玉米有了更深的认识。如玉米"楂（负粒之干）杆俱有甜味，可饲豕，可作薪。味可治小便淋沥、沙石痛不可忍者"[88]。

玉米的副产品比较多，而这些创新都是为了通过丰富口味，让移民更好地适应迁入地的生活。据民国《邕宁县志》记载，玉米"苞嫩时名曰玉米笋，取其切片炒食，味如玉版。粒如齿形，取其磨粉，以作糕糁糊粥等，山农以此常为餐。新鲜者全苞置水中煮熟，粒食极甜，或取粒炒爆，和糖作团，或和油盐肉类煮食者均佳"[89]。这里记载了玉米的多种食品和做法，包括玉米笋、玉米糕、玉米糁粑、玉米粥、煮玉米、玉米炒肉等，可谓丰富。民国《隆山县志》记载："用火炒云，无粒不爆，灿然色白，宛如雪花，拌作糖食，味极脆矣。"[90]这是指"爆粟"，就是我们常见常食的用玉米制作的、放有食糖的"爆米花"。道光《白山司志》记载："业酤者取（玉米）以酿酒亦佳。"[91]卖酒的人还用玉米来酿酒，酒的味道甘美。

随着番薯在广西广泛种植，人民对番薯的习性、特征及生长规律也有了一定的认识，比如"番薯可生食"[92]。番薯"宜沙土，春种秋收。草本蔓生，叶似蕹菜茎而大，或有深烈形，柔滑可作蔬。茎延地面，自节生根，入土中结薯，成长圆形或卵形。皮红肉白，味甘甜，可当米粮，亦可做果品生食煮食，或糖煎、醋酢、油炸，或曝作薯干，皆佳"[93]。番薯叶可以食用，而番薯既可以当粮食，也可以当果品或生吃或煮熟了吃，还可以加工为番薯饼干或红薯干等。宾阳"县属甘薯产量颇多，乡人用作食料及饲畜外，并以之磨碎盛于布袋，用水冲洗，俟其浆沉淀，再三漂去污浊，晒干，可作菱粉，更和水搅匀，置铜盘或石盘摊薄蒸熟，切作细条，名曰薯粉。冬月与黄芽白菜、油豆腐、肉丝同煮佐餐，味极可口，煮糖水亦佳"[94]。崇善、思乐、灵川、灌阳等县将番薯做成红薯粉和红薯干，"能久藏。贫民赖此充饥。与玉蜀黍同功。成粮食副品"[95]。

玉米及番薯还是出口货物。以百色田西县为例，民国《田西县志》提到该县出口货物以茶油、桐籽、山楂果等为大宗，出口货物情况如表1-7所示。

虽然数据的具体年份不明确，但还是可以看出，玉米在其中的数量属于大宗，总价值也较高。

表1-7　田西县出口货物情况

数量单位：千斤；价值单位：千元

物品	茶油	桐籽	山楂糕	玉米	茶辣	核桃	蜂糖	首乌	牛皮	冬菇
数量	140	50	15	150	6	20	5	10	50	0.2
价值	70	15	15	15	4	2	2	2.5	5	0.3

资料来源：《田西县志》第五编《经济·产业·贸易状况·货物》，民国二十七年（1938）修。

民国《宾阳县志》记载："此项薯粉每年除自给外，并销外县。"[96]"甘薯，分红、黄二种，形圆长，味甘。农家多种之。冬间磨而澄之，取淀粉蒸熟晒干，切丝出售，名曰薯粉，佐馔颇饶风味。"[97]因此，可以推断，番薯在圩镇市场中有一定的地位。

最后，移民引进旱地粮食作物，在增加粮食产量的同时，也改变了移入地或其原有的生活方式。光绪《归顺直隶州志》记载："归顺山野遍种（玉米），以其实磨粉，可充半年粮食。"[98]光绪《镇安府志》也有记载："近时镇属种者渐广，可充半年之食。"[99]而《东兰县政纪要》中说东兰县"以玉蜀黍为大宗。人民耐贫忍苦，经常食的是玉蜀黍，节余些谷米出售，以采取其他的日常用品"[100]。可以看出，东兰民众已经以玉米为主食了，同时还加工成副产品来食用。灌阳县"近来种者甚多，以其能充饥，亦能擦粉也"[101]。光绪《容县志》记载道："土人多种（番薯）以疗饥，或碾粉制作粉条。"[102]这说明，玉米和番薯不仅为移民所种植，还为原住民所种植、充饥或加工为副产品食用，影响范围越来越大。在融安县，农家多种番薯，"冬间磨而澄之，取淀粉蒸熟晒干，切丝出售，名曰薯粉，佐馔颇饶风味"[103]。显然，红薯粉已经成为当地民众喜爱的一种食品，也是民众在赶集或逢年过节之时必不可少的食品；红薯也通过圩镇集市扩大其影响范围，不断改变移民和原住民的生活方式。

第二章

柳州沙塘，抗战时期的中国"农都"

抗战期间，西南地区成为中国的大后方。这时，全国各地的企业、学校和科研院所等纷纷疏散到西南各省。其中，国内及广西的农业科研机构、农科研究人才，几乎全都集中在柳州沙塘的广西农事试验场。1940年，广西大学首任校长马君武先生在一次重要的纪念会上演讲时指出：广西农事试验场为广西全省最高之农业机关。1945年，金陵大学校刊载文称沙塘"是中国战时后方唯一仅存的农业试验中心"[1]，后被冠以"农都"之称。

旱地粮食作物的引进和传播，与"农都"有着直接又密切的关系，而"农都"的形成，却是一个漫长的过程。只有了解这个过程，才能对其在抗战中的地位与作用有较为清楚的认识。

一、"战时农都"以广西农事试验场为基础

既然"战时农都"以广西农事试验场为中心，就需要首先了解该场的发展概况。

广西地处西南边陲，社会经济发展历来比较滞后。最早的省级农业科研机构，直至清光绪三十四年（1908）才出现。该机构由广西巡抚衙门设于桂林东郊，名广西农林试验场。辛亥革命后，以陆荣廷为首的桂系集团（人们习惯将其称之为旧桂系）主政广西，为促进农业的发展，于1919年在南宁西乡塘设立广西农业试验场，后因政局变动、经费短缺而停办。1921年又扩大为广西农林试验场，未及一年，因政局混乱，农林试验事业

图 2-1　广西农事试验场机构沿革示意图

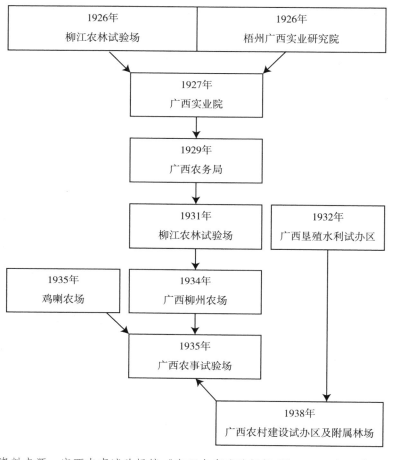

资料来源：广西农事试验场编《广西农事试验场概况》，1940 年，第 2 页。

陷于停顿。1925 年，以李宗仁为首的新桂系集团统一了广西。为实现 "建设广西，复兴中国" 的政治抱负，李宗仁大力开展经济建设，于 1926 年 5 月在梧州设立广西实业研究院。同年 9 月，又在柳州大龙潭设立柳江农林试验场。1927 年 6 月，广西实业研究院迁至柳州与柳江农林试验场合并，改称广西实业院，负责全省农林、矿产等科学研究和调查工作。实业院内

设农务、林务、畜牧、产品化验及制造、调查、推广、事务等 7 个部及农
场、气象观察所、图书馆。1929 年 2 月，广西省政府为统一农林机关，将
广西实业院改组为广西农务局，主管全省农林事业，具有行政、科研、推
广的职能。不久因蒋桂战争爆发，政局动荡，广西农务局成立仅 4 个月即
告解体，在原址恢复柳江农林试验场。1932 年 7 月，柳江农林试验场改为
广西农林试验场，场内设农艺、园艺、森林、畜牧兽医、化验、病虫害、
推广等 7 个组。1934 年 8 月，广西农林试验场又压缩为柳州农场，场内只
有农艺、园艺、病虫害等组。1935 年，为加强农业建设，将柳州农场扩大
为广西农事试验场。同时，在南宁、桂平、桂林等地设立试验分场。[2]

　　广西农事试验场的发展沿革如图 2-1 所示：

　　可见，全面抗战爆发前，广西农业科研机构变动很大。从地点看，先
设于桂林，再设于梧州和柳江，最后定于柳州；从名称上看，经历广西农
林试验场、广西实业研究院、广西实业院、广西农务局等变化；机构功能
上，开始是以研究为主，后改为行政、科研、推广等多职能的集合，最后
又以研究、推广为主。但无论如何，有一点必须肯定，即它始终是由政府
推动而设立的主要服务于广西近代农业的科研机构。这一性质基本没有改
变。后来，农林部广西省推广繁殖站、广西省立柳州高级农业职业学校等
又陆续设在沙塘，其工作职责均与广西农事试验场密切相关。

　　试验场本部的营造物共分沙塘新场、羊角山旧场、鸡喇农场三部分。

　　垦区的组织机构有垦务股和工务股，垦务股管理该区的垦务事宜，设
主任 1 人，另外在三个垦区各设管理员 1 人；工务股管理垦区的一切工程
水利事项，设主任 1 人，监工 2 人，各垦区设有公店为垦民提供粮食及日
用品购买的便利。沙塘垦区建有 1 所小学，教员 7 人，承担垦民的教育。[3]
见下图 2-2。

图 2-2　广西农事试验场组织系统

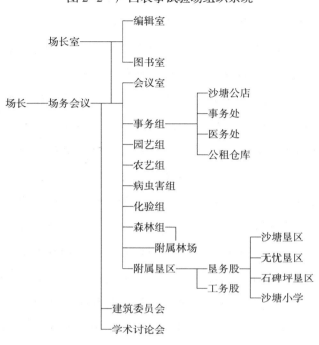

资料来源：广西农事试验场编《广西农事试验场概况》，1940 年，第 3 页。

农事试验场的任务是：各种农作物的改良，果树、蔬菜的改良及繁殖，土性之调查，产品、肥料之化验，病虫害之研究防治及育苗造林等。该场的规模及设施，为"战时农都"的创建奠定了较好的基础。

农事试验场作为广西省级农业科研机构设于柳州沙塘，与辛亥革命后不同政治势力的博弈有关。桂林长期是广西的政治、文化和军事中心。1912 年清政府被推翻后，陆荣廷担任广西都督，掌握了广西的最高统治权。为摆脱传统势力对自己的束缚，他借助当时孙中山为首的资产阶级革命民主派所发动的"迁都"运动的影响，大力策动将省城由桂林迁至南宁。因他的家乡在武鸣，靠近南宁，在那里他的势力相对强大。7 月 10 日，广西省议会表决通过了迁省议案，"迁省"运动以陆荣廷的胜利而告终。[4]广西省政府虽然迁到了南宁，但是桂林的军政势力及士绅仍以各种方式抵触乃至反抗陆荣廷为首的当权者。邕、桂两地互不相让，政令推行不断受阻。新桂系集团主桂后，实现了广西的统一，但是各派势力（包括被打垮的旧桂系势力）仍在明争暗斗，社会局势仍多变复杂。面对这种情况，当权者不得不采取平衡策略，确保矛盾不至于激化而导致社会动荡。柳州位于广西中部，恰巧介于南宁、桂林之间，与广西各地的联系相对容易。将广西实业院（广西农事试验场前身）设在柳州，既可减少政治势力的阻碍，也有利于农业技术的推广。这也是省级农业科研机构建在柳州沙塘的一个重要的社会原因。

当然，农业科研需要一定的基础。广西农事试验场设在柳州，与这里建有较坚实的近代农业科研基础存在一定关系。早在 1914 年，根据当时北洋政府的要求，广西在马平县（今柳州市）设立气候观察所，对全省的雨量、风向、湿度、气压等进行观察，每月活动费 240 元，全年 2 640 元。[5]这个气象观测所对指导广西的农业一直发挥着积极而重要的作用。1927 年广西实业研究院迁至沙塘时，气象观测所已成为其中的一个部分。当时，广西省政府还将国外的一些优良品种引进广西农事试验场，例如，1914 年，"生长迅速、效用宏多"的德国槐树就从中央农商部林艺实验场引进，接着又从德国购买槐树种 10 斤进行培育，从而使广西的造林运动获得新的资源。[6]

还必须指出，当时柳州附近的农业实验和农业生产也对农事试验场的发展起到了促进的作用。例如，庆远府（今河池市）在民国初年制定了《奖励实业简章》，规定凡开垦荒地 10 亩以上，栽种树木 500 株以上，自开水利灌田 50 亩以上或集公司灌田 50 亩以上者，皆得奖励。[7]这种大办实业的热潮，为农事试验场的科研营造了很好的社会氛围。1927 年起，新桂系集团属下的柳庆垦荒局开始办理私营垦殖公司和私人领垦地的给照事务，公司和私人开垦领垦地后，需纳地价，斜坡每亩毫币 1 角，山岭每亩毫币 5 分，纳完地价即可领照经营，作为私产。私营裕成公司作为广西私营林业垦殖机构，领垦了位于柳州三门江的大片荒地，种植桐油、油茶、松、衫等。1929 年 3 月 7 日，经省建设厅核准，该公司承领位于柳州蓝厂连护团涌顶牛车坪一带荒地约 123 公顷进行植树造林；1930 年又在柳州水冲兰厂一带领垦荒地约 112.93 公顷。[8]

1930 年，另一家私营林业垦殖机构——柳州茂森公司成立。该公司开辟林场，种植桐油，同年，与厚生等 8 家私营垦殖公司领垦梳妆岭、凤凰岭马厂、马鞍山脚、铜鼓冲小村等处大片荒地，共 3.69 万亩。[9]这些近代的农业公司采用了新式的生产方式和管理方式，对农事试验场的创办和运作提供了很好的借鉴。

柳州广西农事试验场的建设，还与伍廷飏的大力支持有关。伍廷飏，广西容县人，先后追随李宗仁、黄绍竑，任旅长、师长等职。1927 年任柳庆垦荒局局长，同年 6 月任广西建设厅厅长。自 1925 年 7 月率部进驻柳州至广西建设厅厅长任期结束，主持全省公路建设，创办柳江农林试验场，聘请农业技术人员开展良种、肥料、水利、耕作等项目试验。[10]伍廷飏认识到，在开展农业科研与农业生产的过程中，不可避免地会与周围的村庄、村民产生一些矛盾。为此，创设优良的社会环境非常重要。因此，柳州沙塘农村试办区创办的同时，为防止土匪侵扰，训练民团，组织民众建立自卫队，筑起城堡，确保农村试办区的安全。接着，借鉴国外经验，从土地和资金两个方面进行改革，缓解了社会矛盾。广西当时尽管地广人稀，但土地问题却很严重。一方面有许多"无人之地"，另一方面又有许多"无地之人"。要想解决土地问题，就必须移民垦殖，并帮助农民购买土地，实现"耕者有其田"。因此，1932 年 2 月，伍廷飏倡议兴办垦殖公司。次年，省政府委令公司举办移民事宜，开垦荒地，造民房以为居住之用，使其安心生产。1934 年，政府分别从北流、容县、岑溪三县招集体格健全、品行端正的失业农民 500 户，先移壮丁，后移家眷。个人旅费由政府供给，家眷旅费由政府垫付，以后归还。开垦之初，向农民每人每月发放维持费 10 元上下（4 元自用，6 元养家），耕牛、农具、种子、肥料俱由政府供给，作为垫借。一切固定设备，如系公用，全由政府出资；如系私用，作为借款，分年摊还。所发月费，是否偿还，也视工作性质而定：公共工作所得月费即为工资，无须偿还；私人工作所得月费作为借款，需要偿还。综计旅费 3 000—4 000 元，职员薪金两年 2 万余元，公共设备及工资 4.5 万元，合计约 7 万元，全由省政府承担。资金借款每户约需 450—460 元，由政府和银行共同填借 20 万元。试办区内，原有个 156 户的小村，7 500 余人，其中湖南人占 40%，广东和苍梧人占 30%，其余多为壮族人。他们多为贫农，因缺乏资金，常受商人及其他买办者剥削。对此，政府采取三项措施：一是建立公共仓库，每当农产收获时，由试办区按照市价收买农产，运销外埠，所得利益，作为公共基金，兴办公营事业，或作为农民储蓄，五年后如数归还。二是开设公店，采办农民所需日用品，规模近似百货商店，为农民生活提供便利。三是设立农民借贷处，款项从广西银行借来，月利一分（比广西银行的农贷低五厘）。借款均用农产担保，10 人一组，连环保证。所放之款，95% 以上都能回收。除改造旧农村外，试办区还积极探索建设新农村的路径——以沙塘为中心，在三个移民垦区中各设一中心农场，每个农场占地约 300 亩，利用科学方法，改良品种及生产技术，给农民做示范。同时，设立经济农场，对试办区内的数百万亩荒地，利用新式机械进行开垦，并实行大规模的雇工经营，其任务重在试验，即推广新的农业生产方式。此外还设立协助农场，由私人集资组织垦殖公司，招工开垦。垦民所需要的耕牛、农具等，由公司供给，10 年摊还。耕地垦熟后，分与农民，所种林木，劳资各半，林地归农民所有。为提高垦民的思想认识，促进试办区各项工作的开展，试办区还加强教育，创办学校、图书馆、简报、民众集会地等，传授新知识和新文化。[11] 此外试办区还设有制糖、制油及制淀粉等各种农产工场。重视开渠筑坝，发展水利，提倡公私造林或其他农业经营。[12] 总之，伍廷飏利用政府和社会的各种力量，在沙塘大量开展农业改革试验与建设，使广西农事试验场迅速成为广西农业的中心。

二、全面抗战爆发的形势促使"战时农都"形成

如果说上述条件只是为柳州农事试验场的设立与发展奠定了基础的话，那么，全面抗战爆发后的形势，则为"农都"的确立提供了特殊的机会。

1937年七七事变后，日军很快占领了东北、华北地区和华中的一些重要城市，南京政府被迫西迁至重庆。接着，日军把进攻的重点放在夺取武汉和广州方面，力图钳制国民政府，并确保大陆交通线的畅通。在这种情况下，华北和华中等沦陷区的一些科研机构、高等院校、企业、难民等，不得不向以重庆为中心的西南大后方转移。而柳州作为当时的交通枢纽，自然成为转移途中的必经之地。桂南战役爆发前，重庆地区相对安全，因此，经柳州而转移到那里的工作阻力相对较小。桂南战役爆发后，日军对重庆的轰炸越来越频繁，尤其是铁路沿线，更是日军轰炸的重点目标。在这种情况下，转移工作日趋困难。柳州附近的沙塘，由于地形相对隐蔽，且具有较好的农业技术基础，因此从沦陷区转移过来的一些农业科研机构及其人员逐渐在此聚集，并利用当地的条件开展科研工作，这就为"农都"的形成提供了技术及人才保证。

另一方面，全面抗战爆发后不久，中央农业实验所（简称"中农所"）就在柳州羊角山设立试验场，[13]接着，又在沙塘设立中农所各系联合办公室（又称"中农所广西工作站"），下设稻作、麦作、杂粮、病虫害、森林、土肥6个系，与广西农事试验场合署办公。[14]由于该所在中国农业科研中具有举足轻重的作用，因此，当它在广西设立工作站后，其他迁移到柳州的农业科研机构，也纷纷聚集在其周围。显然，沙塘之所以成为抗战时期的"农都"，与中央农业试验所的推动有直接关系。正是这个决定，使沙塘在抗战初期就具有吸纳农业科研力量的功能。当然，中农所广西工作站之所以设在柳州沙塘，与站长马保之也存在一定的关联。马保之，农学家，广西桂林人。其父为教育家、学者、社会活动家马君武。马保之

生于 1907 年 11 月 13 日。1929 年毕业于南京金陵大学（1952 年并于南京大学）农学院；毕业后留学美国康乃尔大学，1933 年获博士学位；再往英国剑桥大学研究一年，1934 年学成归国。曾任中央农业实验所技正，1938年中央农业实验所迁至柳州沙塘后，任广西工作站主任，接着又任广西农事试验场场长，1940 年 4 月还创办广西柳州高级农业职业学校并任校长。这种生活和工作背景，决定了他对柳州沙塘情有独钟，对本地的农业科研及生产倾心倾力。应当承认，马保之当时在中央农业实验所只是掌技术事务的官员，并非高层领导，但是，在战争动荡的社会环境下，他的提议却具有十分重要的作用。迁移过程中的中央农业实验所究竟选择何地作为落脚之处，当时确实很不确定。马保之作为广西人，被任命为广西工作站主任之后，从安全、稳定及有利于利用当地资源等方面考虑，决定将中央农业实验所留在沙塘开展农业科研及农业生产工作。这不仅体现了他务实的工作作风，也体现了他对广西的特殊情怀。事实证明，他当时的这个决定是合理且有效的，也正因如此，这个决定得到了中央农业实验所及国民政府有关部门的最终确认，从而使该所在沙塘安顿下来，顺利地开展工作，取得了显著成绩。仅 1938 年一年，就与广西农事试验场一起培育出 30 多个水稻优良品种，这些品种被列为全国主要改良稻种。[15] 无疑，这坚定了人们的信心，鼓舞了人们的斗志，使抗战时期的中国农业科研力量在沙塘得以聚合，加快了"战时农都"形成的步伐。

以李宗仁、白崇禧为首的桂系集团与以蒋介石为代表的国民党中央政府长期存在尖锐的矛盾，但是面对日本的侵略，他们能暂时放弃前嫌，以民族利益为重，共同采取措施，稳定局势，抵抗日军侵略。鉴于许多沦陷区的难民逃到大后方，以及中央农业实验所等科研机构迁移到柳州一带，广西省政府从战时社会管理的需要出发，经过权衡利弊及协商，于 1938 年将陈大宁调省政府任农业管理处副处长，并推动中央农业实验所与广西农事试验场合署办公。1939 年，又将全省划分为 6 个农业督导区，在各区设立农场，承担广西农事试验场的部分试验项目，目的就是建立以柳州沙塘为中心的广西农业科学试验研究体系。[16]这在一定程度上激发起全国各地农业科研机构及其人员在沙塘创业的热情与干劲，因为这些措施为农业科研试验提供了有力的组织保证和生产保证。在战争环境下，农业科研试验通常缺乏政府经费支持，只有将科学试验与农场的生产结合起来，才能使研究工作坚持下来。同时，只有广西各区农场都承担农事试验项目，各科研机构的任务才能及时有效地分解，形成各具优势各具特色的科研氛围，有关的成果才能指导全国各地的农业生产，"农都"的地位才能真正确立起来。

全面抗战时期，大量难民逃到柳州，其中相当部分聚集在沙塘一带。沙塘农村试办区此前已对旧农村进行改造，同时又对新农村建设进行试验，尤其是以发展生产、改良民生的方式，成功解决了移民与原住民之间的矛盾，营造了较好的社会政治环境。因此，当沦陷区的难民来到这里后，当地民众没有歧视和排斥他们，而是接纳他们。太平洋战争爆发后，逃到柳州一带的难民越来越多，其中包括东南亚各国的华侨。1940—1942 年，仅柳州华侨招待所及护送站接待的华侨就达 25 423 人，[17]其中不少选择沙塘农村试办区作为避难所。他们中的一些人掌握各种较先进的农业生产技术与方法，因此，当他们来到这里后，沙塘的农业科研和生产的力量增强了。这也是"农都"地位得以确立的重要原因之一。

1939 年底，"战时农都"科研力量大致形成，这可以从各机构的人员组成看出，见表 2-1。这些来自全国各地的科技人员聚集在广西农事试验场，利用当地的设施及其他研究条件，就能有效开展农业科研实验工作，促进农业经济的发展。

表 2-1　广西农事试验场主要机构及主要人员（1939 年底）

职别	姓名	履历
场长室兼场长	陈大宁	北平农业大学毕业，日本北海道帝国大学研究林政，时任广西省政府农业管理处副处长

职别	姓名	履历
兼代场长	马保之	美国康奈尔大学哲学博士,时任经济部中央农业实验所技正,派驻广西工作站工作
秘书	侯杰	江苏省立第一农业学校毕业,曾任浙江省农业改良总场丽水林场场长、江苏省淮浙沐水利工程处护岸造林事务所主任技正等职
农场管理股兼股主任,兼农艺组主任技正	周汝沆	北京农业专门学校农科毕业,日本东京帝国大学农学院育农教室研究会,曾任西北农林专校技正兼附设高级农科主任等职
会计室主任	丁苏民	上海立信会计专修学校毕业,曾任广西糖厂会计主任等职
事务组主任兼技正	韦昌淇	中山大学农科毕业,曾任广西农村建设试办区垦务股股长兼总务股股长
技正	徐天锡	美国明尼苏达大学农学硕士,曾任浙江大学教授
兼技正	肖辅	美国明尼苏达大学农学硕士,曾任浙江棉业改良场场长、浙江大学教授,由广西省政府派驻本场工作
技正	谢孟明	美国佐治亚州立大学农学硕士,美国康奈尔大学研究员,曾任金陵大学农学院农艺系助教等职
技士	范福仁	金陵大学农学学士,曾任湖北乡村师范农业指导员、全国稻麦改进所技佐
技士	张国材	浙江大学农学学士,曾任河南省立第一农林局技士
技士	杨丰年	中山大学农学学士,曾任广西建设厅技士广西省府技士等职
技士	李钟衡	江苏南通学院农学士
技士	黄毓西	江苏南通学院农学士,曾任四川省第二区农林学校农场技师等职
技士	李维庆	浙江大学农学士,曾任全国稻麦改进所技佐兼实业部国产检验委员会小麦检验监理处技术员
园艺组技士代主任	宋本荣	北平大学农学士,曾任广西农事试验场柳州农场技士
技士	丘德陞	中山大学农学士,曾任广东花县农业学校农场主任兼教员等职
技士	杨济业	广西省立第一师范广西南宁农林技术人员养成班毕业,曾任广西南宁农林试验场及广西柳州农事试验场技术员等职
病虫害组技正主任	严家显	美国明尼苏达大学哲学博士,曾任武汉大学教授
兼技正	陆大京	美国明尼苏达大学哲学博士,曾任广东岭南大学教授浙江大学教授等职,任广西省政府技正,派驻本场工作
技正	黄亮	美国明尼苏达大学哲学博士,曾任金陵大学农学院讲师

续表

职别	姓名	履历
技士	刘调化	中山大学农学士，曾任广西建设厅技士
技士	冯宗林	中山大学农学士，曾任中山大学农学院助教
技士	徐玉芬	浙江大学农学士，曾任浙江大学农学院助教
技正兼化验组主任	黄瑞纶	美国康奈尔大学哲学博士，曾任浙江大学农业系主任兼教授浙江省土壤研究所聘任技师
技正	戴弘	日本东京帝国大学农艺化学科毕业，历任浙江大学、劳动大学、中央大学教授，任经济部中央农业实验所技正，派驻广西工作站工作
技士	徐公镇	北京大学毕业，曾任广西南宁农林试验场、广西农林试验场、广西土壤调查所技士等职
技士	郭魁士	北平大学农学院农业化学系毕业，曾任广西土壤调查所、江苏省地政局技士等职
技士	李绍林	浙江大学化学工程系毕业，曾任广西省立南宁科学集中实验所指导员
技士	孙渠	金陵大学农学士，曾任全国稻麦改进所技佐
技士	李西开	浙江大学农学士，曾任浙江大学助教、广西宜山县政府技士
森林组代理主任	林刚	金陵大学农学士，现任经济部中央农业实验所技正，派驻广西工作站工作
技士	黄超宪	广西大学农学士，曾任广西农村建设试办区附属林场技士

资料来源：柳州档案馆编《广西农事试验场档案》，全宗号19，目录号1，案卷号7，第33—36页；广西农事试验场编《广西农事试验场概况》，1940年，第4—10页。

注：本表仅列出试验场本部的组织机构和各部门负责人以及技士以上职称人员。

"战时农都"是全面抗战时期的一个农业科研基地，其中，科研机构是核心，而农业科研机构的主要任务是开展科学研究及推广先进农业生产技术。判断"农都"形成的标准有三个：一是代表当时全国最高水平的一些农业科学家在这里聚合，整体科研力量较强；二是环境相对稳定，科研条件能满足需要；三是机构、部门能在战时体制下协调运作，正常发挥管理效能。柳州沙塘当时具备这三个条件，所以，其"农都"的地位得以确立。

三、"战时农都"形成的主导因素是战争

现在需要进一步明确："战时农都"的形成究竟是什么因素在主导？

根据目前掌握的资料，国民政府并非主导因素。抗战爆发后，在淞沪战场处于不利、南京日益受到威胁的紧急情况下，1937 年 10 月 29 日，蒋介石召开国防最高会议，做了题为"国府迁渝与抗战前途"的讲话，强调"因为对外作战，首先要有后方根据地。如果没有像四川那样地大物博人力众庶的区域做基础，那我们对抗暴日，只能如一·二八时候将中枢退至洛阳为止，而政府所在地，仍不能算作安全"。并明确提出了四川是"真正可以持久抗战的后方"，"国民政府迁移到重庆"。蒋介石对云南和贵州在大后方的地位与作用也有论述，认为云南省"是民族复兴一个最重要的基础"，贵州省则是"民族复兴的一个基础"。11 月 20 日，国民政府公开发布《国民政府移驻重庆宣言》，内称"国民政府兹为适应战况，统筹全局，长期抗战起见，本日移驻重庆"。随后，国民政府的党、政、军机关陆续迁到重庆，重庆大后方中心的地位由此确立。[18]国民政府主席林森也明确说过，政府迁都重庆，一为表示长期抗战，二为建设四川、云南、贵州后方国防。可见，当时国民政府的大后方建设是以四川重庆为中心的，云南、贵州等省被列入大后方建设范围，而广西则未被列入。

蒋介石没有在公开场合谈论广西未列入抗战大后方建设范围的原因，但是考虑到蒋桂之间的矛盾由来已久，争斗不断，[19]他对桂系集团始终有疑虑，不可能推动国民政府将广西作为大后方加以重点建设。当然，面对日本的侵略和全民抗战局势，他也不得不顾及各政治派别的利益，平衡各种社会力量。由于全面抗战爆发后国民政府与美国、苏联等国签订了借款合同，合同中规定中国必须用农产和矿产予以偿还，因此，国民政府通过

资源委员会与广西省政府创办平桂矿务局，开采锡矿；还通过中国银行，与广西省政府共同创办合山煤矿，为湘桂铁路和黔桂铁路提供运输所需的煤；为农业生产提供一些贷款，确保战时粮食供给，等等。但是，从大后方建设的总体布局看，广西基本处于边缘化的地位。对此，我们只要将广西建设项目与四川、贵州、云南等省进行比较就可以看得很清楚。后来战争形势的发展打乱了国民政府的西迁计划，当沦陷区越来越多的政府机构、企业和难民在西迁过程中，因日军侵略的加剧而被迫滞留在柳州一带时，以蒋介石为代表的国民政府不得不默认就地安置，因为他们当时根本无暇顾及也无力顾及。可见，"战时农都"设在柳州并非国民政府主导。

广西省政府重视广西农事试验场的建设，但也并非"战时农都"形成的主导因素。因为广西省政府无权将全国各地的农业科研机构及其人员聚集在柳州沙塘，也无权对这些农业机构及其人员的工作提出具体要求。广西省政府派人与中央农业实验所合署办公，对战时农业科研及生产确实起到积极而重要的作用，但是中央农业实验所等科研机构的工作自始至终都具有独立性。各地的农业科研机构，也基本根据各自的情况独立开展研究实验，广西农事试验场各部门的工作，也大都依据各自职责来开展。广西省政府要对"农都"真正起到主导作用，至少需要如下几个条件：一是能根据战争形势，决定"农都"的布局与功能；二是能为这些机构及其人员提供维持与发展的生活及工作条件；三是能对这些机构及其人员进行有效的管理与利用；四是有关的研究成果既要服务于广西农业，也能辐射于大后方其他省区的农业。显然，这些条件广西省政府当时是无法满足的。

中央农业实验所等科研机构及其人员也不是"农都"形成的主导因素。全面抗战期间，这些科研机构及其人员留在沙塘多为权宜之计。在组织保障、工作制度保障和生活保障方面，这些机构都受到许多限制，加上分属于不同的部门和地区，彼此之间缺乏合作的机制与途径，因此，很难在"农都"形成过程中发挥主导性的作用。战争的发展要求大后方地区提高农业生产水平，引进及改良农业品种，增加产量。迁移到沙塘的各科研机构及其人员都在尽力为大后方的农业发展做贡献。他们用科技力量，改进农业生产技术和方法，促进了农业经济的发展。尽管从这个意义上说，这些机构及其人员具有一定的导向作用，但是，这与主导"农都"的建设有所不同。"农都"的建设是一个系统工程。在当时的社会环境下，中央农业实验所等科研机构虽然取得了不少研究成果，但是，要想起到推广辐射的效果，没有政府的支持和农村各级组织的协助是做不到的；而要想形成农业科研的整体力量，没有统一计划，分工协助，也是无法实现的。抗战时期的沙塘之所以称为"农都"，是因为这里聚集了当时中国最强大的农业科研力量，形成了最强大的农业科研阵容，但是这并不等于说"农都"是这些科研机构本身主导的结果，因为这些科研机构缺乏"主导"这一基本功能。

那么，"战时农都"形成的主导因素究竟是什么？最合理的答案就是战争。道理很简单：首先，没有全面抗战的爆发，就不会有全国各地农业科研机构向西南地区转移的行动，沙塘就不会成为"战时农都"；其次，如果不是因为战争环境，中央政府和广西省政府的有关部门也不可能与聚集在沙塘的科研机构及其人员结合在一起，共同为维持和振兴中国的农业技术而奋斗；再者，如果没有战争需求，大后方的农业生产就会按照传统的方式进行，采用先进技术与方法进行生产的动力也会也大为减弱；最后，如果没有战争，就不会形成沦陷区与大后方地区的对照，"战时农都"的特殊地位就不会显现，不会为社会各界所认同，进而也就不会形成。

四、"战时农都"的特点及其作用

既然战争是"农都"形成的主导因素，而战争又具有残酷性和不确定性，因此，沙塘"农都"在建设过程中就不可避免地产生了如下特点：

一是该"农都"只属于战时。换句话说，它是战争的伴生物，是为抗战服务的。"农都"确立的过程，就是大后方抗战不断发展的过程。"农都"与战争彼此联系，其兴盛与衰落，主要取决于战争因素，是一临时性的建设工程。

二是基础脆弱。沙塘经过桂系集团长达几十年的建设，其广西农事试验场初具规模，近代农业科研的能力初步形成。但是，战争的形势和边疆地区的条件，决定了其作为当时中国的"战时农都"而言，政治基础、经济基础和文化基础都十分薄弱。中国农业的科研机构及其人员在这里开展科研工作，实为迫不得已。后来，他们虽然取得了令人钦佩的成绩，促进了战时大后方农业经济的发展，但是脆弱的基础势必使其成果的推广运用受到很大的制约。更重要的是，脆弱的基础还使"农都"里的科研力量难以成长壮大，在这种情况下，要实现技术的创新，长期引领中国农业的发展方向也就成为十分困难的事情。

三是"农都"的管理机制异常复杂。技术方面，由于中央农业实验所当时处于先进水平，对其他农业科研机构有很大的影响力，因此技术研究及推广工作，多由该所组织实施。政治方面，由于"农都"设在广西柳州沙塘，而且由中央农业实验所与广西农事试验场合署办公，因此，许多工作都必须依靠广西的行政系统才能有效开展，农业科研试验具体措施的施行更是如此。生产方面，由于有关的研究成果主要在"农都"附近的农村实验及推广，因此，广西乡村组织势必发挥较为重要的作用。"农都"以农业研究及推广为主，但是，管理"农都"的力量却呈现多元化结构，并非完全以农业科研及生产为依归。指出这一点是为了说明，在战争形势下，"农都"管理机制呈现复杂化状态有其合理的一面，也有不利的一面。

尽管如此，沙塘"农都"的建立，在当时还是具有重要的作用：

首先，沙塘"农都"的建立，为战争期间全国各地的农业科研机构及其人员提供了避难的场所，保存了中国农业的科研力量。中国是一个农业大国，但其农业近代化的进程较为缓慢。根据目前学术界比较普遍的看法，中国农业近代化是从 19 世纪末才开始的，它不是以机械化为特征，而是以引进优良的农业品种和采用先进的生产技术为特征。直到抗战期间，这种状况也都没有改变。掌握先进农业科学技术的人员，大都集中在农业院校和农业科研机构里。1937 年七七事变后，日军的大举进犯使东北、华北、华中等地迅速沦陷。这些人员被迫逃离家园。来到柳州沙塘后，他们不仅暂时结束了颠沛流离的生活，还获得了从事科研的机会。"农都"使他们的生命危险得到一定的消除，生活来源得到一定的保障，专业技能得到一定的发挥。在战争环境下，这种作用具有非常重要的意义。没有这个避难所，沦陷区的农业科研机构人员就无法获得安身立命之所，先进的农业技术就无法得到传承与改进，中国农业的近代化进程就会受到制约。

其次，沙塘"农都"保存了部分中国农业的研究设备及资料。当时，在即将沦陷或已经沦陷的地区，农业科研机构人员为避免资产为敌所用，均将重要的仪器设备、图书资料等一并带走。这些设备、资料在沙塘"农都"得到了有效的利用，使科研工作得以顺利开展，大大减少抗战的损失。由于有些仪器设备和图书资料是中国农业科研机构在科研实践中研制和编写的，具有特殊的价值和作用，因此，它们在"农都"的使用，自然就为其他农业机构人员所借鉴及传播，从而带动了他们的专业发展。从这个意义上说，这种知识性的保存方式，比物质性的保存更值得肯定。

再次，沙塘"农都"的建立，促进了农业科研机构、农业院校、农业企业、农业实验区、农林管理机构和推广机构之间的合作。如前所述，抗战时期，正式参与"农都"建设的农业科研机构有中央农业实验所的试验场和工作站、农林部广西省推广繁殖站、广西农事试验场、广西大学农学院、广西省立柳州高级农业职业学校、广西水利试办区所属各农场等。除这些机构外，经济部中国植物油料厂柳州办事处也与"农都"有着密切联系，因为其生产技术需要得到设于沙塘的各农业科研机构及学校的支持。[20]一些设在大后方其他省区的农业科研实验单位，后来也迁到沙塘，例如，1944 年 11 月，农林部西江水土保持实验区就从贵州惠水迁来。[21]当然，还有许多科技人员或管理人员是以个人身份参与"农都"建设的，若把其所属的单位组织计算在内，则结构会更多元、更复杂。全面抗战爆发前，这些院校、机构、企业、实验区等分属不同部门和不同地区，彼此缺乏合作的途径。全面抗战爆发后，共同的目标和彼此的利益需求使这些机构、学校不断加强合作，因此，教学、科研、生产、加工、销售等环节就能逐渐连接起来。由于战时经济具有高度的统制性及应急性，而"农都"承担着农业生产技术的研究及推广任务，因此，在战时经济的作用下，"农都"将农业科研机构、院校、企业、农业实验区等组合起来，有利于创新能力的提高，也有利于先进农业技术的转化。可以说，抗战使"农都"充当了中国农业技术培育者及农业成果推广者的角色。

最后，沙塘"农都"促进了中国与世界的交流沟通，争取到了国际力量对中国抗战的支持。中国战场是世界反法西斯战争的主战场之一，而广西又是中国战场的重要组成部分。面对日本的侵略，世界各国以不同的方式对中国予以支持和帮助，其中包括农业技术的合作与指导。例如，1944年5月，美国水土保持专家寿哈特到柳州调查地质、土壤、农林、气候情况；同年7月19日到21日，英国著名学者李约瑟到沙塘参观考察，了解农业生产技术方面的情况。[22]1941年，广西农事试验场科技人员孙仲逸从德国留学归来，带回欧美牧草种子1 000余份，在试验场试种。[23]通过这样的方式，使世界了解中国大后方农业研究及生产的具体情况，为中外农业技术合作奠定了一定的基础，也为抗战后期的国际援助提供了重要的依据。

第三章

"战时农都"改良及传播旱地粮食作物的方法

　　作为抗战期间"唯一仅存的农业实验中心"，柳州沙塘"农都"延续了中国农业科研的命脉。这里的科研机构和科技人员为了实现科研救国的抱负，在十分困难的条件下，从战争的需要和大后方地区的实际情况出发，遵循创新精神和农业科研的基本规律，开展了一系列改良旱地粮食作物的实验，取得了突出的成果。

　　当时，外来旱地粮食作物品种的改良与传播是"农都"的重点工作，其中，玉米的实验最具代表性。因此，这里主要通过玉米实验过程及其方法的历史探析，认识抗战时期中国战时"农都"的作用，以及农业科研技术传播的特点。

一、"农都"延续了广西农事试验场的科研方法

　　"农都"是在广西农事试验场的基础上形成的。全面抗战爆发前，广西农事试验场就已开展了玉米育种的实验。"农都"形成后，科研人员在原有基础上继续开展这一实验。与全面抗战前相比，品种优化实验的方法虽然没有改变，但是随着战争形势的发展，粮食增产的任务加重，实验加快了步伐。据《广西农事试验场二十七年度工作报告》记载，自交育种材料于1936年开始征集，1937年和1938年仍继续征集，征来之品种每穗种植一行，每行自交3—5穗，1938年之自交工作，如表3-1所示：

表 3-1　广西农事试验场 1938 年玉米育种实验情况统计

类别	（1938 年自交）		1938 年征集种	总计
	1936 年征集种	1937 年征集种		
品种数	30	38	82	150
穗　数	258	441	660	1350

资料来源：广西农事试验场编《广西农事试验场二十七年度工作报告》，1940 年 10 月，第 38—40 页。

可见，1938 年育种实验品种的数量比前两年增加了约 2 倍，穗数则大致等于前两年之和。

主持并承担这项实验的是广西农事试验场的范福仁技士和顾文斐技佐。这时，中央农业实验所与广西农事试验场已合署办公，因此，这项实验虽以广西农事试验场的名义开展，但已带上"农都"的烙印。

这一年，广西农事试验场还开展了玉米的引种试验。《广西农事试验场二十七年度工作报告》也记载了这一实验的具体情况。

试验经过与方法为：将自美国引入杂种 41 种，并加入本省品种 8 种，做一比较试验。试验设计，采用 7×7 拟复因子试验（Quasi-factorial experiment），于是年 5 月 10 日播种，该试验比较之性状有：1. 种数实产量；2. 植株高度及穗之离地高度；3. 抽雄花期；4. 抽丝期，自播种日至抽丝之所需日数；5. 玉米螟生存率，即每百卵之为害虫数，用以作品种抵抗玉米螟之指数，该数字愈小抵抗力愈强。

试验结果如表 3-2 所示：

表 3-2　广西农事试验场引进的美国玉米实验情况统计

品种名称	种类	用植株数校正后之产量（每亩市斤数）	用植株数与钻心虫数校正后之产量（每亩市斤数）	玉米螟生存率	植株高度（厘米）	自播种日至抽丝之所需日数
Wisc. 696	黄齿[1]	160.86[2]	133.15	6.86	199.50	59.07
Cornell 30-13	黄齿	136.27	119.43	13.14	167.75	56.89
Cornell 28-3	黄齿	133.76	125.75	9.88	190.11	57.14
Iowa 939	黄齿	122.29	105.85	8.72	182.18	58.96
Ohio K-23	黄齿	120.83	104.92	22.42	154.64	58.76
迁江六月	黄硬	120.38	—	—	163.25	56.46
Ohio W-17	黄齿	115.81	100.82	15.30	122.11	61.64
Ind. 401	黄齿	111.32	118.64	11.41	174.57	61.11
Wisc. 645	黄齿	107.32	92.62	11.54	188.18	58.88
Conn. Burr-Iemming	白齿	104.82	103.57	10.99	173.50	57.14
Neb. 252	黄齿	100.55	81.46	6.08	179.96	60.31
Minn. 403	黄齿	78.00	101.69	6.50	157.78	55.43
Ill.　（5676×317）（5120×4211）	黄齿	59.78	66.97	8.07	191.96	61.03
Wisc. 5.31	黄齿	103.40	71.16	8.48	178.54	57.18
Kent. 69	白齿	99.12	113.92	8.72	208.35	62.11
National 126	黄齿	92.17	105.85	8.75	182.54	60.25
National 105	黄齿	97.24	109.10	17.65	167.32	60.50
National 117	黄齿	89.15	111.26	19.98	170.04	60.18
Neb. 238	黄齿	86.54	106.62	16.36	173.26	60.04
Ind. 6.13	黄齿	99.78	104.62	12.03	189.71	59.71
宾阳红包粟 A	黄硬	99.46	—	—	151.36	56.36
Neb. 238	黄齿	98.74	86.06	12.19	169.43	56.43
Wisc. 350	黄齿	98.69	65.68	11.81	173.68	55.36
National 112	黄齿	95.27	93.62	11.37	185.14	57.57
Ill. 960	黄齿	94.35	101.29	11.06	205.00	62.43
Ohio L-31	黄齿	89.41	93.15	11.01	179.54	61.43
Ill. 791	黄齿	86.78	77.55	11.57	189.25	61.07

品种名称	种类	用植株数校正后之产量（每亩市斤数）	用植株数与钻心虫数校正后之产量（每亩市斤数）	玉米螟生存率	植株高度（厘米）	自播种日至抽丝之所需日数
Minn. 401	黄齿	83.78	55.81	9.61	155.32	51.28
Kent. 76B	白齿	83.33	91.05	10.93	181.78	62.75
宾阳红包粟 B	黄硬	81.23	—	—	165.82	59.75
Cornell 37−50	黄齿	80.93	74.16	10.74	179.29	58.57
National 110	黄齿	79.81	97.37	11.04	183.96	58.29
Minn. 402	白齿	77.34	74.00	14.74	152.21	53.64
Iowa 931	黄齿	76.04	101.16	12.25	181.46	58.21
Cornell 20−15	黄硬	74.81	59.02	13.09	191.32	57.78
National 110	黄齿	72.41	79.29	11.23	166.61	60.21
N. J. 4	黄齿	72.10	107.46	12.21	176.24	58.11
Cour-Cannada Iemming	黄硬	69.77	59.99	14.45	185.29	55.07
Iowa 942	黄齿	66.77	74.76	13.18	183.21	59.61
Iowa 13	黄齿	66.28	96.42	12.11	174.21	59.28
Kent. 76	白齿	60.16	74.62	12.09	194.78	59.28
Minn. 301	黄齿	59.13	62.22	10.74	176.25	57.71
N. O. 14	白硬	54.39	—	—	91.03	47.25
Ind. 829	黄齿	45.56	63.98	10.41	166.03	63.5
明江黄玉米	黄齿	40.30	—	—	179.55	59.54
柳州白玉米	白硬	31.90	45.69	11.46	175.75	58.61
镇边糯玉米	白硬	1.80	—	—	206.00	72.61
兴业黄玉米	黄硬	—	—	—	205.79	70.29
兴业白玉米	白硬	—	—	—	205.79	65.57
差异显著时所需之差数		18.15	19.92	6.92	27.05	2.966

资料来源：广西农事试验场编《广西农事试验场二十七年度工作报告》，1940年10月，第38—40页。

注：1. 白齿＝白色玉齿玉米；白硬＝白色硬粒玉米；黄齿＝黄色玉齿玉米；黄

硬＝黄色硬粒玉米。

2. 数字下有一划者表明其为优良品种。

实验结果显示，49 个实验品种中，由美国引种的 41 个品种，植株数产量普遍高于本地 8 个品种，有的甚至高达本地品种的 2 倍；而玉米螟存活率，引进的美国品种多数比本地品种要低；植株高度，引进的美国品种普遍比"迁江六月""宾阳红包栗 A""宾阳红包栗 B"高 10—30 厘米；自播种日至抽丝之所需日数，"镇边糯玉米""兴业黄玉米"和"兴业白玉米"要比引进的美国品种多几天。

全面抗战爆发前，广西农事试验场虽然已开始引进国外的玉米品种并进行试种，但品种不多。而 1938 年却引进 40 余种美国玉米，并将它们与本地品种同时进行实验，创了农事试验场历史之最。这是为什么呢？因为随着战争局势的发展，广西农事试验场担负的科研任务越来越重。其中，通过改良旱地粮食作物促进粮食增产又是当时科研的重大项目之一，更需要加强科学实验。因此，与上述育种实验一样，广西农业科技人员在外来旱地粮食作物品种引种方面，也加快了前进的步伐。这些美国的玉米品种究竟如何引进现已无从知晓，但是，如此大量的玉米品种被引进并用于实验，显然需要通过多种途径，借助多种力量。众所周知，在同一个地方，生长不出如此多品种的玉米。而要在短时间内从美国一下引进 40 余个玉米品种，仅靠广西农事试验场的力量也是难以办到的。因此，上述实验得以顺利开展，无疑与"农都"的建立有一定的关系。1938 年春，中央农业实验所刚在沙塘设立工作站，安置成为首要任务，因此这一年的玉米引种工作，主要由广西农事试验场的科技人员承担。但是，中央农业实验所长期与美国农业科研机构保持着较为密切的联系，因此，在引进美国玉米品种上，中央农业实验所具有无可替代的优势。"农都"建立后，广西农事试验场的实验工作在原有的基础上普遍有所拓展，这不仅是因为战争形势的发展需要研制出高产、适合本地生产的旱地粮食作物，也因为全国各地的农业科研机构及其人员提供了有力的帮助。

全面抗战的爆发促使沙塘成为中国的"农都"，广西的农业科研因此获得了发展的动力，同时也增加了工作的压力。正如广西大学校长马君武在视察广西农事试验场时所说："欲求农业进步，必须以科学为依据，农业人士对基本科学，须有巩固之基础，尤须胸怀豁达，不羡利禄，不沽名，不钓誉，脚踏实地，努力工作，更须持之以恒，数十年如一日，则庶有伟大之成就。各农业机关之学术空气，似尚不够浓厚，故中国之农业科学，尚未有长足之进步。广西农事试验场为广西全省最高之农业研究机关，尤应以身作则，努力提倡，养成风气，则广西农业改良，庶乎有望。"[1]马君武此时强调广西农事试验场的地位与作用，目的是希望广西的农业科技人员奋发图强，承担起时代所赋予的使命。因为他清楚地意识到，沙塘作为战时"农都"，不仅要为广西农业的科学试验做出贡献，而且要为全国的农业科研创造条件。而广西农业科研人员的社会担当精神和科研能力，对推动"农都"的建设至关重要。

二、"农都"外来科技人员利用广西农事试验场前期成果开展研究

1941 年，中央农业实验所的科技人员邱式邦在《广西农业》第 2 卷第 2 期上发表《玉米螟害与寄主生长状况之关系及其在玉米育种上之重要性》一文，介绍了自己的科研成果，他的这项实验是在中央农业实验所迁移到柳州沙塘后不久（1938—1939 年）进行的，科研成果则在 1941 年发表。在本文的前言部分，他明确指出，"本文之目的在利用统计方法以证明玉米螟害与寄主生长状况之关系，并将其在玉米育种上之重要性加以探讨。文中材料大部分均取自作者二年来所举行之各种玉米螟试验，产量记录则由广西农事试验场范福仁、顾文斐两君供给"。

玉米螟蛾喜欢选择植株较高及生长旺盛的寄主产卵，初出土的幼苗及

发育不良的玉米鲜有被螟卵寄生。自交数年后的玉米几乎没有螟虫害。然而，玉米究竟须长至何种高度始能吸引螟蛾产卵？

邱式邦为首的专家组为解决此问题，于1938—1939年利用播种时期试验材料开展研究。根据观察，结合广西农事试验场的研究报告，专家组发现玉米生长高度与螟卵之次数的关系，见表3-3：

表3-3 玉米初次遭螟蛾产卵时的高度

植株高度[1]（厘米）	1938年		1939年	
	发现螟卵次数	占总卵数%	发现螟卵次数	占总卵数%
20	1	0.36	—	—
30	1	0.36	—	—
40	2	0.72	—	—
50	5	1.80	4	1.46
60	11	4.00	3	1.09
70	31	11.19	7	2.55
80	27	9.75	12	4.38
90	25	9.03	25	9.12
100	17	6.10	20	7.30
110	25	9.03	35	12.77
120	12	4.33	32	11.67
130	25	9.03	30	10.95
140	25	9.03	28	10.22
150	18	6.50	32	11.67
160	19	6.86	25	9.12
170	8	2.88	10	3.65
180	16	5.77	6	2.18
190	5	1.80	3	1.09
200	4	1.44	2	0.73
总数	277		274	

资料来源：邱式邦：《玉米螟害与寄主生长状况之关系及其在玉米育种上之重要性》，《广西农业》1941 年第 2 卷第 2 期，第 127 页。

注：1. 关于诱蛾高度，研究者于田间检查螟卵时将玉米初次遭螟蛾产卵时之高度加以记载，本文中玉米高度之测量均自最长一叶之尖端量至地面。

实验结果表明；幼苗时期螟蛾产卵最少，随着寄主玉米日渐长大，螟卵数亦日见增多。出雄穗前三日至抽丝后一星期这段时期螟蛾产卵最盛。在此 15—30 日中玉米上所产卵块占玉米生长期间全卵块数的 67.2%—88.6%。待寄主逐渐成熟，叶部日趋枯萎，诱蛾之力遂大减。总计玉米自播种至成熟的 90—100 天中能吸引螟蛾产卵的日期共 45—54 天。播种后一个月内及收获前一星期至半个月内的玉米对螟蛾毫无吸引力。

旱地粮食作物的引进成功，关键要适合本地的环境。为便于比较分析，研究者选取 1938 年四个播种时期"柳州白"玉米上卵块的检查情况，进一步说明研究实验的结果，见表 3-4。表中百分率一项指是日检查所得卵块总数的百分率。加粗的数字对应的时期标明了螟蛾产卵的最盛期。玉米植株高度、出雄穗期（T）、抽穗丝期（S）及成熟期（M）均列入表中以便互相参考。

表 3-4　玉米的诱蛾期

检查日期	播种期															
	5/5				5/20				6/4				6/19			
	卵块数	百分率	植株高度（厘米）	生长情形观察	卵块数	百分率	植株高度（厘米）	生长情形观察	卵块数	百分率	植株高度（厘米）	生长情形观察	卵块数	百分率	植株高度（厘米）	生长情形观察
6/10	2	1.5	40													
6/13	0	0.0														

检查日期	播种期 5/5				5/20				6/4				6/19			
	卵块数	百分率	植株高度（厘米）	生长情形观察	卵块数	百分率	植株高度（厘米）	生长情形观察	卵块数	百分率	植株高度（厘米）	生长情形观察	卵块数	百分率	植株高度（厘米）	生长情形观察
6/16	1	0.8														
6/19	3	2.3														
6/22	1	0.8	103		1	0.6	62									
6/25	3	2.3			4	2.3										
6/28	3	2.3			7	4.0										
7/1	15	11.4		T¹	12	6.8										
7/4	12	9.0	123		21	12.0	154	T	1	0.6	72					
7/7	18	13.6			31	17.6			4	2.2						
7/10	28	21.2		S	30	17.0			13	7.1						
7/13	25	19.0			32	18.2		S	11	6.0						
7/16	11	8.3			24	13.6			7	3.8						
7/19	6	4.6			6	3.4			14	7.6					60	
7/22	3	2.3			5	2.8	193		16	8.7	131	T				
7/25	1	0.8	170		1	0.6			18	10.0			3	2.0		
7/28					2	1.2	193		12	6.6			4	2.6		
7/31									30	16.0			7	4.6		
8/3									24	13.2		S	15	9.8		
8/6									18	10.0	138		16	10.4	92	T
8/9				M					4	2.2			21	13.7		
8/12								M	2	1.1			15	9.8		
8/15									7	3.8			19	12.4		S
8/18									1	0.6			17	11.1		
8/21									0	0.6			12	8.0	134	

检查日期	播种期															
	5/5				5/20				6/4				6/19			
	卵块数	百分率	植株高度（厘米）	生长情形观察	卵块数	百分率	植株高度（厘米）	生长情形观察	卵块数	百分率	植株高度（厘米）	生长情形观察	卵块数	百分率	植株高度（厘米）	生长情形观察
8/24									1	0.6	138		6	3.9		
8/27													7	4.6		
8/30													7	4.6		
9/2												M	3	2.0		
9/5													1	0.7	134	
9/8																
9/11																
9/14																M

资料来源：同前表，第 128—129 页。

注：1. T = 出雄穗，S = 抽穗丝，M = 成熟。

在此基础上，研究者进一步指出，植株高度与螟卵数显著相关。植株较高者茎秆亦往往较粗，二者之相关极为显著，故茎粗与螟卵数亦有显著之相关。螟卵较多之寄主日后茎及穗中之虫数（虫数为成熟幼虫、蛹，及已羽化之成虫数之总称）亦较多，因此，卵数与虫数有极显著的相关性。因卵数与虫数关系密切，故玉米生长状况能影响螟蛾产卵者亦同时影响螟害（虫数），此点由虫数与植株高度及茎粗亦有显著之正相关上可以证明。

表 3-5　螟害与玉米生长状况之相关（根据 41 个品种比较试验之结果）

相关因子	相关系数	t 值
螟卵数与茎粗	0.62	P<0.01
螟卵数与植株高度	0.71	P<0.01

续表

相关因子	相关系数	t 值
虫数与茎粗	0.70	P<0.01
虫数与植株高度	0.70	P<0.01
卵数与虫数	0.78	P<0.01

资料来源：同前表，第 129 页。

表 3-6　螟害与玉米生长状况之相关（根据 27 种肥料处理试验之结果）

相关因子	相关系数	t 值
螟卵数与茎粗	0.57	P<0.01
螟卵数与植株高度	0.47	P<0.02
虫数与茎粗	0.96	P<0.01
虫数与植株高度	0.65	P<0.01
茎粗与植株高度	0.86	P<0.01

资料来源：同前表，第 130 页。

根据表 3-5 及表 3-6 研究可知，玉米生长状况之差异（不论其由品种本身所造成或由栽培因子所引起）能影响螟蛾之产卵，结果形成不同之螟害。

发现玉米生长与玉米螟成长之间的这一规律后，科研人员提出了相应的生产对策：玉米螟寄主生长状况所引起的螟害差异难以控制，要减少螟害的影响，提高玉米的产量，应尽量选择抗病能力强的品种。为证明这一观点，科研人员列举了引进美国玉米品种试验的情况，见表 3-7：

表 3-7　美国玉米品种比较试验结果选录

品种名称	每株玉米虫数	玉米螟生存率	植株高度（厘米）	产量（每亩斤数）	产量（用虫数校正）
Kent. 76	29.9	12.1	181.8	49.0（10）[1]	74.6（6）
N. J. 4	25.6	12.2	176.2	85.2（6）	101.5（1）

品种名称	每株 玉米虫数	玉米螟 生存率	植株高度 （厘米）	产量 （每亩斤数）	产量 （用虫数校正）
Ill. 960	25.3	10.1	205.0	88.9（3）	101.3（2）
Iowa 931	25.3	12.3	181.5	88.5（4）	101.2（3）
Iowa 932	25.2	13.2	183.2	62.8（9）	74.8（5）
Neb. 463	16.1	12.2	169.4	93.9（2）	86.1（4）
Wisc. 350	13.7	11.8	173.7	83.0（7）	65.7（8）
Minn. 402	12.4	14.7	152.2	97.7（1）	74.0（7）
Minn. 301	12.4	10.7	176.3	80.5（8）	62.2（9）
Minn. 401	8.7	9.6	155.3	88.3（5）	55.8（10）
差异显著时所需之差数	7.7	6.9	27.0		

资料来源：同前表，第 130 页。

注：1. 括弧中的数字指未经校正或校正后产量排列之顺序。

研究者认为，育种者欲育得抗虫之品种常注意品种间之虫害程度。虫数少或被害率低之品种往往视为抗虫品种。此种标准适用于某种昆虫固甚适宜，唯以之为玉米抗玉米螟之准绳似欠妥善。螟害寄主生长状况之不同而有轻重之别，故如采取虫数之多寡或被害率之高低为抗虫之标准则不待试验抗虫之品种已能预测；凡生长不良与植株矮小之玉米即为抗虫品种。此种结论显与事实不符，因为普通生长旺盛之作物其抗虫能力通常都较强。研究者进一步指出，通过与广西农事试验场合作举行玉米抗螟试验，主张采用玉米螟生存率为抗螟之标准。所谓生存率乃指每百粒玉米螟卵能孵化钻入玉米而达成熟幼虫期之虫数。用生存率作标准时，表中十个品种间之抗螟能力并无显著差异，如用虫数作标准则品种间之抗虫能力则判然不同了。[2] 因此，努力引进外来的优良玉米品种，实为促进农业进步，增加粮食产量的明智之举。

玉米的抗病虫害试验需要长期的观察，外来品种的引种能否适应本地的环境，也需要时间的检验。鉴于广西农事试验场在玉米抗病虫害的研究做了较长期的工作，积累了较丰富的经验，取得了较丰富的成果，中央农业实验所的科研人员来到沙塘后，利用自己的技术和广西农事试验场的资料开展研究，减少了摸索的过程，提高了效率，为玉米的推广创造了有利条件。从整个研究工作来看，广西农事试验场的资料为中央农业实验所科研人员的研究提供了直接的证据，尤其是"柳州白"玉米种植中玉米螟的生长及其防治实验，为美国玉米品种的引种实验，提供了重要的参照系，进而为粮食生产增产计划的落实奠定了科学的基础。

三、不同机构的科研人员分别开展研究，形成各自的研究重点

"农都"是在抗战全面爆发后临时组建的农业科学实验基地，由不同层次、不同地区、不同部门的科技人员组成。虽然促进大后方农业经济的发展是战时"农都"农业科技人员的共同任务，但是在当时的环境下，各科研机构很难统一行动，加上农业科研针对性和应用性强，需要及时、有效地解决生产实践中的问题，因此，科研工作多以课题组为单位开展。以邱式邦为首的中央农业实验所的科研人员一直致力于玉米病虫害的防治，因此，他们除利用广西农事试验场的资料开展研究外，还根据工作需要和本地生产实际，独自开展研究，探索更有效的玉米螟防治方法。在沙塘期间，他们从不同的方面研究本地玉米螟害的状况，并从理论上分析了玉米螟产生的原因及其特点，还本着务实的原则，提出了防治的实施办法，仅在《广西农业》上发表的文章就有：《玉米播种时期与玉米螟灾害轻重之关系》（《广西农业》第1卷第6期，1940年12月）、《玉米螟害与寄主生长状况之关系及其在玉米育种上之重要性》（《广西农业》第2卷第2期，1941年4月）、《广西玉米螟》（《广西农业》第2卷第3期，1941年6月）等，这些研究成果，归纳起来主要有以下内容：

一是对广西螟害做出估算。中央农业实验所是全国性的现代农业科学

技术综合研究机构，对全国各地农业科研情况的了解最全面。全面抗战爆发前，邱式邦课题组就已掌握了东北、华中、华南、西南等省的玉米螟危害情况。来到广西柳州沙塘后，邱式邦课题组经过实地调查，确定虫害危害计算方法，再结合广西政府公布的统计数据，认为广西"全省玉米年产量为 5 300 000 市担（假定其为无螟年度之产量），则平均每株 1 虫，每年玉米螟害之损失为 159 000 担，以每担法币 10 元计，合银 1 590 000 元。由此亦可推测螟害严重时之损失，其数字定足惊人矣"。[3]

二是根据玉米螟在广西的生长特点选择玉米播种期。据三年的观察实验，玉米初次被螟产卵的平均高度约为 3 市尺，最低高度为一尺半。螟害最猖獗的月份为 5 月。夏秋之间赤眼小蜂的活动和高温天气会拟制玉米螟的成长。因此，玉米的播种要根据这些情况确定。[4]

三是提出了防治的方法。因为研究地是在柳州沙塘，所以当时提出的防治方法，主要针对本地的生产实际提出。主要有：

1. 彻底烧毁寄主残株或用作牲畜饲料。玉米螟大都躲藏在玉米茎中越冬，因此玉米收获后，田间里的茎秆应收集、堆积，晒干后用作燃料或就地焚烧，以绝后患。

2. 提早玉米播种期。3、4 月播种螟害较轻，玉米穗的被害率也较低，产量较高。

3. 实行轮栽制度。广西玉米一年可种两造。玉米之前作物有荞麦、黄豆、油菜、小麦、大麦等，后作物有甘薯、水稻、木薯、芝麻及饭豆等。早造玉米收获约在 6、7 月，如不连栽晚造玉米，则此时幼虫不能越冬（玉米螟越冬在 10 月下旬）而羽化之螟蛾又无寄主可供产卵，势必死亡。如早春种其他作物，晚造时栽种玉米，则越冬螟虫在来年春季活动时玉米尚未播种亦势必无法为害。故年种玉米一次而用另一种作物与之轮栽螟害必轻。

4. 改进栽培方法。凡生长良好茎秆粗壮的玉米，其受螟害后产量之损失较生长不良者为轻，所以，通过多施肥等方式使作物生长旺盛，也能起到抗螟害的作用。

5. 育成抗螟品种。不同地区和不同品种的玉米种子，具有不同的抗病虫害能力。将外来品种与本地品种杂交，培育出高产抗病虫能力强的品种，不仅能优化玉米品种，还能提高产量。[5]

这些研究成果的内容，有的广西农事试验场曾有所涉及，有的则尚未涉及。当时，中央农业实验所的这些研究具有很先进的理念。例如，利用赤眼小蜂开展生物防治玉米螟，通过实施轮作制度的方式减少玉米螟害等，都体现了自然生态防治的特点，非常有利于农业的持续发展。更重要的是，这些方法简单明了，容易在广大农村推广普及。因此，这些成果也得到广西省政府和当地民众的充分认可。由于西南多数省区的生产环境与广西大致相同，因此中央农业实验所科研人员的这些研究成果，很快成为这些地区农业生产的指南。

与此同时，广西农事试验场的科研人员则把研究的重点放在如何通过行距、肥料、每穴株数等要素的科学组配来提高玉米产量。在《广西农业》第 1 卷第 3 期和第 6 期，以范福仁为首的课题组分别发表了《行距、肥料、播种期、品种及每穴株数对于玉蜀黍主要农艺性状之影响》《移植及培土对于玉蜀黍产量与生长之影响》两篇文章，介绍其试验方法及结果。

课题组认为，玉米栽培因子有五：行距、肥料、播种期、品种、每穴株数。这些因素的改变，都会影响玉米的产量。要想提高玉米的产量，就必须找到这些因素的最佳结合点。于是，科研人员采用混杂试验的方法，检验这些因子的组配结果。行距，分二市尺五寸与二市尺两种；肥料分（甲）堆肥（每亩施用量为 2 000 斤）与骨粉（每亩施用量为 30 斤），除施上述之基肥外，另施用（乙）花生麸（每亩施用量为 60 斤）与过磷酸石灰（每亩施用量为 30 斤）为追肥；播种期，分 4 月 7 日及 8 月 5 日二次；品种，有"柳州白"和"迁江六月"二种；每穴株数，分为每穴 1 株及每穴 2 株。以上五种因子，各具有二平准，合计共有 32 种处理组合。

试验结果表明：

二尺五寸行距处理之玉米抽穗期，较二尺行距者有提早的趋势。

重肥处理之产量重肥较基肥多收 46.9%；施重肥之玉米螟数较施基肥多 19.96%。

早播玉米较晚播玉米者，产量多收 161.21%，玉米螟数多 57.37%。早播者之抽丝所需日数（自播种后次日算起）较晚播者多 11.53 天，茎秆高度则早播较晚播高逾 33.20 厘米，穗长则早播较晚播长逾 2.29 厘米。

"柳州白"玉米较"迁江六月"，种粒产量多收 22.14%，玉米螟数多 62.14%，植株高度逾 37.67 厘米，穗长逾 2.79 厘米。

每穴二株者较每穴一株者，产量多收 22.92%，玉米螟多 14.55%，穗则短 1.57 厘米。玉米螟数每穴二株者在同面积下多于每穴一株者，唯产量较一株者为高，故以每穴留二株为上。

早播的玉米，产量、玉米螟数及穗长，重肥处理均明显优于基肥，而晚播则不显著。主要原因是生长时期较短，利用肥料的时间也较短，而致使施追肥无效。每穴二株者，施重肥较基肥多收 59.33%；而一株者，施重肥较基肥多收 33.18%，可知每穴二株者能尽量利用肥料。茎秆高度，每穴二株者施重肥处理，较施基肥高逾 12.21 厘米；而仅施基肥，则每穴二株肥力不足，茎秆相对较低。每穴一株者，穗长逾每穴二株施基肥者达 2.44 厘米。

不同的品种在不同的播种期，玉米螟的数量及玉米穗长有所不同。这与品种的特点存在一定关系。其中，"柳州白"的虫数，早播者超过晚播者 178.80%；而"迁江六月"，则晚播之虫数反超过早播者 44.20%。两个品种比较，早播者，"柳州白"超过"迁江六月"之虫数约 191.41%；晚播者，则"迁江六月"反超过"柳州白" 37.95%。穗长方面，只有"迁江六月"是早播者长于晚播者。而在晚播者中，"柳州白"长于"迁江六月"。

播种期与每穴株数的关系对产量有影响，早播每穴二株，产量胜于晚播二株的程度，较早播每穴一株胜于晚播一株者为大。早播二株产量超过一株，而晚播一株与二株的产量无显著差别。

总的来看，各种因子的组配所导致的结果，产量方面，主要有行距×品种×每穴株数；玉米螟数，则有行距×肥料×播种期×品种；抽丝期，则有行距×肥料×播种期，肥料×品种×每穴株数，以及肥料×播种期×品种×每穴株数；株高，则有行距×播种期×品种×每穴株数。[6]

这一实验所用的玉米虽为本地品种，但其研究成果却为外来旱地粮食作物的引进和优化提供了重要的参照，因为外来旱地粮食作物要想实现本土化，就必须借鉴本地的种植经验，与本地优质品种杂交，增强适应能力。广西农事试验场在全面抗战前就开始对本地玉米种植技术进行反复比较研究，上述研究，涉及行距、肥料、播种期、品种及每株数等因子，而当时中央农业实验所研究的重点，是玉米病虫害的防治，表面上看，研究工作似乎没有关联性，但事实上，行距、肥料、播种期、品种及每株数等因子都与玉米病虫害有着直接或间接的因果关系。因此，在"农都"建立的基础上，不同重点的研究，可以有效发现问题所在，采取相应的措施，加快玉米本土化进程。

上述研究试验后不久，该课题组又研究了移植及培土对玉米产量与生长的影响。这一研究是基于农民的种植经验，为了科学说明移植及培土究竟产生什么样的影响，课题组采用比较的方式开展研究。具体分为移植法及移植期两项，移植法有：1. 连土移植，即移植时连土搬移；2. 不连土移植；3. 不连土移植并剪去主根；此外另加不移植为对照。移植期分二期：1. 苗三叶时；2. 苗六七叶时。培土方面，仅分为：1. 培土；2. 不培土（除草中耕照常）。

实验设计，采用裂区随机区组法，以移植处理与培土处理的 8 个组合，设置于主区，以移植期设置于副区。

全实验设三重复，共有 24 主区，48 副区。每主区共有 7 行，行长 30市尺，行距 2 市尺，穴距 1.5 尺，每主区横割为两副区，故副区之行长为15 市尺。于 4 月 30 日播种，在预定之移植时期，乘下雨后，径由甲移植区，按照预定之移植法移植至乙移植区，每穴植二三株，疏拔时，仅留一株。第一次在 5 月 18 日, 第二次在 5 月 31 日。待第二期移植之苗恢复绿色时, 培土处理区于 6 月 10 日则径行培土, 非培土区则行普通之中耕除草。至于肥料用量, 以每亩施用骨粉 30 斤为基肥, 花生麸 60 斤为追肥, 于 6 月 9 日施下。

实验结果为:

1. 不移植的玉米较移植者多收种粒产量 31.44%。移植无论连土还是不连土, 或不连土移植并剪根, 影响种粒产量之程度, 无甚差别。玉米苗在三叶时移植, 其产量与在六七叶时移植, 不相上下。

2. 移植玉米的抽穗期, 较不移植者迟四五天。移植对穗长无甚影响。

3. 移植对玉米的株高有一定影响, 尤其第二期移植者为最矮。

4. 培土的玉米较不培土者可增加种粒产量 19%, 且有助长株高之趋势; 培土对于抽穗期及穗长, 则无甚影响。[7]

这一实验所用的玉米品种, 研究报告没有具体说明。成果发表的时间为 1940 年 12 月, 此时, "农都"已将各种力量有效聚合起来, 根据大后方粮食增产的需求和"农都"当时的科研任务, 可以肯定, 这些品种一定是具有推广价值的高产玉米品种。

移植及培土, 将传统的农业生产经验用科学的方法予以验证, 这是另一个方面的本土化探索。广西农事试验场熟悉当地情况, 所以致力于这一方面的研究, 其所用的方法在当时也许不是十分先进, 但对中央农业实验所等外来科研机构的科研工作无疑会提供有益的借鉴, 因为本土化研究只有尝试各种不同的方法, 才能找到推广外来旱地粮食作物的最佳路径和方法, 减少阻力, 实现增效。

抗战期间, 中央农业实验所和广西农事试验场的科研人员, 围绕着旱地粮食作物品种的改良与推广, 既有合作开展的研究, 也有各自独立进行的研究, 但目的只有一个, 那就是运用科研的力量, 寻找最优质、最适合本地生产的品种, 促进大后方粮食的生产。

"农都"建立后, 不同层次、不同部门和不同地区的科研机构仍独立开展研究，这也从一个侧面说明，当时的农业机构并未形成严密的组织系统，而是基本保持原有的管理格局。这与当时中央政府与地方政府的复杂关系密切相关。

四、"农都"科研人员与垦区实验村联合开展研究

早在创建之初，广西农事试验场就根据研究和生产的需要，建立垦殖区，目的是对科研成果进行实践检验，推广运用成果。1933年，广西农事试验场从容县、北流、岑溪等地先后移民2 500余人，到沙塘、石碑坪、无忧三个垦区从事垦殖。[8] 1934年，广西省政府颁布《全省农林实施方案》，规定省农事试验场为全省农业实验中心，全省分为六个农业实验区，各建综合试验场一个，[9]以扩大农业科研实验的场所。"农都"建立后，随着科研成果的不断面世，各垦区也承担了越来越多的实验任务。为了提高科研工作的准确度，减少探索过程中的不确定性，科研人员深入垦区，与当地村民和基层管理人员共同实施玉米新品种的种植任务。例如，据1941年6月出版的《三区农业》记载，这年天河县爱峒乡尧河村汰浼屯发生玉米铁甲虫害，当地民众虽然采取措施予以防治，但是效果不够明显。为此，沙塘"农都"的科研人员赶赴该县指导防治。

玉米铁甲虫是危害玉米生长的一种害虫，其飞翔力较弱。每日晨间朝露未干时，成虫不怎么活动，多栖于玉米叶面上而行交配，且常沿叶脉食害叶肉组织，这时甚易捕捉，中午甚灵活，人影略近即飞逃。雌成虫在玉米叶之落尖部分，咬破叶之表皮，产卵于其组织；卵在叶内孵化为幼虫后，即在叶之表皮内叶绿组织中食害，多数幼虫由叶尖部分沿着叶基方向食去；幼虫成熟亦在叶之表皮内化蛹，再由蛹羽化成虫，穿破叶之表皮而出叶外。该虫一年约发生三四世代，已成虫潜伏于绿草土块间越冬。

广西天河县多数乡村均有此种虫害发生，其中最甚者为怀群、爱峒、喇糯、板晒四乡，1941年，这四乡玉米受铁甲虫灾的面积，如表3-8：

表 3-8　1941 年天河县怀群、爱峒、喇糯、板晒四乡玉米受虫灾情况统计

乡名	村名	栽培玉米面积（亩）	受害区面积（亩）	估计受害乡平均损失（%）
怀群	寨表	250	250	80
	在德	400	400	80
	杨显	400	400	60
	波静	600	600	60
	沧挽	460	230	40
	白浪	600	120	40
	泗岸	400	130	30
	白旦	550	300	35
	麻料	550	200	30
	治平	550	550	30
	栋见	500	500	25
	元蒙	600	200	20
	白林	600	60	10
	加碗	550	100	10
爱峒	尧河	100	100	90
	□隆	400	400	80
	吉隆	130	130	80
	锅峒	400	400	60
	庆安	150	150	50
	兼爱	350	350	60
	大竹	100	100	30
	镇安	250	250	30
	振新	300	300	30
	鼎新	100	100	40
	鱼良	450	450	30
喇糯	果敢	170	170	80
	良谋	320	320	80
	松嗣	160	160	70

乡名	村名	栽培玉米面积（亩）	受害区面积（亩）	估计受害乡平均损失（%）
喇糯	古邦	360	360	50
	白任	180	180	30
	黄甲	120	120	30
	飞黄	120	120	30
	佳泉	320	320	20
	腊梅	210	210	20
	百善	240	240	10
	冬安	400	400	5
板晒	六团	150	150	30
	乾阳	80	80	15
	板坡	60	60	10
	坡寨	250	30	5
合计		12 880	9 690	被害面积估占其栽培面积75.23%

资料来源：陈英芳：《协助天河县防治玉米铁甲虫》，《三区农业》1941 年第 1 卷第 2 期，第 144—145 页。

该四乡玉米被铁甲虫灾害之轻重见表3-9：

表3-9　1941 年天河县怀群、爱峒、喇糯、板晒四乡玉米受灾面积统计

乡别	受灾村数	栽玉米总面积（亩）	受害总面积（亩）	受害重者损失量 60%—90%	受害中等损失量 25%—50%	受害轻者损失 5%—20%
怀群	14	7 010	4 040	1 650	2 030	360
爱峒	11	2 730	2 730	1 030	1 700	—
喇糯	11	2 600	2 600	650	780	1 170
板晒	4	540	320	—	150	170
合计	40	12 880	9 690	3 530	4 660	1 700

资料来源：陈英芳：《协助天河县防治玉米铁甲虫》，《三区农业》1941 年第 1 卷第 2 期，第 146 页。

这四乡玉米被铁甲虫为害之面积，合计 9 690 亩。其中被害虫重害者，计有 3 530 亩，时多变白而枯萎，损失量均在 60%以上；被害中等者，计有 4 660 亩，损失量均在 25%到 50%之间；受害轻者，计有 1 700 亩，其叶片被害部分均变成白色之点线状，损失量约在 20%以下。铁甲虫最多之玉米地，每株平均有成虫与幼虫各二三十头之多。

毫无疑问，若不能有效防治虫害，任其发展蔓延，玉米生产将陷入困境，制约大后方的经济建设。因此，"农都"科研人员在当地政府部门的配合下，发动垦区的民众开展了防治病虫害的斗争。

科研人员根据病虫害产生的原因及其防治的需要，同时根据村民的生产状况，提出了务实有效的办法：

1. 于清晨朝露未干，成虫不甚活动时，至玉米地内，捕捉纳入盛水加煤油少许之桶中溺毙或放入竹筒中烧杀。

2. 剪除已有虫卵、幼虫或蛹的玉米叶的一部分或全部，集中烧毁。

3. 清除玉米地周围杂草，集中烧毁，以减其藏匿之所，冬季及春初更宜注意行之。

因为农民有各自的生产惯性，不易改变，所以，当这些务实有效的防治技术提出后，还需要借助政府的力量才能有效推广。战争期间，政府面临的任务繁重而艰巨，不可能抽调大量人力开展玉米病虫害防治工作，只能派专员，在各乡镇长、村长及当地小学校长的配合下，采用会议宣讲、现场指导示范、督促检查等方式，组织开展防治工作；并规定：每晨灾区内各农户，不论男女老幼均须分别到其玉米地连续捕杀成虫四天（每天捕捉两小时，由上午五时起至七时止），于第四晨捕杀成虫后，须一律举行剪除已有虫卵或幼虫、蛹之叶一次。如系出征军人家属确无人力除治者，则由该乡村长或教师等率领全校学生分组协助依法防治。各农户捕捉之成虫杀死后，交与村公所登记，后由村送乡转县备核。各地玉米如有被害严重，经验明已无收获希望时，则责令其全数拔起烧毁，而另改种陆稻、棉芝麻及豆类等作物。各村甲长如有督促农户防治不力或各农户有不依法除治者，均从严处罚。由于这些有效措施，玉米虫害大减。

严格说来，与垦区民众共同防治玉米病虫害，是生产环节的工作，不属于科研活动，但是，实验室的研究与生产实践毕竟存在一定的差距。"农都"科研人员根据垦殖区玉米生长中所遭遇的虫害情况，采取务实有效的方法，通过农村基础组织的力量进行防治，使科研与管理结合起来，确保玉米种植的顺利进行，这同样具有重要的价值。

玉米生产涉及许多方面的技术，病虫害防治只是其中之一。事实上，抗战期间，"农都"科研人员在各垦殖区还开展了育种、肥料使用、行距、播种期等方面的工作。通过这些实践，一方面对自己的研究成果进行检验，另一方面则是帮助广大农民更新生产观念，提高生产技术，促进玉米增产。

五、"农都"运用多种方法开展玉米研究的原因

根据目前拥有的史料，全面抗战时期，"农都"科研人员在旱地粮食作物品种的优化及传播方面开展的研究是较全面、较深入的，取得的成果也较丰富。在红薯、玉米和马铃薯这些外来旱地粮食作物中，"农都"科研人员之所以更重视玉米品种引进及传播过程中技术方面的研究，不仅因为当时玉米引进的品种最多，需要通过加强研究，在比较的基础上进行正确选择，还因为当时玉米的种植面积不断扩大，种植情况日趋复杂，有的地方除专门种植玉米外，还在其他作物种植地进行间种，比如在植棉中间种玉米（见表3-10）。

表3-10　广西省1941年度植棉面积与玉米等作物间作情况

县别	植棉面积（亩）	间作情况	县别	植棉面积（亩）	间作情况
罗城	24 510	与玉米间作	荔浦	1 122	无间作
忻城	10 250	与玉米及油麻间作	柳江	13 000	间作
南丹	21 620	与玉米、高粱间作	宜山	24 050	与玉米及黄豆间作

县别	植棉面积（亩）	间作情况	县别	植棉面积（亩）	间作情况
思恩	20 000	与玉米间作	东兰	22 889	与玉米间作
都安	17 100	与玉米、红薯、油麻等间作	天河	14 364	与玉米、高粱间作
天保	7 000	与玉米间作	河池	19 650	与玉米间作
镇结	5 400	与玉米间作	平治	14 520	与玉米间作
全县	17 000	无间作	向都	15 000	与玉米间作
钟山	822		敬德	4 000	与玉米间作

资料来源：胡坤荣：《广西植棉事业之过去与未来》，《建设研究》1942 年第 7 卷第 3 期，第 36—44 页。

如此复杂的种植情况，遇到的困难和问题肯定就较多，因此，需要研究解决的问题自然也就较多。确实，每一种间作方式都面临不同的种植环境，玉米的生长方式就会出现差异，需要采取的生产策略就有所不同，研究的侧重点也就有所不同。其实，比间作更复杂的还是玉米品种的优化。因为大部分品种由国外引入，而战争形势下粮食增产任务紧迫，研究条件艰难，要确定哪些品种更优质并更适宜本地种植，不仅要研究各品种的相关因子，还要研究与之相关的生长环境和种植方式，这在短时期内是很难实现的。从上述情况看，即使开展了比较研究，也仍然存在诸多不确定因素，这也是玉米研究会成为"农都"研究重点的重要原因。

抗战时期，柳州沙塘为全国各地的农业科研机构及其人员提供了科研的场所。在这里，中央农业实验所与广西农事试验场合署办公，建立起战时科研管理体制，这对整合力量，共同推动农业科研的发展起到了积极的作用。但是，在当时的形势下，真正意义上的联合科研成果却不多见。从已有的研究成果报告来看，中央农业实验所的科研人员利用广西农事试验场的部分资料开展研究，广西农事试验场也利用中央农业实验所引进的玉米品种开展种植实验，产生了一些成果，但是联合组建科研团队开展研究，尤其是系列性和持续性研究的情况却没有出现。目前，在国民政府和广西省政府的历史文献中，都没有发现联合组建团队开展研究的情况，中央农业实验所和广西农事试验场所留下的档案，都没有对此做出相应的解释。

根据当时"农都"的实际状况以及国民政府与广西省政府的关系分析，导致这种现象的原因可能有两个：一是蒋桂矛盾的影响并未消除。众所周知，以蒋介石为首的国民政府和以李宗仁、白崇禧为首的广西省政府一直存在尖锐而复杂的矛盾与斗争。全面抗战爆发后，在中国共产党抗日民族统一战线的推动下，他们的矛盾有了些微缓解，然而，相互防范、相互抵制的心理及措施并未消除。中央农业实验所迁移到沙塘后，国民政府并未给予财力、物力等方面的支持；同时，国民政府当时未将广西列入大后方建设区域，[10]因此也没有对广西农事试验场予以支持。另一方面，广西省政府虽然为了促进广西农业科研发展，积极为中央农业实验所提供安置，但是限于财力和物力，不可能为其提供大量的科研经费。更重要的是，共组团队持续开展系列研究，涉及敏感、复杂的人事管理，以李宗仁、白崇禧为首的广西省政府是不敢贸然行事的。1938年10月，广西省政府根据抗战需要颁布《修正广西农事试验场组织章程》。这一章程只是对广西农事场的机构设置、人员组成及其事务安排等做出规定，从核心内容看，章程重在行政组织规范管理，而不是科研团队的联合组建及运作。《广西农事试验场二十九年度工作报告》，在介绍本年玉米的五个实验情况时，均以广西农事试验场的研究为重点，至于中央农业实验所的研究状况，并未有所涉及。[11]蒋桂矛盾对农业科研领域的影响，由此可见一斑。

另一个原因是中央农业实验所与广西农事试验场在全面抗战前缺乏联合组建科研团队开展研究的经历。众所周知，科学研究是一个系统工程，在长期的探索中，既要依靠先进的理念与方法，也要依靠相互配合。全面抗战爆发前，无论是广西省政府还是广西农事试验场，都意识到开展合作研究的重要性，多次派人到国外学习考察，同时邀请国外农业代表团到沙塘考察，努力寻求合作的机会。[12]然而，广西农事试验场与中央农业实验所的合作关系却一直没有建立起来。中央农业实验所作为当时全国性的现代农业科研机构，照理说有义务通过联合研究的方式促进各地农业科研的发展，而由于蒋桂矛盾等原因，这种合作研究机制一直未能建立起来。全面抗战爆发后，中央农业实验所等科研机构迁到广西，加上战争形势的发展迫使蒋桂矛盾缓解，合作研究已基本不存在政治障碍。但是，长期各自研究的状况制约了合作科研的进行。显然，在战争环境下，没有合作基础，要想迅速改变各自的研究理念与方法，确定新的研究方向和重点，并取得新的成果是十分困难的。

　　玉米的引进与传播是一个复杂的历史运动。品种的优化和种植技术的改良是其中最基本也是最重要的两个环节，其中还涉及许多技术问题。从科学的角度来看，这些技术问题需要逐一研究解决，有的研究还需要漫长的过程。全面抗战时期，"农都"的科研人员在极其艰难的环境下开展科研工作，体现了敬业的态度和严谨的精神。当时的一些实验记录单充分说明了这一点。有的实验数据每天都记录，如玉米虫害从发生到消亡的过程；有的实验数据甚至连续记录多年，如玉米轮栽实验产量表。[13]这些记录不仅反映了玉米与各种农作物轮栽的产量变化，还反映出当时的科研状况。1939—1940年的桂南战役，中日两国军队在昆仑关展开激战。沙塘距昆仑关仅约100公里，日军飞机300余架次对柳州市区进行狂轰滥炸，[14]"农都"时刻处于危险之中，但即使在如此形势下，科研人员也没有中断研究工作，《广西农业》记载的各科研机构开展的玉米科学实验，不少就在这期间完成，实验的程序与方法始终没有因战争的影响而改变，实属不易。因此，保留下来的每一个实验数据，都是科研人员忠于职守的生动体现。尽管品种优化和种植技术改良任务在战争期间难以全部完成，但是严谨的科研精神和坚持不懈的努力，为旱地粮食作物在大后方地区的传播奠定了坚实的基础。由于历史原因，大后方地区开发较晚，社会经济发展水平长期处于落后状态。外来旱地粮食作物的引进及传播，在一定程度上改变了大后方地区的生产方式，促进了农业的发展。经济增效无疑是实现旱地粮食作物传播的前提，而科研则是经济增效的基本保证。正常情况下，科研工作需要艰苦的付出，而抗战时期的科研，所需要的付出则更大，不仅包括智力和毅力，还包括无私的奉献精神和牺牲精神。从这个意义上说，"农都"科研人员所取得的每一项玉米实验成果，不仅有力地支持了抗战，而且为大后方地区的经济开发做出了重要贡献。

当然，在肯定这一点的基础上又必须指出，由于管理方面的局限，中央和地方科研人员未能组建起联合攻关的研究团队，因此，玉米品种的优化和种植技术的改良存在一些缺陷。例如，玉米病虫害的研究就出现了重复现象，虽然技术方法各有侧重，但毕竟造成了一定的人力和物力浪费。又如，在外来玉米与本地玉米品种的杂交培育研究上，各农业机构虽注重相互借鉴，但由于未能结合生产实践深入开展合作研究，效果受到影响。

全面抗战时期粮食增产的特殊需求，决定了玉米种植技术的研究占据着更重要的位置。据初步统计，全面抗战时期"农都"各刊物登载的有关玉米的论文和调查报告12篇。其中，有关品种培育的3篇，有关玉米种植（包括播种期的选择、肥料的使用、行距的确定、间作等）的有8篇，综合的有1篇。此外，刊登的有关玉米农事消息报道共9则，其中有关育种的2则，有关种植、生产7则。[15]之所以出现这种状况，是因为广西农事试验场在全面抗战前已开始外来旱地粮食作物品种的引进及传播工作，"农都"创建后，在中央农业实验所等科研机构的支持帮助下，更多的外来旱地粮食作物被引进。面对越来越沉重的粮食增产压力，无论政府部门还是科研部门，都会尽量减少探索过程，选择相对高产的品种推广种植，并进行比较实验，促使外来品种尽快实现本土化。这种科研策略，是由战争形势决定的，是迫不得已的选择。按照粮食作物品种引进传播的一般规律，科研的基本程序应为品种优化——种植技术改良——实践检验——品种进一步优化——种植技术进一步改良——确定研究成果——大力推广。从"农都"及政府部门提供的信息看，虽然当时这个流程是基本完整的，但品种优化的措施却不够有力，成果也不够突出。而种植技术的研究却相对深入、具体，推广的措施在政府部门的支持下也比较有力。从是否有利于抗战的立场来看，这种战时农业科研的策略显然是合理的，因为它及时有效地改进了农业生产技术，提高了粮食产量，支撑了大后方经济的发展。但是，就农业科研整体效益的提升而言，这种做法显然也存在不足，因为品种的优化工作未能深入开展，尤其是本土化的试验在品种培育阶段缺乏不同方式的、反复的实践检验，这样在大规模的推广中就难免出现随意或盲目的现象。各地生产环境不同，生产方式各异，推广时就会导致不同程度的低效状态，更重要的是，品种优化工作的简单化会使玉米引进及传播失去持续发展的动力，进而使种植质量受到影响。

六、对"农都"科研的评价

在了解"农都"引进及传播玉米的实验方法基础上，可对战时农业科研进行如下评价：

第一，全面抗战时期大后方地区粮食增产的重任，是"农都"开展玉米品种优化实验，推广有关种植技术的动力。战争需求导向，决定了当时农业科研必须以支撑大后方的经济为目标，具有鲜明的应急性和实用性。

第二，"战时农都"的建立为农业科研人员开展科研工作提供了有利条件，而中央农业实验所与广西农事试验场合署办公的管理体制，实现了科研力量的重组。但是，政府主导下的科研由于历史上政治矛盾和战争形势的制约，在短时间内无法形成合力，因此，研究过程中虽然产生了不少成果，但是重大创新成果却没有出现。我们充分认可"农都"科研人员在引进及传播旱地粮食作物，提高大后方粮食产量中所发挥的积极作用，同时也要对其未能实现重大突破的原因进行客观分析。明确战时科研管理体制与科研成果之间的因果关系，才能正确区分政治因素与科研因素，从而对"农都"的科研成果进行准确的评价。

第三，玉米育种技术和种植技术的研究对实现旱地粮食作物的本土化具有同样重要的作用。全面抗战初期，"农都"的科研人员把育种工作放在比较突出的位置，形成了一些有价值的成果，而到了全面抗战的中后期，种植技术的改良成为研究的重点，品种的优化研究不再受到关注。这又从一个侧面显示了战时农业科研的特点。需要特别说明的是，全面抗战中后期，政府不仅要求"农都"加快玉米等旱地粮食作物种植技术的研究，而且直接将行政力量介入推广工作中。通过不断制定粮食增产计划和基层组织管理条例，引导各级管理部门和各地民众积极扩大玉米等旱地粮食作物的种植，并与科研人员一道深入农村，及时发现和解决种植过程中的技术问题，政府在战时农业科研中充当了重要的角色。政府虽然没有直接参与玉米种植技术的研究，但是其采取的措施，加快了技术的普及。既然后来种植技术的研究成为重点，而政府在其中又发挥重要的作用，因此对玉米等旱地粮食作物的本土化进程，同样不能忽略政府的因素。

第四，"农都"所研究的技术大多先在广西农事试验场和广西各垦区进行实验，取得实践成果后再向大后方其他地区扩散。在玉米等旱地粮食作物本土化过程中，试验场和垦区扮演着特殊而重要的角色。无疑，试验场和垦区建设也是在政府的推动下建立起来的，但更重要的是，政府为了确保试验场和垦区能持续开展玉米等旱地粮食作物种植实验，不仅划拨了土地，委派了专员，举办了技术骨干培训班，还调动各种社会力量支持科研工作，并提供了一定的经费。[16]正因为如此，"农都"的研究成果才得到有效的推广。试验场和垦区既是玉米等旱地粮食作物的培育地，也是其传播的展示地和中转站。"农都"之所以取得令人瞩目的科研成果，为支撑中国的战时经济做出突出贡献，很重要的原因之一就是能充分有效利用试验场和垦区的资源与力量。

上述战时农业科研特点的形成，都与政府的作用密切相关，正因为如此，对于抗战时期的科研统制的合理性应予以肯定。只是需要明确，统制过程中，广西省政府的作用比国民政府的作用更为突出。

第四章

"农都" 促进外来旱地粮食作物传播的效益分析

　　全面抗战时期的"农都"，论社会环境，与沦陷区相比只能说相对稳定；论农业科研条件，与全面抗战前相比无疑要困难；论工作任务，则比全面抗战前要繁重得多。在这种情况下，广大的农业科研工作者与政府部门管理人员及附近村民共同配合，在改良与传播旱地粮食作物方面做出了显著成绩，有效提高了大后方粮食产量，支撑了中国的战时经济。具体贡献，可从实验效益和经济效益两方面进行分析。

一、实验效益

　　"农都"创建之后，农业科研人员就围绕促进粮食增长这一中心任务，开展了一系列的改良旱地粮食作物品种的科研实验。上一章已对部分研究过程进行了介绍，这里再将整体的实验效果予以呈现。

　　综合"农都"各种刊物提供的信息，实验的内容及成效如表 4-1 所列：

表 4-1 抗战期间"农都"关于旱地粮食作物品种改良实验概况

实验项目名称	完成者	发表刊物	实验成果简介
行距、肥料、播种期及每穴株数对于玉蜀黍主要农艺性状之影响	范福仁、顾文斐、徐国栋	《广西农业》第 1 卷第 3 期，1940 年 6 月	1. 重肥较基肥处理之产量，多收 40%；2. 早播玉米较晚播者，产量多收 161.21%；3. "柳州白"较"迁江六月"，种粒产量多收 22.14%；4. 每穴二株者较每穴一株，产量多收 22.92%。
广西引种美国杂交玉蜀黍结果简报	马保之、范福仁、顾文斐、徐国栋	《广西农业》第 1 卷第 4 期，1940 年 10 月	1. 美国玉蜀黍之产量，较广西种为高，抗玉米螟能力，亦较广西种为强；2. 引种美国玉蜀黍，到达超过本地种产量 30% 之预期，颇有希望。
丰产单杂交玉蜀黍育成之预报	范福仁、顾文斐、徐国栋	《广西农业》第 1 卷第 5 期，1940 年 10 月	1. 杂交品种之产量，大多较"柳州白"标准为高；2. 优良之单杂交，尚不能作推广至用，唯可充作复交之材料。
玉米播种时期与玉米螟灾害轻重之关系	邱式邦	《广西农业》第 1 卷第 6 期，1940 年 12 月	播种期与玉米螟灾害的关系，广西的情况与美国有所不同。1. 广西的玉米螟 5 月活动最猖獗，之前与之后，其危害呈下降趋势；2. 夏秋之际赤眼卵寄生蜂的活动及气候之高温亢旱，是造成玉米螟生存率降低的主要原因。
移植及培土对于玉蜀黍产量与生长之影响	范福仁、顾文斐、徐国栋	《广西农业》第 1 卷第 6 期，1940 年 12 月	1. 不移植玉蜀黍较移植者多收种粒产量 31.44%；2. 移植玉蜀黍之抽穗期，较不移植者迟 4、5 天；3. 培土之玉蜀黍较不培土者可增加种粒产量 19%。
玉米螟害与寄生状况之关系及其在玉米育种上之重要性	邱式邦	《广西农业》第 2 卷第 2 期，1941 年 4 月	1. 玉米螟蛾产卵，通常在玉米长到 50 厘米及以上，50 厘米以下鲜有遭螟蛾产卵者；2. 玉米发育过程中，最容易引蛾的是在第 45 日到第 54 日之间。

实验项目名称	完成者	发表刊物	实验成果简介
广西之玉米螟	邱式邦	《广西农业》第2卷第3期，1941年6月	1. 在柳州沙塘，5月，玉米螟活动异常严重，玉米被害率达80%—100%；2. 玉米螟在广西柳州一年发生6化；3. 玉米螟在柳州越冬并无向茎秆下部移动之习性，与美国学者观察的现象迥异；4. 在广西发现的玉米螟寄生蜂共有三种，即寄生螟卵的赤眼蜂与寄生螟蛹的黑点姬蜂和大腿蜂。
玉蜀黍自交育种、引种试验、播种期试验、行距×肥料×品种×每穴株数试验、移植及培土试验	范福仁、顾文斐等	《广西农事试验场二十九年度工作报告》，1942年10月	1. 1939年利用所征集的自交系举行测交，得105种，分柳州、桂林、宜山三地开展比较实验，至少有三分之一的品种产量超过本地农家种。2. 1938年，Wisc. 696在41种美国杂交种中，名列第一；1939年，在20种杂交种中，名列第三；1940年又名列第一。
玉米多代自交实验	广西农事试验场	《沙塘农讯》第8期，1940年9月	在柳州、桂林、宜山三地开展六代自交实验，获1 500余穗。其中柳州、桂林部分生长甚好。
广西农事试验场育成优良测交玉蜀黍	广西农事试验场	《沙塘农讯》第13期，1941年1月	在柳州、桂林、宜山三地作百余种测交玉蜀黍实验，一测交种在柳州超过标准品种60.04%、在桂林超过54.44%、在宜山超过37.73%，其余超过20%—40%者，约有30余种。
玉蜀黍去雄与培土对于产量之影响	蓝文彦、金靖成	《西大农讯》第16—17期，1943年7月	依据实验数据，分析玉米去雄与培土对产量的影响程度。
协助天河县防治玉米铁甲虫	陈英芳	《三区农业》第1卷第2期，1941年6月	介绍该县利用乡村管理系统防治玉米铁甲虫取得突出成果的经过、措施和成效。
我国马铃薯之改进	管家骥	《广西农业》第2卷第4期，1941年8月	1. 马铃薯的淀粉产量，较米多两倍余。2. 利用西南低斜坡地耕种，旱地农作物以马铃薯为首选。

表 4-1 显示，全面抗战时期，"农都"的科研人员开展了较全面深入的旱地粮食作物引进及传播科研工作，其中以玉米的研究成果最丰富。这些实验成果，不同程度地提高了旱地粮食作物的品质和产量，加快其本土化的实现。实验效益，可归纳为以下几个方面：

一是所培育出的新品种为外来旱地粮食作物的传播创造了重要的条件。全面抗战爆发前，旱地粮食作物虽然已经在中国传播了数百年，并逐渐成为不可替代的品种，但传播过程基本是自发的，品种的进化也基本在自然状态中进行，缺乏科研的因素。广西农事试验场设立后，开始培育本地的一些优良品种，取得了初步的成果。全面抗战期间，农业科研人员在沙塘"农都"对一些外来旱地农作物品种进行大量的优化实验，在短时间内培育出能适应本地生长条件，同时能明显提高产量的新品种。马保之等在《广西引种美国杂交玉蜀黍结果简报》中明确指出："广西农事试验场自民国二十七年（1938 年）起，开始引种美国玉蜀黍杂交种，目的在于利用美国已育成之材料，并探究美国玉蜀黍农艺性状在广西风土下之反应。"为尽快培育出适合本地生长并能高产的品种，"农都"在 1938 年选择了 40 多个美国玉米品种，与 8 个广西本地品种进行杂交试验，1939 年又从美国征集玉米品种 23 个，与 4 个广西本地品种进行杂交试验，很快确定了最优化的品种。同时，"农都"还证明一些品种适应区域"较水稻、小麦为大"，多数品种产量能超过本地品种 30% 以上，其中最高者超过 54%。[1] 在培育过程中，力求科学严谨，以减少不确定性。据《沙塘农讯》记载，"凡当选者，每品系约自交五穗，在 6 月初旬，至 7 月初旬，约自交 3000 穗。"至 1940 年，已获得第六代材料。"去年除自交外，并作预测杂交，计有 100 余种，今年分三地举行比较实验，在柳州沙塘及桂林大圩者，生长均颇良好，在宜山者，缺株较多。现均已收获。本年利用第五第六代自交材料，复作预测杂交，计共获得 3500 余穗。明年再举行比较实验，藉以探求二年产量之相关。""本年度第五第六代之自交材料，去年除自交及预测杂交外，并作非正式之单杂交，共获单杂交 26 种，今年即利用此项单杂交之种子，另加入广西品种 2 种，作比较实验，此项玉蜀黍之植株形状高度着穗高度及每株穗数等性状，极为整齐一致……其中有几个单杂交，生长特别旺盛，且每株尽为二穗。"广西秋季温暖，年可种玉米二造。因此，"农都"科研人员为缩短玉米培育期起见，"于第一糙（造）自交材料收获后，随即脱粒整理，于 8 月中旬赶种第二糙，以行第二次自交"，[2]形成适合二造种植所需要的品种。这些实验成果的推出，使外来优良品种与本地优良品种实现了结合，优化程度进一步提高，从而为全面抗战时期粮食增产创造了有利条件。

二是实验涉及的领域较广，成果汇成系列，这不仅迅速形成科研实验链，还加快了成果的扩散。1939—1941 年，"农都"科研人员在沙塘及附近的试验场，在连续开展自交、测交、复交等多种实验的同时，还连续开展播种期、病虫害防治、行距、培土、施肥、去雄等多种实验活动，有的实验由同一课题组成员分阶段进行，有的则由不同课题组成员分别进行。这些系列成果，除以调查报告或论文等形式在学术刊物公开发表外，还通过广西农事试验场或国民政府农产促进委员会等机构，以消息、简报、动态等方式发布（例如，玉米行距实验结果，就刊登在《农业推广通讯》上）。科研实验链的形成，既适应了战时农业科研的需求，也体现了近代科研的发展趋势。随着这些系列成果的传播，农业科研的示范效益日益增大，为各地旱地粮食作物品种的改良提供了强大的动力。全面抗战时期，柳州沙塘是"中国战时后方唯一仅存的农业试验中心"，承担着十分重要的使命。正因为如此，这里的科学实验成果才会受到重视。"我国农业推广，今后是否可以推广尽利，免蹈覆辙，同时真正对于抗战建国尽其最大贡献，根据以往经验，关键即在指导农业推广的机关本身是否充实健全，与推广对象的农民是否有组织，使农业推广系统一致，运用灵活。"[3]应当承认，当时"农都"的实验成果，在旱地粮食作物的引进及传播过程中所做出的贡献，是其他地区农业科研机构所不能比的。

三是所探索的种植方法为旱地粮食作物的生产提供了有益的指导。"农都"科研人员在培育优良品种的同时，还通过反复试验，总结出一些先进、有效的种植方法。例如，杂交玉米的行距，以 2.5 尺最有利于其生长。[4] 在广西，玉米播种期以 3 月初至 4 月中旬为宜，这期间播种的玉米，能较充分地利用各种有利的生长条件，减少不利因素的影响，提高产量。玉米病虫害，既要依靠人工防治，也要依靠生物防治。[5] 玉米是否去雄直接影响产量，去雄方法不同，影响的程度也各异；具体来说，割雄区产量最高，剪雄者第二，而带一叶割雄者第三。[6] 这些技术的广泛推广，不仅为过去没有种植玉米的一些地区提供了直接的经验，也为原来种植玉米的地区改进生产方式提供了帮助。正如国民政府农产促进委员会所言："每一事业的推进，一定要和多方面发生关系，也必须得多方面的协助，始能化除阻碍，顺利进行。"[7] 在外来旱地粮食作物引进及传播过程中，"农都"科研人员的协助起到了关键作用。

四是科研实验过程中所进行的一些基础资料建设，为"农都"的持续发展创造了有利条件。科研人员清楚认识到，农业科研是一个长期又复杂的过程，不仅需要攻克一个个项目难关，还需要积极营造有利的科研环境，累积跟科研相关的技术资料。因此，"农都"创建后不久，《广西农业》就从第 1 卷第 1 期起，连续刊登沙塘逐日气象要素平均表，包括气压、气温、绝对湿度、相对湿度、风力、风向、雨量、日照时数、云量、蒸发量、能见度等，这些资料由广西农事试验场统一收集编制，供"农都"所有科研人员使用。桂柳会战爆发前，这一工作从未停止。1940—1943 年是"农都"科研实验工作最繁忙的时期，气象资料因科研实验而收集和积累，为各种农业科研实验进一步开展提供了有益的参考。如前所述，玉米等旱地粮食作物的品种改良，播种期实验是其中一项重要内容。实验过程中，科研人员依据气象资料就能做出相对准确的判断，减少探索的时间。另一方面，通过实验发现一些情况后，也会对有关的气象信息进行调整、补充，使之不断完善。这种基础资料建设，在农业科研和生产领域持续发挥其效益，直至今日仍未完全消失。

从上述论述及表格内容中可以看出，全面抗战时期，在"农都"的科研成果中，玉米的成果占绝大多数，而马铃薯和红薯则较少。这是为什么呢？

首先必须肯定，当时国民政府和广西省政府对各种增加粮食产量的旱地粮食作物都十分重视，并非只重视玉米一种。1941年6月6日和7日，广西粮食增产会议在桂林举行，6日的会议由马保之主持，讨论粮食增产实施计划纲要。该计划以水稻、小麦、甘薯、玉米、豆类、马铃薯等粮食作物增产为对象，以增加肥料、开垦荒地、修整水利等方法谋单位面积产量之增加，与栽培面积之扩充。[8]可见，玉米增产只是整个粮食增产计划中的一部分，红薯、马铃薯等旱地粮食作物同样属粮食增产的组成部分。同年举办的"广西省三十年度农业督导会议"，其会议记录中也明确规定："将玉米增产计划，甘薯增产计划及马铃薯等合并为一件，并由范福仁负责整理，"督导各地执行。[9]

至于造成"农都"科研实验成果中玉米占绝大多数，而马铃薯和红薯成果较少的原因，由于缺乏史料，难以做出准确的回答。但根据相关资料判断，主要应该有以下几个方面的原因。

1. 从战时农业科研的效率要求来看，必须尽量缩短探索时间，推出高产的优良品种，而玉米方面有较好的科研基础，能较快实现品种改良。全面抗战前，广西农事试验场就一直将玉米实验作为科研的重点，农业专家杨士钊、程侃声等在论及广西农林实验场之意义与工作时，多次阐述玉米品种优化在农业发展中的重要意义，并介绍广西农林试验场所做的一些工作。[10]另据《广西农林试验场陈列所标本分类目录》（民国二十三年）记载，该场陈列所玉米标本共有12瓶，18种。目录中的图片显示，该场培育的玉米个长，粒大，品种优良，[11]这说明玉米的研究实验取得了一定的成果。全面抗战期间，粮食需求量日益增大，必须依靠优良品种的大力推广，才能实现粮食增产的目标。"农都"于1938—1939年从美国引进64个玉米品种，与广西本地玉米进行杂交，由于有较好的科研实验基础，因此，大量外来品种较快地完成了从引进到传播的进程，广西玉米的产量得以提高。这种做法从科研实验经济效率的角度看具有很大的合理性。

2. 试验场负责人马保之的学习及工作经历，对广西农事试验场与美国农业科研机构建立专业联系无疑起到积极而重要的作用；[12]而美国当时在杂交玉米培育方面取得了突出成绩，因此，把美国成熟的杂交玉米引进中国，与广西本地的玉米进行杂交，是更为便捷的途径，且容易取得增产成效。事实上，全面抗战期间，广西农事试验场一直从美国引进优良的玉米品种，作为改良本地品种，不断提高农业生产技术的发展方向。直至抗战结束，这一方向始终没有改变。马保之明确指出，本地"玉米为硬粒种，而大国玉米为马齿种。引入马苗种玉米，有使本省玉米变杂交之危险，惟玉米既为天然异交，原来之品种，已为混杂，故此点可无须顾虑。玉米交种配给桂省特多，希望能因此而引起西南各省对于杂交玉米推广上之注意。而本场变杂交玉米育种工作，更须努力，俾得起而代之"。[13]

3. 从各种外来旱地粮食作物品种引进的技术条件来看，红薯、马铃薯等品种难以保存及运输，从美国引进相对困难，抗战爆发后只从美国引进过个别品种。东南亚各国虽然也大量种植这些旱地粮食作物，但是当时其农业科研机构与中国的联系不密切，更重要的是，这些国家当时被日军占领或封锁，根本无力组织粮食作物品种的输出工作。而广西及西南其他各省的农民所采取的留种方法普遍落后，常常造成种子不足进而影响生产的状况，不得不依靠购买的方式，才能获得生产所需要的种子（对此，下文再做具体论述）。因此，"农都"对这些旱地粮食作物未能有效开展相应的科研实验工作。

总之，全面抗战时期"农都"开展的外来旱地粮食作物科研实验工作，其效益主要体现在玉米品种的优化方面。实验涉及面广，次数多，技术含量较高，更重要的是，这些实验将引进外来品种与本地品种的改良紧密联系在一起，使优化后的品种适应性强，这对外来旱地粮食作物实现本土化起到示范作用。红薯和马铃薯的科研实验虽然也取得一定成果，但实验效益有限。

二、经济效益

"农都"开展外来旱地粮食作物引进和传播的科研实验所产生的经济效益，很难用货币指标来衡量，因为全面抗战期间，大后方地区生产的粮食，主要用于满足军民的需要，而不是市场的需要。目前有关资料通常都用种植面积扩大数、计划增产数、实际产量数等指标来衡量经济效益，因此，这里也只能依据这些数据进行分析与评价。虽然有些科研实验产生的经济效益不够明显，但是其追求经济效益的过程却比较明确，通过分析有关措施，同样可以从侧面了解这种效益的发展变化情况。

玉米有较多的科研实验成果作为依据，因而其经济效益的指标相对具体。例如，据《广西农事试验场二十九年度工作报告》记载，玉蜀黍分五个实验，结果本地的一些品种迅速提高了产量。如沙塘、桂林、宜山三地于1939年举行百余个测交种的比较实验，其中武鸣黄之测交种，在三地均名列第一，产量超过当地农家种37%—60%。在引种实验方面，据三年结果，Wisc. 696最有希望，1940年超过当地标准品种23.72%。[14]宜山县是玉米实验品种的主要种植区，以永定、九渡、加贵、索潭、喇仁、喇利、北山、永丰、宜州等乡为最多。农民多以为主要粮食。分早晚两糙，品种甚杂，有粘糯两种。[15]

"农都"的实验报告中，有些数据也能直接反映其带来的经济效益，例如，《广西农事试验场二十八年度工作报告》中7个美国杂交品种的实验数据，就颇有说服力。广西农事试验场1938年除继续进行玉蜀黍自交外，还将已经三代的品种举行测交和单交，自交1 521穗，测交922穗，单交68穗，实验结果见表4-2。

表 4-2　7 个美国杂交种之产量、抗螟力及抽丝所需日数

品种名称	1938 年 5 月 10 日种				1939 年 4 月 20 日种				1939 年 7 月 1 日种			
	产量		螟虫生存率	抽丝所需日数	产量		螟虫生存率	抽丝所需日数	产量		螟虫生存率	抽丝所需日数
	实际产量	百分率			实际产量	百分率			实际产量	百分率		
Wisc. 696	160.86	133.6	6.86	69.07					106.81	104.7	2.66	58.17
Cornell 30-13	136.97	113.27	13.11	56.89	142.47	140.8	5.90	56.35				
Cornell 29-3	133.76	111.1	9.88	57.14	139.32	137.7	7.08	56.80				
Lowa 939	122.29	101.6	8.72	59.86					123.74	121.3	2.66	58.25
Cornell 34-53					156.77	154.9	8.83	56.00				
Cornell 36-57					136.34	134.7	6.83	57.20				
Mo. 8									136.09	133.4	0.97	66.63
迁江六月	120.38	100.0	—	56.46	101.21	100.0	4.70	55.00	78.64	77.1	3.45	51.79
柳州白	31.91	36.5	11.46	58.61	85.21	84.2	5.00	68.17	102.00	100.0	4.26	61.04
全实验之平均数	86.47		11.59		115.22		9.14		89.91		5.36	

资料来源：广西农事试验场编《广西农事试验场二十八年度工作报告》，1941 年 10 月，第 39 页。

表中，有些品种只有一年的数据，有的只有两年的数据，还有的三年数据齐全，但综合分析不难发现，实验大都取得明显成效。其中，以 4 月的种植效益最显著。通过这些实验成果的推广，无疑能大面积提高玉米产量。

"农都"在马铃薯品种改良方面所做的工作虽然不及玉米，但是科研人员却一直没有停止对优良马铃薯品种的选择，即使在最繁忙的时候，仍在政府的支持下到外地购买。例如，1941 年，为促进马铃薯种植，广西省政府拨款 37 000 元，派技正陆大京、技士王照栋和陈禧初等赴湘探购薯种 500 担，以供桂平、苍梧、兴业、玉林、北流、博白、容县、平南、藤县等

9县马铃薯推广区和柳城、宜山、临桂3县试种区试种。[16]全面抗战时期，粮食增产必须以经济效益最大化为原则，政府制定的有关计划基本都是围绕这个原则制定。认真研究这些计划，可以看出，马铃薯的种植量逐年增大，从1940年开始，马铃薯已被广西省政府列为粮食增产的重要项目。1941年又预增5万亩。主要利用秋冬休闲地扩充栽培面积，并扩大试种县份。是年，广西预计马铃薯增产12万担。[17]不过，在战争环境下，马铃薯种植面积逐年增加，只有在能确保取得较为显著的经济效益的情况下才会有意义。值得注意的是，全面抗战中期，广西省政府对马铃薯种植效益的增加比玉米更为看重些。1941年，政府规定玉米的产量较上年增加10万担，比马铃薯少2万担。这说明，广西省政府充分认可利用马铃薯提高粮食产量的做法，也肯定种植马铃薯所取得的成效。在广西，马铃薯的引进比玉米要晚，大规模的种植是从全面抗战前几年才开始的，[18]一开始主要在东南各县栽培，由于成效不错，逐渐成为粮食增产的主要品种。到了全面抗战中期，粮食增产的任务日益加重，"农都"科研人员亲自到外地选择优良品种，并在各级政府的支持下，指导农民扩大马铃薯的种植规模。由于当时本地的优良马铃薯品种缺乏，加上战争形势紧迫，因此，只有采用外地优良品种，才能快速有效地提高产量，使农民获得实惠。

"农都"在改良红薯品种方面也不及玉米，但由于红薯普遍适合大后方地区生长，并且高产，因此，同样在政府的支持帮助下，不断扩大种植面积，取得了较显著的经济效益。例如，1941年，广西决定利用荒地、一季稻迹地及烟草花生迹地等，使红薯种植面积增加9万亩，实现增产45万担的目标。[19]

总之，全面抗战时期，"农都"在改良旱地粮食作物品种方面，措施有所不同，成效亦有一定区别，但是整体上都促进了种植面积的扩大和产量的增加，取得较为显著的经济效益。

三、效益原因探析

以上从实验效益和经济效益两个方面，对"农都"在改良旱地粮食作物品种，提高粮食产量上所取得的成果进行了论述。实际上，这两个效益是相辅相成的：实验成果为旱地粮食作物的大量种植奠定了基础；而旱地粮食作物的大量种植，反过来又为政府和社会各界支持"农都"的科研实验工作提供了动力。玉米、马铃薯和番薯等粮食作物品种的改良及应用，有的在实验过程体现，有的则在种植过程体现，但不管在哪个过程，都有效促进了大后方的粮食生产，有力支撑了中国的战时经济。整体效益比较显著。

效益之所以取得，很重要的一个原因是"农都"科研人员注重总结本地生产经验，在此基础上贯彻先进的农业生产观念，确定先进的旱地粮食作物品种的培育和种植方法，形成带有指导性的生产技术，从而促进外来旱地粮食作物品种的改良，并实现本土化。具体情况表4-1所列成果已有说明，这里再以黄瑞采的《广西土壤与农林之关系》一文所举案例进一步加以诠释。该文从土壤学的角度，介绍了广西一些地方玉米种植与土壤利用的关系，该文指出：玉米为广西西部主要之旱作，其适应土壤之能量颇大，页岩砂岩峻坡、灰岩之灰隙及由灰岩风化之红壤岗地，均能种植之。南宁、百色间之果德县，农家种玉米于灰岩岩隙，其土黑色有灰岩碎屑，土性不酸而富有有机物，适于玉米之生长。该县玉米种植面积44 000余亩。宾阳、贵县间近贵县一端玉米遍种于灰岩风化之红壤岗地，并似连作性质，土中有机物颇少，但玉米生长堪称旺盛。贵县玉米种植面积达173 000余亩，其土壤特性与宾阳县的大致相同。玉米需氮质肥料颇多，一般农家所施用者，有牛粪、猪粪、花生麸等，农家肥料来源多寡不一，猪牛粪每亩约施300斤，偶见施花生麸作追肥者，以匙掏取，逐穴施于玉米根部旁而后培土。根据这些情况，1939年中央农业实验所与广西农事试验场合作，在贵县举行玉米三要素及石灰堆肥肥效实验，结果氮及堆肥均有增加玉米籽实及茎秆产量之收效，而磷钾及石灰之效用不显著。[20] 尽管这里没有介绍详细的实验操作，但从中不难发现，"农都"农业科研人员非常注重本地生产环境及生产方法的研究。针对玉米普遍种植的不同地区，他们会分析土壤利用的科研因素，评价有关的结果，提出相应的建议与措施，使民众理解其中的科学道理。正是由于在科研实验中注重本地生产环境及生产方法的研究，有关建议与措施才受到重视，并应用于大后方地区的农业生产中。马君武在广西农事试验场演讲时明确指出："农业有整体性，必须多方面协同步调，平衡发展。……农作物须年年吸收土壤内所含之肥分，若仅知收获，不知肥力之补充，则良田势必变成瘠地，农作物产量之减收，自为意中事。虽有良种，亦复何济？……欲求农业进步，必须以科学为依据。农业人士对基本科学，须有巩固之基础。……持之以恒，数十年如一日，则庶有伟大之成就。"[21]

第二个原因是，在战争环境下，"农都"科研人员仍坚持科研实验最大限度开放的原则。通常，农作物需要不断杂交才能获得进化，农业科研只有坚持开放的原则，才能获得实验所需要的优质材料，实验工作才能达到高标准，成果才能达到高水平。武汉会战之后，尤其是日军占领广州、南宁、海南岛等战略要地后，西南大后方时刻处于日军的威胁之下，"农都"的科研环境日益恶化，许多科研实验工作受到很大的制约。但是，科研机构人员还一直从美国引进优良的玉米品种，与广西各地的优良品种进行杂交、测交、复交，确保玉米品种的优化实验能有更大的突破。1941 年，陆大京、王照栋、陈禧初等到湖南购买马铃薯种子。他们之所以要冒着生命危险购买这些品种，也是为了确保品种的优化。此外，柳州沙塘"农都"的科研机构与大后方其他地区始终保持密切的联系，经常交流科研实验经验。战争环境下，坚持最大限度开放的科研实验原则所遭遇的困难是前所未有的，既考验科研人员的意志和决心，也考验机构的管理智慧和能力。能够坚持下来，不仅体现了严谨的科学追求，更体现了不畏艰险、甘于奉献、勇于牺牲的气概。从这个意义上说，"农都"科研实验的效益，很大程度上来源于科学精神与爱国主义结合产生的力量。

第三个原因是，始终围绕粮食增产的目标不动摇，并在政府的支持下，坚持有所为有所不为的方针。桂南战役结束后，为集中力量传播旱地粮食作物，进一步增加粮食产量，广西省政府特制定《桂省增加粮食生产面积取缔非必要作物》。该办法明确指出，所谓粮食作物，系指作物中可用根茎或种实能养食充饥者；各农户栽培农作物，须依下列之规定：1. 糖、蔗、烟草、西瓜以及其他非粮食作物，非经县府核准者，概不得以稻田栽种；2. 各农户平时所栽培之水陆稻、大小麦、玉米、芋、薯以及其他粮食作物，在可能范围内，不得减少其栽培面积，并应逐年增多种植；3. 各农户如有违反前列各条之规定者，由县府勒令遵照办理，如仍不遵行，得酌予处罚；4. 各县乡镇公所奉到本办法后，应切实劝导农户遵行，并随时督察，如查有违反情事，应按级呈报县府核办。[22] 之所以严格限制非必要作物栽培面积，同时要求扩大粮食作物种植面积，是因为当时桂南地区在日军的破坏下农田及作物受到很大摧残，粮食减产严重。这种有所为有所不为的方针，客观上增强了"农都"科研人员开展旱地农作物品种优化实验的动力，也为实验成果效益的发挥提供了有力的保障。当时，论经济效益，糖蔗、烟草、西瓜及其他非粮食作物在市场上较一些旱地粮食作物的价格为高，若自发进行生产，农民就会选择种植经济效益较高的粮食作物，如此一来，玉米、马铃薯、红薯等旱地粮食作物的生产就会受到影响，"农都"科研实验成果的推广效益就会减弱。因此，政府规定不能减少种植的农作物就包括玉米、马铃薯、红薯等。诚然，做出上述规定的是广西省政府，但是应当认识到，"农都"是抗战期间由中央农业实验所与广西农事试验场等科研机构共同组建起来的农业科研中心，在如何增加粮食产量，支撑大后方经济方面，扮演着十分重要的角色，各级政府发展粮食生产的计划、措施不可能与"农都"无关。面对当时残酷的战争环境，采用有所为有所不为的方针，取缔非必要作物，扩大粮食作物栽培面积，目的是要满足大后方地区军民的基本生存需要。经济效益的最大化，只能从战时的实际状况进行评判，那就是看是否能最大化地满足战时的需要。

第四个原因是耕作制度的作用。为了使玉米、马铃薯、红薯等旱地粮食作物能够有效种植，提高产量，各试验区开展了轮作制度的实验。例如，宜山作为第三实验区，在总结传统轮作制度的基础上，分不同年份，将玉米与甘薯、油菜、荞麦、黄豆、花生、烟草等旱地农作物进行轮作，大致三年为一个周期，每年轮作的品种有所差别，目的是尽量利用土地争取更多的收获物，并使地力得到有效恢复，不影响农业生产。[23]轮作制是中国传统农业的一种耕作制度。"农都"实验区利用这种制度开展玉米等旱地农作物的种植实验，使改良的品种适应轮作的要求，实际上是将中国农业的传统种植经验与外来品种本土化探索结合起来，使之产生更大的效益。类似的情况，在当时其他实验区同样存在。这说明，"农都"科研人员在改良外来旱地农作物品种过程中非常注重中国传统农业生产方法的合理利用。正因为如此，才能有效推动农业生产技术改革，促进外来旱地粮食作物本土化发展，提高粮食产量。

取得效益的原因远不止上述这些。无论世人如何评价，有一点必须明确，探索"战时农都"改良与传播外来旱地粮食作物品种取得效益的原因，既不能偏离本土化过程，也不能忽略战时特性。

四、如何看待种植面积扩大在增效中的作用

玉米、马铃薯、红薯等外来旱地粮食作物由于品质优良，能有效提高粮食产量，并促进生产方式的变革，因此，其引进及传播的过程实际上是先进生产力转移的过程。科研实验，是将潜在的生产力转换为现实生产力，而扩大种植，则是让现实生产力扩散到不同的地区。可见，实验效益与经济效益是不同性质的效益，难以进行比较。但既然要对效益进行分析，这两个过程的相互联系就不能不予以关注。系统梳理"战时农都"留下的关

于玉米、马铃薯、红薯等外来旱地粮食作物引进及传播过程的各种资料，发现种植方面的内容比较丰富，其中，政府在这方面制定的政策及采取的措施更是起主导作用。而科研实验方面的资料，主要反映技术改良的过程，具体的效益指标比较有限。在这种情况下，如何正确评判"战时农都"在促进外来旱地粮食作物引进及传播上的效益呢？

综合各种事实，可以肯定，政府的工作重点是让现实生产力扩散到不同的地区。而努力扩大玉米、马铃薯、红薯的种植面积，是其实现经济效益的主要途径。扩大种植面积的方式主要有三种。一是加强冬种。西南边疆是开发较晚的地区，土地资源与中原地区相比较丰富，长期以来，民众很少进行冬种。全面抗战爆发后，粮食增产任务日益加重，政府采取行政措施，要求各地积极开展冬种。1941，广西省政府规定："一切各冬季栽培有益作物，应在可能范围内扩大栽种，各种作物之种子则由农户自备，冬作面积之分配，临桂、全县、兴安、灵川、永福、阳朔、荔浦、忻城、象县、迁江等县，须达各该县现有耕地面积50%，灌阳、恭城、富川、钟山、修仁、中渡、柳江、宜山、武宣、来宾、武鸣、上林、向都等县，则须达40%，其余各县一律须占30%。"[24] 1942 年和 1943 年也有类似的规定。二是充分利用荒地和闲地。如在《广西省三十一年度粮食增产实施计划纲要》中，广西省政府要求利用垦荒地、村落田园隙地和山场开垦地等多量栽培。其中，中部、东北、西北、西南各区荒地较多之县份，应通过加强公垦及人民私垦扩大玉米种植面积，力求能达到 69 900 亩。桂东南之玉林、博白、兴业、陆川、北流、容县、岑溪、苍梧、平南、桂平、武宣、贵县、横县等 13 县为扩大马铃薯种植县份，东北之柳城、临桂 2 县为实验县份。扩大县份，每县以增种 2 000 亩为准，试种县份，每县以推广 1 000 亩为准。至 1941 年 12 月止，扩种面积共有 63 367 亩。[25] 三是如前所述，在现有耕地上减少非粮食作物的种植面积，扩大玉米、马铃薯、红薯等旱地粮食作物的种植面积。总之，政府的立足点是通过种植面积的扩大，不断提高经济效益。当然，政府也通过贷款的方式，使各农户能购买先进的种子，改善生产条件。例如，1941年，农林部为促进广西粮食增产，特拨支46万元作为补助经费。同时，广西省政府还向四行（中央银行、中国银行、交通银行、中国农民银行）借款500万元，用于粮食生产。[26]这些措施，提高了农民的生产积极性，促进了旱地粮食作物种植面积的增加。

玉米、马铃薯、红薯等旱地粮食作物的种植面积的扩大，产量会提高，经济效益也可能会增加。但是，若种植的品种老化，种植的方法落后，则难以保证经济效益的提高。因此，对于种植过程的科研实验效益，不能不予以关注。"农都"在柳州沙塘，其科研实验效益只能通过当时的科研实验系统发挥作用。因此，判断科研实验效益对种植过程的影响，要从实验系统结构及其运作方式着手。

"战时农都"之所以选在柳州沙塘，不仅因为这里是大后方地区中交通相对便利、环境相对安全的地方，更重要的是因为这里有较完备的近代农业科研实验组织系统。1935年，为加强农业建设，广西农事试验场内设农艺、园艺、病虫害、化验、事务等组，并在南宁、桂平、桂林等地设立试验分场，[27]分别开展各种不同的农业科研活动。"农都"创建之后，为促进农业科研实验工作，加强有关成果的推广，广西省政府将全省划分为6个农业督导区，成立各区农场。除桂林、桂平、南宁外，又在宜山、田东、龙州等地设立农场，使农场增至6个。1941年，省政府颁布了《广西省区县各级农场业务联系及其工作分担准则》，规定各级省农场的主要任务及职责，强调各级农场都要积极开展农业科研实验，每年需报告实验成果，并定期进行交流。[28]鉴于农业实验成果需要在广大农村进行检验，为减少实验过程的阻力，同年广西省政府还将临桂、柳城、宜山三县定为农业推广实验县，主要办理农业增产、良种推广、农业调查、农村建设等工作。[29]1942年，根据国民政府的规定，广西转发了"县农业推广所组织大纲"，将增加粮食作物及工艺作物的耕地面积，推广优良农具肥料种子等作为主要任务。[30]这些农业科研实验组织系统的构建，为旱地粮食作物品种的改良与优化，以及大规模的种植，提供了基本保证。实验系统构建越完备，说明政府对科研实验越重视，进而也就说明政府对实验所产生的效益寄予越多的希望。

政府重视科研实验效益，还表现在人力投入方面。1941年全省粮食增产会议后，各分区县从6月12日起分区分别举行会议研究具体措施，至7月中旬始才结束，参加会议人数，共计1 444人，讨论案件达144件，至调用农业学校学生参加工作者，有专科以上学生19人，中等农业学校学生38人，农校教师3人，共计60人。并且，调集督导人员深入各实验区开展督导工作，其中，省督导116人，区督导115人，县指导员587人，合计848人。[31]早在全面抗战爆发后不久，国民政府农产促进委员会就明确指出，粮食增产，有关技术的推广对象是广大农民，"除去直接影响此项效果之机关本身的诸因素，如行政效率如何，人事与经费的支配是否适当，时间的运用是否合理，工作人员与全体农民已否打成一片等同宜探求外，农民在推广上所得实效，更应有精密的统计分析"。[32]随着粮食增产任务的进一步加重，政府越来越清楚地认识到，仅靠种植面积的扩大，不重视农业科研实验，粮食增产计划难以完成。组织如此多农业技术及管理人员到各实验区进行督导，就是为了夯实科学实验的基础，使"农都"的成果能够在各实验区种植，让广大农民尽快掌握有关技术与方法，提高生产积极性，为大后方的经济建设做出更大贡献。

旱地粮食作物的种植实验涉及一系列的技术，需要农业科研机构及其人员及时了解生产实践情况，解决有关问题。因此，种植面积与实验区的距离存在密切联系。以马铃薯的冬种为例，请看表4-3。

表4-3　广西省1941年度各县预报冬季作物栽培面积表

县别	冬作栽培总面积	小麦	大麦	荞麦	豌豆	蚕豆	油菜	马铃薯	甘蔗	其他
灵川	69 000	9 000		10 000	10 000	10 000	15 000			15 000
怀集	156 954	48 000						22 000		879 014
平南	213 690	64 157	64 107		84 376		1 000	50		

县别	冬作栽培总面积	小麦	大麦	荞麦	豌豆	蚕豆	油菜	马铃薯	甘蔗	其他
宜山	280 000	71 831	20 529	67 189	18 351	888	80 247		17 892	78 413
东南	19 353	9 753		7 694	599		1 307			
宜北	16 714	7 892		5 430	2 284		607			501
上林	74 330	33 200		18 300	200		23 630			
隆安	13 000	1 080		500						1 700
万冈	44 500	5 000		15 000	10 000		12 000			250
田阳	99 821	25 000		12 649	62 172					
凌云	35 274	3 500		15 574	1 600		150			50
龙茗	98 370	20 323		73 000		500		47		
左县	7 085	680		3 500	405					2 440
崇善	18 177	300	1 800	5 500	4 000				6 000	5 677
宁明	18 000	8 000			100		9 000			
雷平	30 000	3 000		20 000			7 000			
贺县	187 000	15 000		2 000	30 000	10 000	30 000		64 000	20 000
钟山	139 662	27 912		9 769	29 308		27 912		34 892	8 969
富川	81 000	41 000	9 500	4 500	19 500	650				
荔浦	74 940				24 000					
容县	12 000	24 000			48 000		18 000	3 000		
柳江	281 360	27 800	17 600	28 000	49 700					148 260
罗城	28 676	7 500	16 000		76				5 100	
柳城	94 747	18 300			37 300		36 147	3 000		
象县	167 640	42 100	27 600	21 800	43 960	9 780	3 400			900
武宣	115 052	23 013	28 970	25 914	12 951		8 321	8 170	5 064	2 539
天河	25 103	4 500	2 603	10 000	2 000		4 000		2 000	
绥渌	33 080	164		6 616	8 270		4 320		10 524	3 186
西隆	72 314	14 664		21 996	15 662		7 332		2 300	360
乐业	44 700	450		26 000	15 440	1 000	500			1 310
田东	67 305	14 000	3 000	5 000	4 535					
靖西	87 663	63 663			10 000				14 000	
天保	111 685	10 000		5 585	2 750					3 150
向都	94 978	28 493		28 492	18 997				15 000	3 996

县别	冬作栽培总面积	小麦	大麦	荞麦	豌豆	蚕豆	油菜	马铃薯	甘蔗	其他
镇边	93 600			47 100	5 000				25 000	16 000
养利	31 970			13 810	200				400	17 560
思乐	17 357	2 000		2 000	2 500		3 000			6 857
百色	52 300	2 000		4 000	236 000				4 000	19 500
凤山	50 000	10 750		10 000	7 500		1 750			20 000
临桂	214 200	35 000	1 550		30 000			100		147 600
灌阳	75 171	33 711	5 062	1 119	10 120	1 660	9 059		2 312	12 128
义宁	68 004	2 036	4 919	57 298	109	645				2 997
永福	65 638	1 297		1 188	2 400	1 233	4 009		22 399	23 112
隆山	44 436	18 513	25 913							
上思	60 168	577		16 301	3 767		666		37 914	943
敬德	36 577	6 983		12 598	3 116				12 878	
资源	32 518			9 745	3 939	4 215			2 850	11 814
阳朔	105 949	16 945		16 624	16 450	16 660			2 240	37 030
恭城	167 120	1 988		21 807	20 412	9 106	584		2 710	110 513
岑溪	73 503	13 585	22 643	5 077	6 200		13 526	4 205		8 267
来宾	164 400	47 418		70 409				46 573		
迁江	164 402	23 606	35 651	41 174	16 918		47 002			53
北流	206 965	26 904	82 781		26 087	10 348		6 209	41 391	51 738
南丹	51 553	16 562		33 992	477		522			
思恩	61 775	15 518	3 746	2 642	13 465		22 164			4 239
那马	36 599	5 789	12 304	14 260				4 237		
榴江	38 494			1 843	6 516		12 056		8 036	10 043
扶南	26 462	251		7 352	1 639				13 048	4 172
田西	22 892	1 021		851	13 446		365		874	6 334
总计	4 980 825	975 470	311 754	851 258	881 867	75 185	407 576	120 354	390 516	966 845

资料来源：《三十年度本省农业施政概况报告》，《广西农业通讯》1942 年第 2 卷第 1 期，第 11—12 页。

1941 年 10 月，广西全省共有 59 个县上报了冬种面积材料，这些材料显示，是年全省冬种的作物主要有小麦、大麦、荞麦、豌豆、蚕豆、油菜、马铃薯、甘蔗等，由于种植经验相对丰富、成熟，各地都有所种植。马铃薯是政府刚引进不久的作物，种植经验需要探索，所以种植面积较大的几个县如灵川、武宣、岑溪、北流、来宾，都紧连着当时各督导区农场或实验县。这样做的目的，就是使种植工作置于督导区农场或实验县的直接控制之下，确保生产能顺利进行，使增产计划得以实现。认真分析表4-3中的数据，我们会发现，马铃薯种植的县份不多，面积也较小，原因是当时的优良品种要由政府贷款，从外地购买。种子来源有限，迫使种植地点必须集中而且必须获得成功，这样才能为以后的扩种创造条件。"四行"代表陈隽人对柳州沙塘"农都"的科研工作予以高度评价，同时也提出加强科研配合的建议："广西的农业人才确是很整齐，各省都比不上。不过只是联系上有些缺点……如果行政的系统、技术的计划、金融的辅助能有密切的联系，使金融机构配合合作组织，与农业推广彼此相互联系"，就能获得更多的支持，推进农业科研研究，增加粮食产量。[33]省政府在增产计划中规定，在秋冬休闲地扩充马铃薯栽培面积，即在东南玉林、博白、兴业等14县扩大耕种面积，在东北柳城、临桂试种；其中，扩大县份每县增种2 000亩，试种县份每县扩大1 000亩。既要增加马铃薯产量，也要在次年春收时，由县乡镇派员视察其收成状况，填表报核，并指导其继续留种，为来年的扩种做好准备。[34]透过对马铃薯种植地点及其面积的安排，我们可知政府在外来旱地粮食作物引进及传播上的用心。

总之，全面抗战时期，政府通过引导各地农村大量种植"农都"改良的玉米、马铃薯、红薯等旱地粮食作物品种，取得了较显著的经济效益，同时，又通过构建农业科研系统，充实科研力量，协助科研机构组织实验等方式，努力提高科研效益。可以这样说，在战争环境下，政府既重视农业的经济效益，也注重农业的科研效益，如若偏废任何一方，都无法支撑战时经济。

五、评价"农都"改良与传播旱地粮食作物效益的要点

研究"农都"引进及传播外来旱地农作物的效益，必须把握以下认识要点：

1. "农都"是全面抗战爆发后广西农事试验场与中央农业实验所等科研机构共同创办的农业科研基地。在其创办及发展过程中，政府给予了各种帮助，因此，在评价其工作效益时，政府的力量不容忽视。抗战时期一切为战争服务，所谓效益势必带有战时特征。而增加粮食产量，支撑战时经济，是考量效益的基本出发点。

2. "农都"科研人员改良玉米、马铃薯、红薯等外来旱地粮食作物品种的方式不同。其中，玉米的科研实验较多，除直接进行杂交等实验外，还在种植过程开展了播种期、行距、施肥等方法的实验；而马铃薯、红薯等品种，则通过指导其引进及种植方式促进其实现本土化，提高粮食产量。采用的方式不同，体现了务实、一切为战争服务的科研工作原则。

3. 科研实验的效益与大量种植所获得的经济效益相互促进，前者具有开创性，后者具有延伸性。"农都"科研实验的效益促进了外来旱地粮食作物本土化进程，为大后方农业生产方式的改革奠定了较坚实的基础；而大后方地区大量种植这些旱地粮食作物，有效提高了粮食产量，获得显著的经济效益，科研实验也因此增强了动力。

4. 政府制定的政策和采取的措施使"农都"的科研成果得以转化。战时生产体制和科研实验系统的构建，是玉米、马铃薯、红薯等外来旱地粮食作物引进及传播的效益增大的两大关键因素。

第五章

新桂系集团支持"农都"建设，推广旱地粮食作物的举措

"农都"能促进旱地粮食作物的传播，很大程度上是因为有政府的支持，既然如此，想对"农都"的作用做出准确的判断，就必须了解当时政府所采取的措施及其缘由。

必须承认，以李宗仁为首的新桂系集团从壮大自己实力、维持战时经济的立场出发，在促进"农都"建设、加快旱地粮食作物推广方面，所采取的措施大都比较务实，既有继承，也有发展，取得的成效显著。

一、优化管理机构，形成有利于旱地粮食作物推广的合力

1925 年新桂系集团（下简称"桂系集团"）统一广西后，开始加强各项经济建设工作，农业成为建设的重点之一。推广高产的旱地粮食作物，则成为此时农业建设的重要内容。

1926 年，广西建设厅成立。1927 年，伍廷飏任建设厅厅长，改组广西实业院，专管农林工矿技术研究和实验事宜。旱地粮食作物引入与推广的具体行政事务交由实业院负责。该院 1927 年度工作情形报告书中记载了旱地粮食作物优良种子的准备选取工作，拟定征集作物种子办法及表格，交调查员向各县直接征集优良作物种子，以便举行品种观察，并向美国及江浙广东等处购买玉蜀黍等品种。玉蜀黍试验内容，主要有肥料种类试验、肥料配合试验。试验场的旱地作物种植面积为玉蜀黍 180 亩，红薯秧 2

亩[1]。同年南宁农林试验场职务经过报告中记载："农艺股收获美国非立黄玉米净重六十余斤，美国马士驮敦玉米净重十六七斤……马铃薯二十八勋八两"[2]。同时，为促进旱地粮食作物种植的推进工作，实业院附设农业技术班，培训实用人才。接着，建设厅又于 1929 年时聘请"作物专家三人，月薪共约九百元，全年约万元"[3]，以充实实业院的技术力量。可见，全面抗战爆发前，桂系集团已将旱地粮食作物的引种作为政府的主要工作之一。

1934 年春，广西省政府设经济委员会，裁撤建设厅，将原建设厅所管的农业业务归经济委员会下的农务局管理。农务局分三科，而农作物推广之活动归第一科所管。是年，省政府经济委员会初步制定了《全省农林实施方案》，内分农业、林业、垦殖、其他四部分。其中农务部分，以作物改良与增殖为主要业务工作。这时，广西省政府已开始意识到农业实验基地建设的重要，因此，明确规定省农事试验场为全省农业实验中心，全省分为六个农业实验区，各建综合试验场一个。除此之外，还规定区场以下各县设置县农场，用县苗圃扩充为场地之用。这些农场的经费开始由各县分担，后改为省库支付。各区的场长兼任督导主任，而各农场技士则兼任督导员。[4]实验农场分布在不同的地区，类型各式各样，功能也存在较大差别。通过明确其范围及任务，构建起省农事试验场指导各区域农场与各县农场分别开展实验的近代农业科学实验体系，从而为包括旱地粮食作物种植在内的农业先进技术的传播奠定了坚实的基础。

全面抗战爆发后，全国各地的农业科技人员相继来到广西，与广西农事试验场共同创办"农都"。桂系集团积极支持"农都"的创办，并利用"农都"的力量加快旱地粮食作物推广的步伐。1938 年 2 月，广西省政府农业管理处成立。成立之初，该处的任务主要有两个：一为制定发展方案《广西省农业计划生产草案》，二为进行相关的人事派遣。在《广西省农业计划生产草案》中，明确增加玉蜀黍等旱地粮食作物产量的要求。[5]而工作人员的派遣分为两类，一为区农业督导，二为专业督导。区农业督导的对象为六大农场实验区，每区派督导主任一人，督导员若干，执行区内各督导事宜；而专业督导则主要针对农业生产技术的推进。由于涉及面较广，专业技术人才缺乏，这一工作的成效并不显著。当时省政府也认识到这一点："本省机构虽觉比较完善，但各级人员还欠充实健全，以至许多业务仍然无法推动，最近为补救此项缺憾，会于十月间行政会议上提出各县一律设置农林巡回辅导员，和各乡镇一律设置经济干事。这个提案已经通过，并限于三一年度实行。希望经此番补充之后，各项业务有专人负责，可获得确实效果。"[6]鉴于当时"农都"引进的旱地粮食作物品种较多，广西省政府要求各实验机构重视本土化，即引进的粮食作物要适应本地的实际，真正取得实效。如"广西农事试验场自民国二十七年起，开始引种美国玉蜀黍杂交种，目的在于利用美国育成之材料，并探究美国玉蜀黍农业性状在广西风土下之反映"[7]。各实验农场根据"农都"提供的品种，相继开展适应性种植，以验证实验的结果。马铃薯和红薯等旱地粮食作物的本土化实验，也在政府农业管理部门的指导下由各农场组织开展。桂林农事试验分场的行政职能改革，极受省政府重视。省政府"令桂林试验场专注与农作物之改良推广，聘用作物专家二人，内一人为场长。所有该试场专家，均兼实业院作物技师名义，与实业院之各作物专家，分负改良推广作物之责"[8]。

改良与推广外来旱地粮食作物需要根据各地的实际进行深入细致的指导。"抗战以来，农建事业的重心，已经移植到农业推广方面，一切行政，一切研究试验，大致是为了推广，而农业推广早经中央规定为中华民国教育实施方针之一，因之农业推广的本身，就是农业教育。"[9]桂系集团清楚，技术人才是农业推广实施的关键因素，要使其作用得到发挥，必须创造出稳定和谐的工作氛围，"不出现大的变动，使已有机构的工作能继续下去，各工作人员亦得有增进体验的机会"。"各级的工作人员应该有不断的补充，以适应各项业务的需要。而基层的工作开始亦是农业改良能否取得成绩的关键，县以下工作机构共同负起推动的责任，不可听由少数工作人员去活动而不切实协助，或视为无关紧要而置之不理。"[10]从事农林推广的人员，也要在工作中提高专业素养，共同配合，努力完成有关任务。

新式农业技术在推广中会遇到许多阻力，因此，应将行政力量与技术力量结合起来。以政府直接执行各种旱地粮食作物的推广工作，辅之以技术指导。"技术不能脱离行政，此项业务既经由技术机构直接去指挥办理，则行政方面索性可以不管，结果与行政脱节，诸事推行不免发生种种困难。其次则农业设施非单纯技术问题，行政方面需管理的事项甚多，若只管技术不管行政，无异等于放弃责任。本省向以行政系统为主，虽然工作比较散漫迟滞些，但这应该是正常的机械，正常的措施。"[11]尤其是"农都"成立后，旱地粮食作物的扩种更需要政府的支持，而政府推广工作要行之有效，也需要借助科技的力量。因此，"农都"因推广工作与广西农业管理处建立起密切的联系。

从桂系集团农业管理机构的设置及其职能转化情况可以看出，推广旱地粮食作物始终是农业建设工作重点之一。在机构设立方面，政府部门主要归属于建设厅，而技术部门主要归属于广西农事试验场；政府部门以行政推动为目的，而技术部门则以技术推广为重点。广西建设厅与广西农事试验场并不是两个平行的机构。桂系集团既注重行政管理与技术管理的联系，也注重彼此的区别。全面抗战爆发后，"农都"选择建在广西农事试验场，也是从实际情况出发。桂系集团在确定旱地粮食作物推广任务的基础上，积极发挥各部门机构的作用，从而使管理的效能得到充分发挥。

二、加强督导，坚持试验先行方针，推动旱地粮食作物的扩种

红薯、玉米、马铃薯等旱地粮食作物的推广是一个自上而下的过程，既需要政府大力推动，也需要各基层部门积极配合并具体落实，才能取得实效。

全面抗战期间，聚集在柳州沙塘"农都"的中国农业科技人员，在旱

地粮食作物品种优化及种植技术改良方面开展了一系列的科学实验，取得了许多重要的成果，如前文已论及的玉米杂交品种培育[12]，玉米播种期与病虫害防治[13]，玉米行距、每穴株数与农艺性状关系[14]，玉米氮质肥料辅佐农家基肥实验[15]，等等。这些实验成果代表了当时中国旱地粮食作物引进领域的最高水平，对提高粮食产量具有重大意义，急需广泛推广种植。

桂系集团利用农业督导来强化基层工作，促进旱地粮食作物的推广，规定"基层农村，具体之推广工作的开展，行政层面上由农业督导主任与农业督导员来具体落实"[16]。督导人员在农村基本的工作时间要根据需要确定，如从1940年起，"1. 各县农林主管人员每年至少有三分之一时间下乡。2. 其他技术人员每年至少三分之二时间下乡。下乡时间分配由各科拟定，下乡工作报告应分送县府及督导区"[17]。对于旱地粮食作物推广工作的内容，也制定具体的办法予以明确，如1939年颁布的《广西省各区农业督导办法》规定玉蜀黍、马铃薯的扩种面积要依据全省粮食增产计划中有关扩充玉蜀黍种植面积的法令："1. 督饬切实办理。2. 查视办理情况及达到程度。3. 查询农民对该项事业之观感。"而推行的地区为"暂照指定二十四县推行"[18]。后来，随着推广任务的加重，其他各县把这些作物的种植面积也逐渐扩大。显然，当时的督导工作是非常严格，也非常具体。正因如此，推广工作才能在广大农村开展。

外来旱地粮食作物的推广必须适应本地环境。为提高效率，减少推广中的不确定性，避免造成不必要的损失，桂系集团十分重视实验县的选择，明确指出"我国农业推广活动尚属于一项新兴事业。其性质与重要，尚未为一般社会所认识与重视，故于普遍推行之前，先选定适当地区，予以精密之实验，以达积极倡导之效用，并从而促成社会之注意，以至蔚为一种运动，与顺利普遍推行之前途实有必要"[19]。设立农业推广试验县的目的在于积极倡导，希望通过以点带面的方式来带动整个广西的农业推广工作，同时也积累在县一级的基层农业推广工作的经验。1939年6月拟定的《广西省农业推广实验计划纲要》，阐明实验目的，决定组织方式及农务等具体事项。选定临桂、柳城、武鸣、田东、龙津等五县为实验地区,[20]同时对实验县的经费划拨做出规定,在原本"农业建设之经费上,由农促会每县补助七千元,人员则各县管理处原有工作人员外,另由省府加委技士技佐等十余人,并派定各实验县督导员,分赴各该五县协助工作"[21]。下派到各农业推广的督导人员,具体工作为:调查各县农村状况,分别拟定各该县农业推广实验实施计划,广泛宣传《农业推广实验县生产训练计划》《农业推广实验县设置中心推广区办事处办法》等。农业推广实验县"实业之进行,必须完密与灵活之组织机构以主持推动,本省农业实验县之组织,除尽量应用县乡之原有组织外,为适应推广业务之需要,还增设中心推广区,组织县农业推广协进会及农会"。[22]

这些组织系统中又可按其性质分为主持机构和协助机构两种,前者为县农业管理处及中心推广区办事处,后者则有农会、县农业推广协进会等,均为农业推广实验县开展具体工作的组织机构。

原设的县农业机构根据工作需要进行了岗位的增设:"其组织系主任之下设总务,推广二股,而具体的工作分工是总务股办理文书及总务方面的工作,股长由农管处主任兼任,推广股长则由省府指派,协同主任办理一切推广及技术事宜"。显然,所增加的岗位人员系省政府负责,只是由县农业机构统一管理罢了。中心推广区办事处直接指导农业推广的工作,其人员的资格、数量等,广西省政府也做出了具体规定:"酌量各县情形划分各县所有各乡设置者,每县设三至五区,各区设置办事处一所,由县指派农管处技士兼任办事处主任,并派技佐、助理员、合作指导员及练习生各一人常驻区工作"。中心推广区为实验县各项推广工作的基地,必须便于实验推广活动的组织开展,如临桂县设置的四处推广区,分别为:良丰中心推广区,办公地点为良丰水公街街公所;东附廓中心推广区,办公地点为东附廓乡临桂大村;两江中心推广区,办事处地点为两江圩;大圩中心推广区,办事处地点为大圩。这些推广区人员相对密集,交通也相对发达,办事处要么在重要的村公所,要么在重要的圩镇,有利于推广工作的开展。

鉴于旱地粮食作物品种的改良与优化在粮食增产中占据越来越重要的地位，后来又设玉米专项督导人员，包括省督导员 6 人，区督导员 5 人，县指导员 589 人。[23]

农会是基层农民自动组织的团体，并非基层行政机构，而其农业推广的对象主要为组织性较低的农户。农会作为桥梁纽带，有助于推广工作的开展，让农户自觉地接受推广材料，自动地实行探用，方期得收推广之实效。[24]广西当时正按照桂系集团的"三自三寓"政策，在各乡村组建民团组织，后鉴于农会组织在生产中更能凝聚农户力量，故在各实验县积极筹办。至 1941 年，实验县中已经成立的农会有："临桂六塘乡农会，良丰乡农会"。而处于积极筹备发起阶段的农会有："临桂之两江永德二乡农会，柳城之沙埔东泉二乡及沙塘、石碑坪、无忧等三垦区农会，鸣之陆干、双桥、罗圩等乡农会，田东之江南、保城等乡农会，龙津之布伦、罗田、布局，上降等乡农会等多所"[25]。

农业推广协进会还起到了宣传农业推广活动的作用。"……实验县县政府机关会同当地的党、政、经济、教育等机关及有关人员组织县农业推广协进会，"以期获得社会各界对于农业推广工作的重视。

依靠特约农家推广旱地粮食作物也是试验县的举措之一，最早实验的五个县中，只有田东县的十户农家选择玉蜀黍进行栽种示范，[26]虽然数量与其他粮食作物相比较少，但这种举措开辟了推广的新路径，意义十分重大。

简而言之，农业推广实验县开展农业推广活动的组织系统分为三层：第一层为行政组织，即各级政府与农业管理处；第二层为具体的开展单位与协助开展组织，即中心推广区与乡村公所等；第三层即为最基层的农会推广对象——广大的农户。对农业推广试验县工作，省政府提出的目标是："普及农业科学知识，提高农民智能，改进农业生产方法，改善农村组织，农民生活及促进农民合作。"对农业推广的业务工作，省政府也规定了若干原则："以择实际需要之少数事业集中力量办理，逐渐扩充范围为原则，材料以实验确有成效者为限，每县选定二项为中心工作，以其他业务为副。"[27]

训练基层农业推广人员亦为开展农业推广实验县工作的必要任务，各实验县成立后，即由省政府各招收练习生三至五名进行培训，除始在各县农管处及中心推广区从事实习工作外，由各实验县督导员及农管处技士授以农业知识，以期早就农业推广工作有力之干部。[28]

实施农业生产训练，为农业推广实验县的另一项重要活动。具体举措有：以教育作为推广的基本方针，其一辅导中心基础学校实施生产训练；其二利用成人班实施生产训练；其三组织乡镇长生产训练；其四是筹备农民周刊刊印简易农民读物；其五举办农业展览会以及农业比赛；其六实施妇女农村工作常识训练。[29]

冬季农作物增产活动是全面抗战爆发后广西省一项重要的农业活动。这项活动也是在"农都"科技人员的建议下开展的。最初重在推广小麦、荞麦、蚕豆、豌豆等作物的冬作，后因粮食供应紧张，政府将玉米、番薯、马铃薯等旱地粮食作物也列入冬作计划之中，种植面积不断扩大，是冬作增长活动中重要的种植作物。据民国三十年度（1941）农业施政概况报告记载："本省办理冬作，以增加粮食生产，于二十七年业已开始，历年均有增加，计二十九年九十九县冬作栽培面积达 3 585 695 亩。"[30]尤其是马铃薯的种植面积，增长较快。各县的旱地粮食作物冬作面积参差不齐，但是政府推广冬作技术，改变了广西农村冬闲的习惯，促使土地有效利用，这对农业近代化的发展具有深远的影响。

20 世纪 30—40 年代是外来旱地粮食作物在广西迅速推广的时期，这个时期农业科学家在柳州沙塘"农都"的研究实验，尤其是对提高大后方地区粮食产量有重要意义的旱地粮食作物新品种的研究实验，都需要在政府的督导下进行。桂系集团的督导工作，无论在组织构架、工作方式还是人才培养方面，都从推广的实际需要出发，既充分利用本地的社会条件，也善于利用外来的技术力量，真正做到推广工作深入、具体、有效。尤其是实验县的设立，不仅明确了旱地粮食作物实验的范围，还开辟出政府督导工作的新路径，这对支撑"农都"的科研工作起到重要的作用，同时，也为后来大规模的农业推广奠定了坚实的基础。

三、颁布一系列法规、条例，确保推广工作的落实

早在全面抗战爆发前，桂系集团为推广旱地粮食作物，增加粮食产量，颁布了不少政纲性文件。这些文件虽然冠以"办法""纲要"等名义，实际上却具有很强的行政约束性，应视为地方性的法令法规。这些法令法规的内容虽然不专门针对旱地粮食作物的生产，但是都从不同方面对旱地农作物的改良与扩种产生了影响，如1934年颁布的《广西扶植自耕农实验办法》和《广西省取缔非必要作物、扩大粮食作物栽培面积办法》，都明确规定农户不许任意减少粮食作物的栽培面积。全面抗战爆发后，桂系集团又颁布《广西省提倡栽培冬季作物办法纲要》（1939年）、《广西省三十年度马铃薯增长实施办法》（1941年）、《广西省三十年度玉米增产实施办法》（1941年）和《三一年的粮食增产计划纲要》（1942年）等，目的是加大粮食作物的生产。其中《广西省三十年度马铃薯增长实施办法》《广西省三十年度玉米增产实施办法》对旱地粮食作物的推广有更直接的作用，值得特别介绍。

《广西省三十年度马铃薯增长实施办法》于1941年8月颁布，其核心内容如下：

一是规定了马铃薯的推广区和试种区。所谓推广区，就是已经试种，需要继续推广的区域；所谓试种区，就是需要试种，尚未有推广任务的地方。该办法明确规定："桂平、兴业、玉林、北流、博白、容县、平南、藤县及苍梧等县原有马铃薯产地划定为马铃薯推广区"；"柳城、宜山、临桂三县划为本年度马铃薯试种区"。

二是规定了推广区域的增产办法。推广区域增种马铃薯除根据本年度

130

提倡栽种冬季作物实施办法尽量提倡外，还须依照下列各项规定办理："凡推广区域各县本年度马铃薯之栽培面积至少较去年增加二分之一，所需薯种概由各农户自备……马铃薯收获时期由省府派员赴各县调查各农户确收之产量，并酌量收买作为明年推广之材料，余多之马铃薯听各农民自理，但仍须自留薯种。"

三是规定了试种区域试种及子种繁殖办法。"1. 柳城试种三百亩，宜山、临桂各试种一百亩，所需子种由省府向湘省采购，依原价售给农户以供试种。2. 各农户所收获马铃薯之半数，由省府收买以供明年推广之用。"

四是规定了省派督导人员的具体工作。"1. 宣传冬季栽培马铃薯之利益并解释其栽培食用、贮藏等方法及其他工业之用途，同时分发浅说；2. 登记各农户去年栽培马铃薯面积、今年认种面积、子种不足或多余之数量，并根据登记结果劝导子种之农户向子种多余之农户购买子种，以充扩大栽培之用；3. 勘查农户实种及增种之亩数；4. 负责将省府收买之薯种依原价售给农民当即收回种价，不得已时依贷款方式贷予之；5. 薯种之包装及运输；6. 与省府接洽临时大量子种贮藏问题；7. 调查原有马铃薯之栽培方法。"

五是规定了省派指导员的分配。北流、博白、容县、藤县、苍梧、桂平、兴业、玉林、平南等县每县指导员或辅导员一人，负责办理以上各种工作。

六是规定了复查工作的内容。"收获时期由省府派员赴各推广及试种县份复查马铃薯之实际栽培面积生长情形及收获数量。"

七是规定了经费概算。"1. 薯种之包装运输费（以 500 担计）5 000元；2. 薯种损耗费（共购种约 3 万元，以 20% 计）6 000 元。3. 种款利息（3 万元 6 个月计）1 620 元。以上三项经费共 12 620 元。在本年度提倡冬作实施办法所列预算项下开支，此外，省府尚须筹划资金约 30 000 元以供购种用。"[31]

从这个实施办法可知，虽然马铃薯推广区和试种区的面积不大，但其推广任务十分刚性，必须完成。需要指出的是，试种区的品种规定由省政府从湖南购买，这说明，对于当时马铃薯的种植品种，桂系集团持开放的态度，并非只是依靠"农都"提供的品种。这是因为当时"农都"所培育的马铃薯品种相对有限，只能供推广区使用。随着试种区的开辟，优良品种的供给不足，桂系集团决定从湖南购买，体现了其增产为上的立场。这是比较明智的做法。推广指导员肩负重要的使命，为便于他们工作的开展，桂系集团除将一些指导员分配到试种县外，还明确规定了他们的职责。例如，1941 年参加马铃薯增产工作的九个学生，其工作地及工作方式如下[32]：

姓名	工作县份	工作方式
朱维□	桂平	在本县工作
□□□	藤县	接收容县子种，拨作推广用
□□□	容县	运 40 担子种至藤县，又 25 担赴苍梧县然后会本县工作
□森	玉林	运 50 担子种至博白，然后返回县工作
张选华	兴业	推广县存 50 担子种，在县工作
黎家兴	苍梧	接收自容县运到之 25 担子种，留县工作
黄永福	北流	在本县工作
□华铭	博白	接收玉林运来之 50 担子种，并在县中推广
唐廷樑	平南	在县工作

由此可见，桂系集团力图借助优良品种和推广员的力量推广马铃薯种植技术。

《广西省三十年度玉米增产实施办法》也于 1941 年 8 月颁布，其核心内容如下[33]：

一提倡在新桐林间作玉米及在桐林区以外的农村隙地种植玉米。"在桂江流域之全县、资源、兴安、灵川、临桂、灌阳、阳朔、恭城、平乐、荔浦、昭平等十一县内，以合作社及贷款方法扩充民众植桐面积，平均每县一万亩即可……并在此十一县新开桐林，以为倡导农家利用隙地种植玉米，以增加产量。"

二是提倡在县乡（镇）村（街）各级桐场玉间作玉米，及在桐场以外的农村隙地种植玉米。规定"贺县、钟山、信都、怀集、蒙山、修仁、榴江、雒容、武宣、象县、柳江、柳城、中渡、罗城、融县、百寿、三江、龙胜、义宁、永福、富川等二十一县之县乡（镇）村（街）各级农场应至少以桐场面积四分之一间作玉米，并在同县份内提倡农家利用隙地种植玉米以增产量"。

三是提出了利用休闲地及隙地种植玉米的最低要求。"每县增种之玉米面积不得少于三百亩"。

四是提出了具体的步骤：1. 宣传及登记。"宣传增加粮食之重要，并登记愿利用间作及休闲地种植玉米之农户姓名及种植亩数。" 2. 督导早晚造玉米的栽培。"玉米种植前后，县府粮食增产指导员当前往指导其栽培，并注意其生长情况。" 3. 举办肥料贷款。"因肥料缺乏而不能种植之农户，由县合作指导员及县粮食增产指导员指导向县贷机关请贷肥料贷款。" 4. 调查产量并呈报县粮食增产总指导存查。5. 收回贷款。

五是明确了推广经费的来源。"所需要指导人员旅费及登记表格等均由县府自筹。"

桂系集团根据当时的情况判断，全省"桐林间作及利用休闲地及隙地种植玉米可增加面积 69 900 亩，每亩以产玉米一担计，可增产玉米 69 900 担。"

该玉米增产实施办法最突出的特征，就是种植面积覆盖全省。在扩种的三种方法中，以提倡新桐林间作玉米为主，利用休闲地及隙地种植玉米为辅，各县可以根据自己的情况选择，但至少要完成 300 亩的种植任务。不难预料，随着这个实施办法的推行，玉米种植将迅速扩展到全省各地。

对比《广西省三十年度马铃薯增长实施办法》和《广西省三十年度玉米增产实施办法》，可以发现，桂系集团更重视玉米的推广，因为如前所述，战时"农都"科研人员所培育的玉米品种更多，也更先进更有效。

由于粮食增产最终要落实到生产，而生产所面对的情况各式各样，因此，桂系集团根据"农都"科技人员试验成果及推广要求所制定的政纲，不仅规定了各级政府的工作职责，还规定了旱地粮食作物推广的具体方法。比如，《三一年的粮食增产计划纲要》对玉米推广方法的规定是："1. 提倡利用垦荒地多量栽培；2. 提倡利用村落田园隙地多量栽培；3. 提倡利用山地，开垦地多量栽培"。"全省各县均从事推行，其中中部、东北、西北、西南各区荒地较多之县份，应从各级公垦及人民私垦各方面劝遵利用隙地多种，面积不规定。预计成果，平均以每县增种一千亩计，约可增种十万亩，每亩收量以一担计，可增产十万担。"[34] 这些规定与上年的基本相同，只是对隙地利用更为重视，说明经过上年的扩种，新桐林间作和桐场间作玉米的空间已不大，需要充分利用更多的隙地来种植玉米。同时，对玉米增量也提出了更高的要求，这说明增产粮食的任务更为紧迫。

桂系集团颁布的甘薯推广种植方法，与玉米也基本类似：1. 利用一季稻田迹地扩大栽培；2. 利用杂草花生芝麻等迹地扩大栽培；3. 利用其他空余隙地扩大栽培。此外，大纲还对甘薯的扩种区域及面积提出了具体要求：1. 利用一季稻栽培面积者，指定融县、百寿、义宁、永福、灌阳、资源、中度、阳朔、来宾、环江 10 县，每县至少增加两千亩，其余未指定各县仍按照情形尽量推行；2. 利用杂草花生芝麻迹地栽培者，指定柳江、柳城、凭祥、雷平、左县、同正、义利、万成、隆安、崇善、思乐等 20 县，每县至少须增加两千亩，其余未指定各县仍按照情形尽量推行。

冬季扩种是全面抗战爆发后桂系集团增加粮食产量的重要举措，因此，颁布的有关政纲文件较多。例如，1940 年颁布《扩大冬季粮食作物栽培实施办法及贷款办法》，规定了各县冬季粮食作物的栽培面积至少须占该县耕地总面积的 20% 至 30%。1942 年颁布《广西省三十一年度提倡冬季实施办法》，规定本年度推广冬作的区域以全省为范围，要求市县进行冬耕的耕地面积最低限度为当地耕地总面积的 30%，"县以下各级提倡冬作及各农户栽培冬作之标准：1. 各乡镇提倡冬作之最低标准由县府确定之；2. 各村街提倡冬作之最低标准由乡镇公所确定之；3. 各甲及各农户栽培冬作之最低标准由村街办公所确定之。"本年度区各县提倡栽培冬作物之种类应以大小麦、番麦、甘薯、马铃薯、豌豆、蚕豆为主。"对于冬耕所需要的资金，规定"凡合作社互助社农民借贷协会及农会等团体之社员或会员……得向各该团体登记向当地金融机关申请贷款……所需种籽费除先由各乡镇村街甲长尽量在本村街筹款购办外，不敷之数可报请县府每甲借给桂币一元，来春收获时，各将借款缴还归垫。"[35]

全面抗战时期，桂系集团为促进粮食增产，还颁布一些鼓励生产竞赛的办法，如《广西省三十一年度粮食增产工作竞赛办法》。该办法的核心工作仍为促进粮食增产，旱地杂粮类作物列为单独的竞赛项目，明确要求杂粮增产竞赛内容为：1. 玉米增产；2. 甘薯增产；3. 马铃薯增产。凡是在竞赛中获得优异成绩的县乡镇及村庄，都予以奖励，反之，则要受到惩处。[36]

有些县为了提高粮食产量，还根据本地实际情况制定了更具操作性的竞赛办法，例如《凤山县30年度粮食增产竞赛给奖办法》规定："对于竞赛项目以'冬作'为标准，分为'面积'竞赛、'收成'竞赛二项……本年内举办'冬作'之乡村街及民户等均为参加竞赛之，惟乡村街为团体竞赛单位，民户为个体人竞赛单位。"团体竞赛方面，"各乡村街耕种面积能超过原预定十分之五以上者为甲级，十分之三者为乙级，十分之二者为丙级……收成能超过原预定产量担数五倍以上者为级，三倍者为乙级，二倍者为丙级。"个人竞赛方面，"同一劳力而能耕种超过原预定面积八亩以上者为甲级，五亩以上者为乙级，三亩以上者为丙级……同一地质同一作物，或不同地质（指瘠地）不同作物每亩收成能超过原预定产量担数五担以上者为甲级，三担以上者为乙级，二担以上者为丙级。""团体竞赛获奖者给纪念品，个人获奖者给奖金。纪念品由县政府向各团体机关募集奖金，由本年粮食增产罚款项下拨充，不敷时得向地方热心人士乐捐者补足之……

甲级每名奖金给六元，乙级四元，丙级二元。"[37]

扩种旱地粮食作物需要开发大量的土地。据此，桂系集团还推动各县制定有关办法。例如，《田西县二十七年各乡镇村街甲公耕办法》规定：公耕田地的来源为"各村街公耕使用土地以境内公有荒地、绝户地、赌咒地、因争讼不决而抛弃之土地等，如有不敷，应就私有土地轮流借用，但须照土地较多者借起……公耕为便利督促管理起见，得分甲举办……种籽和耕牛由各甲自行准备……各村街长对于举办公耕督促有方，收获丰足者，依省颁布章程奖励之"。举办不力者，"除依奖惩章程予以惩戒或处分外，并在下年度该村街应领之辅助费酌量扣罚用示惩罚"。公耕的收益，并非全部充公，而是"收获农产品以十分之三为鼓励劳工，十分之七为村街共有财产"。这一法令的推行，使田西县各乡村街公耕旱地农作物的面积有所提高，如是年共有 9 个村街种植玉米，总面积为 50 亩。[38]

桂系集团在推广旱地粮食作物过程中，还注重对基层官吏的整治，对于工作消极的村街长进行处分，以为警示。例如，1941 年 7 月 22 日，凤山县谋轩乡彩段村长唐思霖、界村村长罗玉廷、洛村村长杨光槐、隆里村村长罗宗荣、下村村长何光择等五名无故不出席粮食增产会议，被省政府记大过处分，并通过《广西省政府公报》在全省范围内通报。[39]

这些法令法规的制定及推行，既规范了全省县乡基层组织的行政行为，又明确了推广旱地粮食作物的具体措施和办法，具有很强的指导性和操作性。将这些法令法规的内容进行比较，可发现增产目标呈逐年提高趋势，相应地，增产措施也越来越具体，约束力也越来越强。这说明，桂系集团在支撑大后方经济中发挥着非常重要的作用，也承受着很大的政治压力。同时也可以看出，桂系集团在推广旱地粮食作物的过程中，会针对不同时期不同地区的实际情况，提出不同的要求和方法，以确保各地旱地粮食作物种植面积的不断扩大及产量的不断增加。本土化的实现是衡量推广成功与否的重要标志之一，为此，许多县出台有利于旱地粮食作物本土化的办法，将省政府的有关法令法规进一步拓展，提高了执行力，加快了推广的步伐。这说明桂系集团对"农都"旱地粮食作物研究实验成果运用的重视不是空论，而是落实到行动上，并通过基层行政组织，使推广工作真正渗透到基层。

四、新桂系集团举措评析

全面抗战时期，大后方地区的政府和民众团结一致，同仇敌忾，大力发展生产，竭力支撑中国的战时经济，为赢得战争的最后胜利做出了巨大贡献。其中，旱地粮食作物的推广是关键举措之一。从政府管理的角度看，广西旱地粮食作物推广工作之所以较成功，至少有如下原因：

1. 由于桂系集团与"农都"有高度一致的目标——粮食增产，因此，两者所采取的措施才能形成合力，共同促进了旱地粮食作物的推广。新桂系是中国近代史上的地方实力派，而"农都"则是全面抗战时期由各地农业科研机构与广西农事试验场共同创建的产物，两者的性质并不相同。但是，全面抗战的爆发使桂系集团不得不支持"农都"在沙塘的创建。粮食增产的共同目标，促使"农都"的科技人员不断优化旱地粮食作物品种，也促使桂系集团采取各种措施予以推广。可以这样说，战争使桂系集团充当了"农都"科技成果的推动者和转化者，而"农都"使桂系集团的工作职能发生了新的变化。

2. 桂系集团推广旱地粮食作物的措施十分具体，从省到县到乡村都有明确的要求，也有不同的保障。措施之所以得到有效贯彻，一个重要的原因是各级政府和民众都深刻认识到，粮食增产不仅关乎战争的发展，也关乎自己的生存。当然，桂系集团创立的基础行政组织"三位一体"制，为旱地农作物的推广奠定了很好的基础，这种作用也不容忽视。1934年6月，广西党政军联席会议通过《各县办理村（街）乡（镇）民团后备队村（街）国民基础学校乡（镇）中心学校及乡（镇）村（街）公所之准则》，正式确立了乡（镇）村（街）公所三位一体的制度。[40] 在这种体制下，各乡（镇）村（街）都建立起民团组织，同时，还建立起国民基础学校。民团将分散的村（街）民聚合成强大的政军合一的组织，而国民基础学校则迅速提高了民众的文化水平和思想觉悟，从而使政府的政策法令得以通达。旱地粮食作物品种推广的过程，既需要行政的力量，也需要教育的力量，而桂系集团所创立的"三位一体"制，使这两种力量结合在一起，从而发挥出较大的作用。

3. 桂系集团推广旱地粮食作物的措施之所以具有很强的针对性，得力于"农都"的组织结构。1938年，中央农业实验所在沙塘设立工作站，与广西农事试验场合署办公[41]，桂系集团任命陈大宁为广西省政府农业管理处副处长，[42]专门负责"农都"与省政府的联系。因此，"农都"的各种旱地粮食作物科学实验成果，才得以及时为桂系集团所了解并推广。这种战时形成的农业管理结构与桂系集团的"三位一体"制相互促进，使推广工作的准确性大为增强，效率大为提高。

4. 旱地粮食作物的推广是一个复杂的工作，不仅直接关系到民生，而且影响到大后方的经济建设。桂系集团尽管迫切需要增加粮食产量，但是为了避免损失，提高推广效率，它能尊重科学研究的规律，始终坚持实验探索为先的原则，注重实验区、实验县的建设与管理，注重各种实验方法的实践检验。根据实验结果制定推广的目标和政策法令，使各级政府和各地民众在旱地粮食作物推广过程中有章可循，有法可依，有路可走，有利可获。

第六章

农产促进委员会与"农都"在推广旱地粮食作物中形成的关系

　　农产促进委员会是国民政府设立的一个专门促进农业先进生产技术推广，增强农业生产效益的机构。既然抗战期间"农都"所研究的玉米、红薯、马铃薯等旱地粮食作物的优良品种及种植技术，对增加粮食产量、支撑大后方经济具有积极而重要的作用，那么，农产促进委员会就不能不予以高度重视，因此，很有必要探究农产促进委员会与"农都"在推广旱地粮食作物中所形成的关系，只有正确认识这种关系，才能进一步认识"农都"的历史作用及地位。另外，通过研究这一关系，还可以看出国民政府的措施与广西省政府的措施的异同，更全面地揭示战时农业推广系统的全貌。

一、农产促进委员会主导下的农业推广

　　1938年，国民政府根据当时抗战的局势，成立了农产促进委员会，专门负责农业推广事务。接着，以农产促进委员会的名义创办《农业推广通讯》，指导农业推广事务，孔祥熙题写刊名。是年8月，《农业推广通讯》第1卷第1期正式出版发行。在《创刊辞》中，农业专家穆藕初明确指出，"中国持久抗战，其最后决胜之中心……实寄于全国之乡村与广大强固之民心。……我国为农业国家，乡村为我国人力物力财力主要之源泉，动员开发，期于民族解放战争尽其最大之贡献者，则农业推广尚焉"。中国自近代

以来，设立了各级农业研究机构与实验场所，对农业科学研究一直比较重视，成果不少，然推广效果却不尽如人意。"优良材料，不克普遍嘉惠于农民，有所裨益于乡村"。其中一个重要原因是，未能形成推广的合力。根据这种状况，国民政府成立中央农业推广委员会，统筹全国推广事业，但因缺乏经费、人才等原因，并未取得应有的成效。全面抗战爆发后，鉴于促进农产之重要，特成立农产促进委员会，负责全国农业推广事宜。政府清楚认识到，只有将农业科学研究与推广要紧密配合，才能真正促进农业的发展。因此，该会成立后，"即与中央农业实验所密切联系，竭诚合作，俾将该所历年研究所得技术上之进步，推而及于农民，以谋农产品之增加与改良"。[1]

农业推广是一个大的系统，玉米、红薯、马铃薯等旱地粮食作物的改良与传播是其中重要一环。《农业推广通讯》于 1939 年 8 月开始正式出版发行，通过梳理与推广农业技术相关的内容，可以看出推广的内容及方式。

表 6-1　《农业推广通讯》与农业推广相关的部分成果

卷期数及出版时间	作者	成果名称	成果类型
第 1 卷第 1 期，1939 年 8 月	乔启明	《战时农业的推广》	论著
		《各省推广概况——四川省、西康省、云南省、贵州省、广西省、湖南省、湖北省、江西省、陕西省、甘肃省、陕甘宁边区》	推广动态
		《四川农业推广协进会章程》	文献资料
第 1 卷第 2 期，1939 年 9 月	乔启明	《农业推广组织问题》	论著
		《各省推广概况——四川省、广西省、贵州省、云南省、湖南省、湖北省、陕西省、浙江省、福建省》	推广动态
	章元玮 董鹤龄	《定番农业推广实验县概况》	通讯

卷期数及出版时间	作者	成果名称	成果类型
第1卷第2期，1939年9月	任碧瑰	《以农会方式推动乡村建设之实验》	经验谈
		《本会及中央农业实验所与各省合作扑除西南西北重要农作物病虫害工作概况（续完）》	报告
第1卷第3期，1939年10月		《各省推广概况——四川省、西康省、广西省、广东省、陕西省、河南省、安徽省》	推广动态
		《农业推广所练习生简章》	文献资料
	马鸣琴	《我用的农业推广宣传方法》	经验谈
	任碧瑰	《以农会方式推动乡村建设之实验（续完）》	经验谈
第1卷第4期，1939年11月	乔启明	《农会与农业推广》	论著
		《各省推广概况——四川省、西康省、广西省、广东省、云南省、贵州省、福建省、江西省、陕西省、宁夏省、陕甘宁边区》	推广动态
	李惠谦	《温江乡建一年来辅导农会推进农业推广之检讨》	报告
	张由良	《关于补助农会事业费的几点意见》	推广讨论
	沈曾侃	《怎样辅导农民组织乡农会》	经验谈
	任碧瑰	《从乡农会自立谈到县单位推广制度之完成》	经验谈
第1卷第5期，1939年12月	蒋杰	《谈县农业推广机构》	小言
		《各省推广概况——四川、西康、广西、贵州、浙江、陕西、宁夏》	推广动态
	朱晋卿	《农业推广实验事业回顾与前瞻》	推广动态
	蒋德麒 刘钦晏	《广西省农业推广实验县工作实况》	报告
	曾启宏	《陕西省农业改进所办理农业推广实验工作概略》	通讯
	乔启明	《目前县农业推广各种工作应注意之事项》	文献资料
		《广西省农业推广实验计划纲要》	文献资料
	邓克奠	《广西田东农业推广实验县近迅》	通讯
	周林伟	《广西龙津农业推广实验县概况》	通讯
	董鹤龄	《县单位农业推广实施管见》	推广讨论

卷期数及出版时间	作者	成果名称	成果类型
第 2 卷第 1 期，1940 年 1 月	蒋杰	《胜利之年的农业推广》	小言
		《各省推广概况——四川、云南、贵州、江西、湖南、陕西、河南》	推广动态
	朱晋卿	《跃进中的农业推广之新气象》	推广动态
第 2 卷第 3 期，1940 年 3 月	包望敏	《农会推广辅导问题》	论著
	古龙	《如何树立全国农业推广督导机构》	论著
		《农业推广巡回辅导团办理计划纲要》	计划
	徐国屏	《建立农辅团工作永久基础之途径》	讨论
	任碧瑰	《希望于农业推广辅导团者》	讨论
	朱晋卿	《关于农辅团座谈杂拾》	讨论
		《为促进农业推广事业告各界人士书》	宣传资料
		《如何增加农业生产》	宣传资料
第 2 卷第 4 期，1940 年 4 月	乔启明	《论农业推广与农贷关系及其联系》	论著
	欧阳苹	《扩大农贷中生产贷款途径与办法之商榷》	论著
	朱晋卿	《从发展农业推广说到扩大农贷》	推广动态
	李惠谦 任碧瑰	《温江县乡农会举办各项农贷事业概述》	报告
	沈曾侃	《农会事业与农贷资金之应用》	推广讨论
	任碧瑰	《农贷机关辅助农会贷款之实例》	通讯
第 2 卷第 5 期，1940 年 5 月	蒋杰	《目前农业推广上几个重要问题》	小言
	姚石菴	《我国农业推广发展之理论及其问题》	论著
	穆藕初	《农业推广人员的修养》	专载
		《各省推广概况——四川、云南、江西、西康、陕西、甘肃》	推广动态
	朱晋卿	《最近农业推广的横断面》	推广动态
		《四川省农业改进所农业推广督导区组织规则》	文献资料
		《广西省各区农业督导及农业专业督导规程》	文献资料
		《广西省二十九年度农业推广实验县工作实施大纲》	文献资料
		《广西省农业推广实验县设置中心推广区办法》	文献资料

卷期数及出版时间	作者	成果名称	成果类型
第2卷第5期，1940年5月	蓝廷珍	《训练农业青年应有的认识》	推广讨论
	李纪如	《仁寿农业推广实验县概况》	通讯
	一愚	《推广见闻实录（三）》	经验谈
第2卷第6期，1940年6月	蒋杰	《写在赣县长督耕劝农之前》	小言
	乔启明	《农业推广视导制度》	论著
	蒋杰	《战时农业生产现状及其发展途径》	专载
	朱晋卿	《蓬勃热烈的农业生产运动》	推广动态
	余得仁	《成都县农业推广所一年来之工作》	报告
		《广西省各区农业督导实施办法》	文献资料
		《广西省各区农业督导实施事项注意要点》	文献资料
	四联总处	《农贷宣传纲要草案》	文献资料
		《四川省农事服务团组织大纲》	文献资料
	杨曾盛	《农业推广视导法》	推广讨论
	武藻	《今后农业推广人员的责任》	推广讨论
	周林伟	《宜山农业推广实验县简报》	通讯
	张沫	《米脂薯类及杂粮作物之推广》	通讯
	张济时	《仁寿劝农大会追记》	通讯
	柳支英等	《两年督导工作的心得》	经验谈
第2卷第7期，1940年7月	崔毓俊	《美国农场管理推广制度》	农林知识
	黄至溥	《华阳二十八年推广治螟经过》	报告
	朱晋卿	《怎样用农会组训农民》	推广讨论
	董鹤龄	《推进贵州各县农业推广事业商榷》	推广讨论
	张绍钫	《优良种苗的繁殖与推广》	推广讨论
	夏文华	《乡农会成立以后——农会会务辅导技术的提供》	经验谈
	李相璞	《在仁寿工作之困难与心得》	经验谈
	一愚	《推广见闻实录》	经验谈
	包望敏	《农推视察记行》	通讯
	俞学渊	《城固的农产竞赛会》	通讯
		《某某县某某镇某某村农场经营改良会暂行章程》	文献资料

卷期数及出版时间	作者	成果名称	成果类型
第 2 卷第 7 期，1940 年 7 月	金陵大学农场管理学组	《关于推行合作经营农场之意见》	文献资料
	四川省农业改进所	《合作经营农场办法》	文献资料
	四联总处	《农贷实验中心实施办法大纲草案》	文献资料
	施中一	《农业推广实验过去与现在之比较》	推广动态
		《最近国外农业推广动态（一）》	推广动态
第 2 卷第 8 期，1940 年 8 月	乔启明	《今后农业推广之展望——为温江乡建工作二周年纪念而作》	论著
	乔启明	《如何确立今后农业生产政策》	专载
	王绶	《增加食粮生产的两种方法》	农林知识
	黄至溥	《华阳二十八年推广治螟经过》	报告
	许道夫	《推大农贷实际问题之我见》	推广讨论
	邓克奠	《从工作中体验到的几个问题》	经验谈
	一愚	《推广见闻实录（五）》	经验谈
	包望敏	《农推视察纪行》	通讯
	廖盛宁	《战时江西妇女组训工作》	通讯
	温江乡村建设委员会	《温江乡农会会员的初步概况调查》	特载
	任碧瑰	《两年来工作观感》	特载
	夏文华	《温江县农会的成立与展望》	特载
	朱晋卿	《关于农会事业辅导的检讨》	特载
	沈曾侃	《农会的生产业务》	特载
	万笺祥	《乡农会之小本贷款》	特载
	陆锦余	《农家记账团在温江》	特载
		《最近国外农业推广动态（二）》	推广动态
		《全国农业推广近况》	推广动态

卷期数及出版时间	作者	成果名称	成果类型
第 2 卷第 9 期，1940 年 9 月	张济时	《农业推广在长安》	通讯
	李树楷 蒋显荣	《泸县的农业推广所》	通讯
		《选种暂行办法》	文献资料
		《黔康甘三省农业推广近况》	推广动态
第 2 卷第 10 期，1940 年 10 月	乔启明	《如何利用冬季推进农业推广事业》	论著
	朱晋卿	《为农会贷款问题进一言》	推广讨论
	包望敏	《农推视察纪行》	通讯
第 2 卷第 11 期，1940 年 11 月	乔启明	《农业推广计划之拟定于实施》	论著
	莫定森	《抗战三年来浙省农业改进工作概览（上）》	报告
	施中一	《加强攻势的作风——对下年度实验县工作贡献一点意见》	推广讨论
	朱晋卿	《把握实施的动力——农推计划实施困难之症结及其解决》	推广讨论
	周林伟	《农会在广西是怎样入手去组织的》	通讯
	张绍钫	《新趋势中陕西的农业推广》	通讯
		《农林部施政要领——陈部长在中枢纪念周报告》	文献资料
		《乡区农业展览会办法》	文献资料
	定番农业推广实验县办事处	《定番县少年农业团训练办法》	文献资料
		《广西农业推广实验县农业生产训练实施办法》	文献资料
		《东西南八省农业推广近况鸟瞰》	推广动态

说明：1. 该表只收录《农业推广通讯》中涉及农业推广政策、制度、方法，以及直接或间接与旱地农作物技术改良有关的一部分成果，并非所有内容。

2. 限于资料条件，有些年份的期刊缺失或缺页，并非完整。

3. 成果类型绝大部分是《农业推广通讯》的栏目。

表 6-1 收集了《农业推广通讯》两年共 14 期中与推广农业技术相关的信息，通过分析，可以看出：

第一，当时推广的地区主要是西南和西北大后方地区，也包括部分沦陷区。在上述《农业推广通讯》中，共有 8 期报道了推广地区的情况，其中，涉及四川和陕西的报道各有 7 次，西康、云南、贵州各 5 次，广西和江西各 4 次，湖南 3 次，湖北、甘肃、陕甘宁边区、浙江、福建、河南、宁夏各 2 次，安徽 1 次。另外，以报告或通讯方式专门介绍推广经验与方法的，广西 4 次，陕西、四川各 3 次，贵州、浙江各 1 次。这说明，当时国民政府农产促进委员会的工作与大后方经济建设工作紧密配合，都是以促进大后方农业生产为目的。即使有些地区一度沦陷，但是在中国军民的抗击之下，日军没能长期占据。从鼓舞抗战决心和振兴经济的立场出发，政府需要在西南和西北大后方地区组织生产，因此，相关的农业生产技术也随之在这些地方传播。当然，被报道的次数不一样，说明当时推广的区域在所受的重视程度上存在差异。

第二，政府采用的农业推广方式大致有五种。一是在各省设立农业推广实验县，通过示范带动其他县的农业生产技术改良。上述《农业推广通讯》成果中，介绍农业实验县推广工作的共有 18 项，几乎每个省都有所涉及，其中，四川省温江县和仁寿县的成果较多。这表明，国民政府农产促进委员会既重视以省为单位的推广，更重视以县为单位的推广。实行"点""面"结合的方式，能较全面深入地展示推广的成果。二是利用农业改进所、农业督导团、农业辅导团、农业推广站，以及推行农业视导制度等，将有关农业生产技术在农村或农场开展实验。这类成果在《农业推广通讯》中也有 18 项之多，主要集中在西南和西北大后方农业科研力量相对集中的地区。三是利用农会组织进行推广。农会组织在政府的引导或支持下建立，以凝聚村民力量、坚持抗战为基本任务，政治特征较突出，而《农产推广通讯》刊登的有关农会推广的成果共有 16 项，可见当时推广农业生产技术是其主要的任务。运用政治力量大力传播农业生产技术，在战争形势下是比较困难的，但也是非常必要的。因此，《农业推广通讯》具体介绍了各地的推广经验，相互启发，共同促进农业生产技术的改良。四是利用农贷政策引导推广。四联总处根据国民政府的要求，划拨农业贷款，支持大后方的农业经济建设。其中，农业推广贷款是重点支持的项目，关于这方面的报道共有9项，虽然多为原则性的措施，但已经足以反映出金融机构在农业推广中的积极作用。五是通过举办农业生产竞赛和农业成果展览的方式进行推广。全面抗战期间，社会动荡，能够成功举办这类活动实属不易。因此，尽管《农业推广通讯》中介绍的成果只有2项，却显示出当时一些地方在农业推广方面的创造，以及以此激励抗战的努力。

　　第三，推广成果中，对策及应用研究多于理论研究。上述各期显示，"论著"类成果共13项，主要论述国内外农业推广过程中的重大问题或疑难问题；"报告"类共8项，均为农业科研人员调查研究后所写，有的针对具体的农业生产技术，有的则针对推广中存在的问题；"文献资料"类共20项，主要包括政府的推广文件、推广办法、制度规定等，以供各地农业科研机构、管理机构、农场参考；"经验"类共12项，主要介绍各地推广农业生产技术的实践经验；"通讯"类共18项，以介绍某地某种农业生产技术的推广过程及其效果为主旨，突出推广者的作用；"工作研讨"类共15项，围绕推广的工作模式、基本原则、主要方法等开展研讨，既有理论的阐述，也有实践反思及检讨；"动态"类共有18项，主要介绍大后方各省农业推广的动态，也适当介绍国外农业生产的新技术与新方法；"专载"和"特载"类10项，以贯彻政府部门的指示精神或加强舆论导向为主；此外还有一些综合类的成果。不难发现，"论著"和"报告"类成果涉及当时先进农业理论的推广，而其他各类则主要是农业运用成果的推广，对粮食增产有直接或间接关系的成果，更是成为推广的重点。之所以如此，是因为农业理论研究成果的推广在战争环境下受到许多限制，而且当时推广的对象是广大农民，他们承担着增加粮食产量、支撑抗战经济的任务，运用推广的成果对他们具有更重要的意义。

第四，从事推广工作的人员有的相对固定，有的不固定，这体现了专业人员与非专业人员相结合的特征。其中，乔启明、朱晋卿、任碧瑰、马鸣琴、许道夫、李惠谦、包望敏、周林伟、蒋杰等，在《农业推广通讯》上发表的成果较多，而且往往站在政府的立场提出有关意见，因此，其身份要么为国民政府农产促进委员会的成员，要么直接受其聘任，为其服务。作者中许多人并未标明身份，但从其发表成果的内容及其基本立场看，他们应为各地农业推广的执行者或管理者。这与当时分级分区域进行管理的体制是相对应的。若就推广方向和工作模式引领而论，农产促进委员会的专业人员无疑是核心，而若就具体的推广工作而论，各地推广人员则展现出较雄厚的实力，因为他们的成果不仅数量较多，而且各具特色，充分反映出推广实践的状况。

第五，农产促进委员会专门推广旱地粮食作物的成果并不多。上述14期《农业推广通讯》中，只有张沫写的《米脂薯类及杂粮作物之推广》（第2卷第6期）具体介绍了这方面的情况；此外，张绍钫的《优良种苗的繁殖与推广》（第2卷第7期）和王绥的《增加食粮生产的两种方法》（第2卷第8期）间接涉及这方面的问题。但是由此并不能得出旱地粮食作物种植技术并非当时推广重点的结论，因为在抗战背景下农业生产的重点是增加粮食产量，促进农业经济的发展。既然旱地粮食作物的引进与传播是促进粮食增产的重要途径，那么，农产促进委员会开展的农业推广活动，尤其是肥料技术、选种技术、杂交技术、冬种技术等，都会从多个方面促使这一目标的实现。农产促进委员会作为政府的推广机构，需要重点关注推广的原则与方法，并非仅关注旱地粮食作物种植技术的改良。事实上，《农业推广通讯》上的成果，对其他农作物也并未作过多专门的推介。还必须看到，旱地粮食作物的种植由于受环境等因素影响，并非所有地区都适宜种植。这也是"通讯"中旱地粮食作物相关成果数量有限的原因。

《农业推广通讯》第2卷第3期刊登了当时的推广标语（口号），目的是规范推广宣传工作。通过对这些标语内容进行归纳，也可以从一个侧面了解当时农产促进委员会的工作方略。

推广标语共 35 条，具体标语如下：

1. 农业推广是抗战建国的要图；

2. 组训农民是农业推广的基本工作；

3. 增加农业生产是农业推广的目的；

4. 发展农村经济是农业推广的目的；

5. 改善农民生活是农业推广的目的；

6. 应用科学方法改进农业；

7. 普及农业科学知识；

8. 增进农业生产充实抗战力量；

9. 组训农民复兴农村；

10. 农民要自力更生兴农救国；

11. 农民是抗战建国的中坚份子；

12. 农民是农业改进的实际担当者；

13. 农民要接受农业推广人员的指导；

14. 农业推广人员是农民的良友；

15. 农事展览会是改进农业的方法；

16. 农事竞赛会可以促进农业改良；

17. 推广农家是农业推广的基本队伍；

18. 农业推广基础学校是养成新农民的场所；

19. 农村男女老幼都要进农业推广基层学校；

20. 农业推广教育是农业推广机关的主要活动；

21. 农业推广要以教育为中心力量；

22. 农民要自动组织乡农会；

23. 农会是农民自动自有自享的组织；

24. 农会是改进农业的团体；

25. 农民要加入农学团；

26. 农学团是农业教育的组织；

27. 推广农场是供给推广材料的场所；

28. 推广良种善法增加农业生产；

29. 实施农民教育改善农民生活；

30. 提倡乡村高尚娱乐；

31. 提高乡村文化复兴中华民族；

32. 农为国本本固国强；

33. 推行新农业训练新农民；

34. 传播新农法建设新农村；

35. 培植乡村贤明领袖。

核心内容归纳起来涉及四个方面：

1. 农业推广的意义。主要包括增加粮食产量、发展农村经济、改善农民生活、充实抗战力量等。

2. 农业推广的主要途径与方法。具体包括推广良种善法，举办农事展览会、竞赛会，等等。

3. 农业推广所依靠的力量。包括农业推广基础学校、推广农家、农会、农学团、乡村社会贤达等。

4. 农业推广与新农村建设的关系。要求在推广农业技术的过程中，培训农民，提倡高尚娱乐等。

显然，这些标语的内容与《农业推广通讯》的指导思想、基本原则与方法是大致相同的，只是从宣传的需要出发，思想更凝练，语言更通俗，文字更易懂罢了。值得注意的是，上述标语多数涉及的是组织管理层面的内容，推广良种善法是唯一涉及具体生产技术内容的，而且直接与粮食生产的内容紧密相连。这种现象的出现，再次显示了大后方农业生产以增加粮食产量为重点的宗旨。

农产促进委员会是国民政府所辖机构,《农业推广通讯》刊发的推广成果,以及该委员会提出的推广口号,都是为了促进农业生产技术的提高和农业生产的发展。虽然这些推广成果及口号只是整个推广工作的部分内容,但已充分说明,全面抗战时期的农业推广,政府发挥着决定性的作用。而政府的推广方式,主要运用行政力量和技术力量。更具体地说,政府各级行政管理机构、团体,将农业生产和生活中的新技术和新方法,通过教育引导、技术示范等途径,推广至广大乡村,促进农业经济发展。只有这样,政府才能在战争环境下最大化地聚合社会力量,最有效地利用社会资源。因此,这种以政府为主导的农业推广,是完全切合实际的,值得充分肯定。

将农产促进委员会在推广旱地粮食作物方面采取的策略和措施,与桂系集团的做一比较,发现两者有许多共同之处。主要有以下几点:1. 都非常重视农业实验县的示范作用。在实验县做品种改良实验,取得经验后再向周围地区扩散,以确保推广的稳妥与有效。2. 都积极利用农会、农业督导团、农业推广站的力量,传播先进的生产技术。3. 都鼓励通过生产竞赛的方式促进更多优良品种的产生。当然,作为国民政府所属机构,农村促进委员会比桂系集团更主张利用金融政策促进农业先进技术的推广,而桂系集团作为地方政府,则更多主张发挥农村基层政治组织在推广旱地粮食作物中的作用。而这些差异其实是由中央政府与地方政府所处的地位及其掌控的权力所决定的。

二、农产促进委员会与"农都"的互动

作为负责全国农业推广的机构,农产促进委员会对柳州沙塘"农都"科研成果的推广情况究竟如何呢?

既然农产促进委员会的推广工作主要在大后方地区开展,该委员会的工作就必定会对广西产生影响。同时,粮食增产是当时农业推广的重点,"农都"科研人员的研究成果,自然就成为该委员会推广的对象。正如农产

促进委员会专家乔启明所言，"目前抗战的最高国策是持久战……一定要促进战争资源的充分供给，使军粮民食不成问题，然后以丰富的物力财力，坚持抗战的胜利……农业推广的意义，是利用农业科学方法，将研究实验的结果，传达和指导农民"。他特别强调农业科研协调工作的重要："纵的方面，要有一贯系统，上下衔接，呼应灵活。横的方面，要集中各方面的力量与有关机构密切合作，俾组织单纯，力量雄厚。"要通过制定"全国农业推广实施计划"，强化合作，加快农业推广的步伐。他还特别指出了农业科研人员的素质与责任："我们只有多出一分力，多流一滴汗，便是直接间接对国家多一分贡献"；要发扬重视农业推广的风气，积极利用和推动各方面的力量来求发展，"以我们的热忱来感动社会"。[2]而"农都"作为当时农业科研力量相对集中的地方，承担着提供农业科研成果的重任，其研究成果对农产促进委员会也就具有重要意义。

农产促进委员会聘任的一些专家，通过组织视察活动加强与各地的联系，促进农业科研成果的推广。例如，包望敏在抗战初期对广西沙塘的视察就起到了很好的作用。《农业推广通讯》详细记载了这一经过。

1940年3—5月，根据农产促进委员会主任穆藕初的指令，包望敏组织农业辅导团全体成员到川西和川南各地实施农业推广工作，历时两个月，了解到许多实际情况。接着，为促进大后方地区的农业推广，包望敏率领农辅团前往西南各省和东南部分省区进行巡视指导。本次巡视的任务有两个，一是了解这些地区的农业推广情况，收集实际材料以为促进事业之参考；二是就可能范围内协助解决各地农推问题。显然，其目的是借助农业辅导团的力量，将农业推广扩大到整个西南地区和部分东南地区。务虚与务实结合，既求当前推广之实效，也求未来推广之发展。本次巡视的"接洽对象为各省农业当局及有关机关，如建设厅、农改所、省农推主持机构及人员、财政厅、合委会等。此外各农推实验县亦在视察之列"[3]。这里虽然没有明确广西柳州沙塘"农都"也在视察之列，但是根据其工作计划，加之上述接洽对象许多都在"农都"，可以肯定，沙塘"农都"是视察的重点。事实上，包望敏率领的视察团，在广西获得的视察成果是较多的，具体表现在：

1940 年 5 月 28 日进入广西境内后，看见六寨、宜山等地"多荒山石田，水田甚少，作物以玉蜀黍为最多"，从而确定广西因地制宜发展旱地粮食作物取得了突出成果。

30 日视察柳州沙塘，途中遭受日本飞机侵扰。视察团看到农村普遍种植玉蜀黍，看到"雄穗已抽出……作物生长良好"。同时发现，战争环境下这里的生产仍在进行，民众信念坚定，并以实际行动支持抗战。

31 日，在距离沙塘 40 公里处的柳城县城，举办本月农业推广的检讨会，"全体人员齐集县城参加讨论会"，"柳城农推实验县成立未满一年，设中心推广区三所，有技士三人，技佐二名，练习生五名，督导员一名。本年度经费二万余元。推广业务，计组织乡农会三所，实物推广计有棉花、小麦、堆肥、绿肥、水稻、桐油等"，据此，视察团得出"成效颇佳"的结论。

6 月 1 日，视察广西大学农学院和沙塘垦区。在农事试验场与有关人员商谈加强农业推广的问题。视察团详细了解了农事试验场的规模、组织结构、经费、附属设施等，从具体的数据和事实中了解到"农都"的实力。此外，视察团还了解了中央农业实验所柳州工作站的状况。

4 日与临桂农业推广实验县主任详谈，了解到该县设立了三个中心推广区，成立了两个乡农会，即将举办农推训练班。接着视察良丰中心推广区，发现该区的农业防疫网十分齐备，技术也比较先进。6 日赴两江乡视察，了解到两江乡农会举办了农业战略会，"颇得好评"。

8 日，与广西省政府农业管理处等职能部门负责人研讨当地农业推广对策与方法。[4]

从上述视察活动可以看出，包望敏率领的视察团，严格按照原定的工作计划开展视察，通过 10 余天的视察，了解了广西数地玉米等旱地粮食作物的种植情况，农业推广实验县、实验区以及柳州沙塘农事试验场的农业推广情况。其中，视察柳州沙塘的时间是 5 月 30 日至 6 月 3 日，也就是说，视察团在广西境内的视察有一半时间在沙塘或其县城柳城，可见对"农都"的重视。全面抗战期间，农产促进委员会持续派出视察团到各地视察，并将视察成果汇集起来进行研究，吸取经验，减少或消除农业推广过程中的盲目及不确定性，增强推广的有效性。同时，对推广不力者进行督促，保证了农业推广工作的顺利开展。通过视察，及时有效地加强了农产促进委员会与当地政府、农业科研机构的联系，对农业先进技术的传播和各种力量的协作配合，起到了积极的作用。

此外，视察结果还及时刊登在了《农业推广通讯》上。这些视察报告以纪实为主，除叙述日程外，主要报道各地推广状况，力求客观，富有指导性和启发性。例如，对于各种需要推广的农业种植技术与方法，均根据各地的实际情况予以不同的评价，有的是用"很好""有效""成绩突出"等词语，有的则有"参差不齐""一般"等词语，还有的用"令人忧虑""欠佳"等词语。值得注意的是，对于"农都"附属垦区存在的荒地利用不足，导致垦民数量减少，进而影响农业生产的问题，视察团也如实反映，并指出根本原因是水利建设不利，造成生产力水平低下。[5] 视察团用具体数据和事实介绍进展实况，使人们通过比较，了解差异及其原因。当时各地培训农业推广骨干的工作，有举办培训班和农会带动两种方式，视察团根据已经举办、正在举办、即将举办等不同状况，进行有区分的介绍，并依据各地的反映，指出了有关的原因，从而使人们从人才培养的角度，认识各地农业推广的进展，从中获得启示。视察团发表的报告虽然以展现农业推广技术的实际状况为主，不具备行政约束力，但是这些报告却为各级政府了解农业推广的情况，进而采取相应措施提供了重要依据。从这个意义上说，农产促进委员会组建的视察团，为抗战时期的农业推广做出了重要贡献。

探讨全面抗战时期农产促进委员会与沙塘"农都"的关系，还应注意《广西农业通讯》的栏目及其有关内容（见表 6-2）。

表 6-2 《广西农业通讯》与农业推广有关的部分成果

卷期数及出版时间	作者	成果名称	成果类型
第 1 卷第 1 期，1940 年 4 月	陈大宁	《抗战期中本省农业生产的实施》	特载
	施华麂	《土性与作物》	论著
		《二十八年度本省办理农业推广实验县经过》	报告
		《农业推广通讯》	消息
第 1 卷第 2 期，1940 年 5 月		《广西省二十九年度提倡栽培冬季作物实施办法》	文献资料
		《广西省各县收容被灾难民及战区撤退民众垦殖荒地办法》	
	乔启明	《论农业推广与农贷关系及其联系》	论著（转载）
第 2 卷第 1 期，1942 年 2 月	童润之	《农业建设与农业教育联系之重要》	讲话
		《三十年度本省各农业推广实验县工作概况》	报告
	陈隽文	《本省过去办理农贷情形及对将来之希望》	讲话
第 2 卷第 2 期，1942 年 3 月		《广西省三十一年度粮食增产实施计划纲要》	文献资料
		《广西省三十一年度提倡冬季作物实施办法》	文献资料
第 2 卷第 5 期，1942 年 6 月	广西省政府农业管理处农业经济研究室	《告农情报告书》	报告
	王明辉	《论广西基层经济建设》	论著
第 2 卷第 8—9 期，1942 年 8 月	孙耀华	《广西柳城等十二县农村经济调查》	调查报告
	乔启明	《我国农业金融之展望》	文献摘要
	张东白	《半年来宜山农业推广工作纪要》	通讯
		《三十一年六月份推广组工作报告》	消息
		《加紧准备扩大栽培冬季作物》	广播
第 2 卷第 10—11 期，1942 年 12 月	东白	《怎样选用农会做基层推广机构》	论著
	刘文庆	《迁江县农村经济概况》	通讯
		《广西省三十一年度粮食增产工作竞赛办法》	文献资料

卷期数及出版时间	作者	成果名称	成果类型
第3卷，第8—12合期，1944年1月	刘文庆	《岑溪县农业概况调查》	调查
	石咸坤	《广西临桂、宜山、柳城三县农村经济概况调查报告》	调查
		《广西省政府建设厅农业管理处工作报告》（民国三十一年度7—9月份）	报告
		《第二区行政督察专员公署视察各县32年春耕受旱情形报告》	报告
	何宝斌	《两岁半的宜山三岔农业中心推广区》	通讯

说明：1. 该表只收录全面抗战时期与广西农业推广有关的成果。

2. 桂柳会战期间，广西遭受日军破坏，农村生产难以维持，故《广西农业通讯》中无该时期的成果。

《广西农业通讯》由广西省政府建设厅农业管理处创办于1940年，比国民政府农产促进委员会创办的《农业推广通讯》晚约半年，这正是"农都"基本创建完成，各项科研工作全面展开之时，也是大后方经济建设蓬勃兴起之际。在这种背景下，传播"农都"的科研成果，推广先进的农业生产技术和管理方法，促进粮食增长，无疑是《广西农业通讯》的主要任务之一。广西省政府农业管理处负责人陈大宁此时受命在沙塘协调广西农事试验场与中央农业实验所的关系，他非常清楚当时广西农业与大后方农业之间的关系，能正确把握《广西农业通讯》办刊原则与方法。通过对比可以看出，《广西农业通讯》与农产促进委员会创办的《农业推广通讯》在栏目（成果类型）和内容上有许多相同之处，两者均以推广农业先进生产技术，促进农业生产为宗旨，这说明，《广西农业通讯》深受《农业推广通讯》影响。

有些重要篇目，既在《农业推广通讯》中刊发，也在《广西农业通讯》中刊发，例如《广西省三十一年度提倡冬季作物实施办法》和乔启明的《我国农业金融之展望》等文章。当时，大后方各省区都大力开展冬作运动，"农都"不少科研人员都在研究与冬作有关的技术，如1940年广西农事试验场的大规模冬作选种。[6]而为了推动冬作工作，各地又需要研究如何合理有效利用农贷政策来调动农业科研机构、管理机构以及广大农民的积极性，广西省政府和国民政府所办的刊物同时刊登这方面的经验，不仅是为了凸显其重要性，更重要的是要加强推广，使之产生更大的作用。这些情况的出现，进一步证明两者的联系非常密切。

相对而言，广西柳州沙塘作为"农都"所在地，在推广先进农业技术方面肩负着更艰巨的任务，因此，对于"农都"科技人员的研究成果，《广西农业通讯》予以较多的关注，所报道的内容相对集中。例如，玉米、红薯、马铃薯等旱地粮食作物的推广情况就是重要内容之一。表6-2中，第1卷第1期的《土性与作物》，第2卷第1期的《三十年度本省各农业推广实验县工作概况》《本省过去办理农贷情形及对将来之希望》，第2卷第8—9期的《广西柳城等十二县农村经济调查》，第10—11期的《迁江县农村经济概况》，第3卷第8—12期的《岑溪县农业概况调查》等，都从不同角度和层面介绍了旱地粮食作物的推广种植情况，包括种植所需要的土壤、环境，各县种植的面积、产量，以及与其他农作物的种植关系等。《广西农业通讯》虽然没有明确当地所种旱地粮食作物品种来自何地，如何培育，但是，既然"农都"设在柳州沙塘，且推广旱地粮食作物，增加大后方粮食产量是各级政府、各农业科研机构及广大民众的重要任务，那么"农都"所研究的优良品种，就必然会成为推广的重点。事实上，"农都"科技人员研究的旱地粮食作物种植技术，不仅在本地进行推广，而且在大后方其他省区进行推广。例如，1940年6月，广西农事试验场技士，杂交玉米培育专家范福仁就应邀到贵州定番县传授田间种植经验。[7]指出这一点是为了说明，《广西农业通讯》实际上肩负着"农都"所赋予的传播农业先进生产技术的使命。

《广西农业通讯》所报道的农业推广方式，与《农业推广通讯》所介绍的基本相同。不同之处在于，由于"农都"设在柳州沙塘，农业科研机构示范指导取得了较显著的成果，因此，除旱地粮食作物的种植技术外，"农都"科研人员所研究的与之相关的施肥技术、选种技术，以及对推广人员的培训等，《广西农业通讯》均有较多的报道。另外，农业实验县推广农业生产技术的情况，《广西农业通讯》也有报道。报道中不仅关注这些县的实验项目及其成效，还关注省政府的政策法规及有其相关的保障措施。由于当时大后方地区中，广西省政府在农业实验县建设方面的成绩十分突出，《农业推广通讯》刊登了大量广西省政府的管理文件或制度，还刊登了不少专门介绍广西各实验县的推广经验。不过这些方面的成果《广西农业通讯》刊登的更多，也更具体（表6-2所列举的只是其中的一部分）。

广西的实验县在推广农业生产技术方面之所以能取得突出成绩，很大程度上得力于桂系集团的基层农村建设战略。众所周知，李宗仁、白崇禧为首的桂系集团为了实现"建设广西，复兴中国"的政治抱负，大力推行"三自三寓"政策，把乡村治理作为实现政治目标的根本。同时，通过民团组织，贯彻自己的政治、经济和军事意图。只要将《广西农业通讯》与《农业推广通讯》的同类成果进行比较分析，就可以看出，广西省政府在农业试验县建设方面，工作系统最完备，工作指标及要求最明确，推进措施最得力。抗战期间农村的管理非常困难，"农都"研究的成果要想有效得到传播，就必须动员广大农民的力量。广西农业试验县的建设成就，不仅显示了广西省政府传播先进的农业生产技术与方法的决心与力量，也在客观上促进了"农都"的建设。反过来，"农都"的建设，又为大后方农业科研的发展提供了保证。

国民政府农产促进委员会为了加强与各地的联系，加快农业生产技术的推广普及，还将一些科技人员派驻到一些重要的农业生产区。最初派驻广西协助工作的是刘访维和余其浩，抵桂后即被广西省政府分别任命为农业管理处技士兼桂林县督导员及桂林县府技士。刘访维一方面在管理处草拟公文、制定章则、办法，编纂书表，将农产促进委员会和广西省政府推广农业的计划、指示等传达下去，从政策和制度层面确保推广工作的顺利开展；另一方面，帮助余其浩勘察桂林实验县各中心推广区及各办事处址，并筹设良丰两江中心推广区。[8] 不久，农产促进委员会又将郑克奠派驻广西，他抵桂后即被任命为农管处督导室技士兼武鸣田东实验县督导员，"拟具实验县计划，联络地方机关法团，调查各县农村情形，确定中心业务，勘察中心推广区办事处，奔走各县，席不暇暖，近在敌机威胁下益加勤奋"，在其推动下，田东、武鸣、龙津三县的农业实验工作迅速开展起来。另外，蒋德麒作为农产促进委员会派驻广西专员，协助策进广西农业推广事业也"极为努力，贡献颇多"。[9] 需要特别指出的是，在蒋桂矛盾没有消除的情况下，农产促进委员会派驻广西的科技人员不仅直接参与农业实验推广工作，还深入乡村调查研究，代表政府制定有关的政策、制度、编纂书表，这体现了桂系集团政治开放，以发展战时农业为上的原则。1938 年，广西农业技术人员有技正 19 人，技士 43 人，技佐 20 人，连同普通人员合计 134 人。1939 年，全省农业技术人员为 104 人，1940 年为 78 人，1941 年为 84 人。1942 年，从扩大粮食增产工作的需要出发，技正定为 13 人，技士增至 61 人，技佐增至 35 人，总数增至 143 人。[10] 按照当时的规定，农业技术人员三分之一用于办公，三分之二派往农村督导粮食及其他农业生产。通常，一、二等县，设技士 1 名，技佐 2 人，辅导员 3 人，三、四等县，设技士、技佐、辅导员各 1 名。实际上，由于技术人员数量有限，有些县并未能完全配备。

农产促进委员会的派驻人员，主要负责实验县的推广工作，他们的任务是对实验县的农业生产进行督导，而督导的成效，则始终围绕着粮食增产这一中心。事实上，仅从当时广西所颁布的农业生产计划、制度、规定，就可以看出他们在广西粮食增产方面的工作重点与"农都"的工作重点具有较多相同之处，比如利用荒地种植旱地农作物，利用改良优化的旱地粮食作物品种和扩大冬作面积。他们在广西的工作"极为努力，贡献颇多"，这既与他们的工作态度及专业水平有关，也与广西各级政府对他们的大力支持分不开。他们在广西取得的工作经验，受到国民政府的重视与肯定，例如，"经济部为调查川省北川平武两县荒区，以便计划垦殖事业"，特调农产促进委员会派驻广西的科技人员蒋德麒参与这一工作，与他同时被抽调的还有农产促进委员会派驻贵州的科研人员马鸣琴。[11]重庆是战时陪都，因此农产促进委员会派驻四川的科技人员一直较多。有些科技人员虽然不固定驻守，但由于距离工作地点很近，也经常由重庆到附近的实验场所开展指导。国民政府经济部抽调蒋德麒等开展四川的荒地利用调查，说明旱地粮食作物的种植对提高大后方粮食产量有重要作用。众所周知，四川盆地历来都是中国最富庶的地区之一，粮食产量很高，不仅能满足本省民众的需求，而且能向外销售。全面抗战爆发后，随着大量内迁移民的到来，粮食增产的任务加重，原被抛荒的山地不得不用于种植旱地粮食作物。而要在荒地上生产粮食，就必须借鉴山地的生产经验。值得注意的是，经济部做出这一决定的时间是在 1939 年 9 月，这说明国民政府很早就意识到开发利用西南山地，扩大旱地粮食作物种植面积对支撑大后方经济的重要性。农产促进委员会派出人员在广西与大后方其他地区流动，既是为了促使人才的合理使用，也是为了促使技术的充分交流。评判战时"农都"科研成果推广的成效，仅依据玉米、红薯、马铃薯等旱地粮食作物的种植面积及其收益情况进行分析是不够的，还要从科技人员的流动及其工作成效进行考量。因为农业生产技术在转化及应用过程中，人是最重要的因素。

全面抗战期间，在大后方各省中，农产促进委员会比较重视广西的农业推广工作，1938 年 5 月成立后不久，就协助广西在农业管理处设立农业督导室，专门负责农业推广工作；此后，农产促进委员会一直致力于以增加粮食产量为目标的农业改良推广。当时柳州沙塘"农都"的任务，主要是旱地粮食作物品种的改良优化，而在农产促进委员会的推广下，以粮食作物改良种籽的推广收效最快，成绩最显著。自 1938 年至 1941 年，该委员会事业费的 22.9%用于建立农业推广机构，19.4%用于农作物推广，两者合计，几乎占到所有经费的一半，[12]可见力度之大。农产促进委员会与柳州沙塘"农都"虽分属中央与地方管辖，但是，围绕着粮食增产的中心任务和粮食作物品种改良的关键环节，两者形成合力，相关科技人员在研究与推广中相互配合，共同促进，实现了科研效益与推广效益的最大化，为大后方经济建设创造了有利的条件。

总之，全面抗战时期，农产促进委员会与"农都"在农业推广方面的关系比较复杂。从行政系统看，广西省政府农业管理处下辖的农业督导室，由农产促进委员会协助创建并进行领导；而广西农事试验场与迁至沙塘的中央农业实验所，则通过广西省政府农业管理处协调，因此，"农都"的工作实际上与广西省政府农业管理处的支持分不开。在这种情况下，农产促进委员会与"农都"事实上存在一定的行政联系，但由于战争局势的影响以及中央与地方行政职权的制约，行政的作用是有限的。根据上文所述情况，真正促使两者发生密切联系的，应为农业推广中的技术合作。由于大后方各省都面临增加粮食产量的任务，而扩大旱地粮食作物种植面积、改良其品种又是粮食增产的基本途径，因此，无论农产促进委员会还是"农都"，都必须重视这些成果的研究与推广。推广需要理论指导，也需要政策和制度保证，还需要大量的实践检验，因此，不同地区、不同部门的科技人员和管理人员，以及不同的实验区，就必须相互借鉴，相互配合。农产促进委员会是一个行政机构，"农都"则是一个农业科研实验基地，二者性质存在很大差异，但是，农业推广的共同使命，促使它们相互配合，相互促进，并以各自的方式为抗战期间的农业推广做出自己的贡献。

三、农产促进委员会与"农都"在推广旱地粮食作物上的作用比较

农业推广是一个复杂的社会系统工程，其中，先进的农业技术和强有力的推动力量是其中的两大关键因素。农产促进委员会与"农都"具有不同的性质，评价其作用显然不能采用同一标准，并且在推广系统中区分两者的作用仍是必要的。

若仅从玉米、马铃薯、红薯等旱地粮食作物的传播这一范围探讨全面抗战时期的农业推广作用，应当承认，"农都"科研人员及时有效地引进及培育高产的品种，为大后方农业推广和粮食增产提供了重要的前提条件。根据战争需要，"农都"把旱地粮食作物品种的引进与优化作为研究的重点，这一工作在 1938 年就已启动，1939 年全面展开，到 1940 年就取得了相当的进展。其中玉米的科研成果最丰富，包括杂交、自交品种优化，施肥技术使用，等等。具体情况前面已有详细论述，在此不再重述。对于红薯品种，沙塘"农都"的科研人员主要通过杂交，促使其提早开花，增加产量，以实现优化之目的，其中鸡南白粟、牛角黄、西大红皮黄心等品种经过实验，被证明适合在本地种植，并且具有推广价值。[13] 面对于马铃薯品种，科技人员主要结合抗战期间大力推行的冬作运动，研究有关栽培技术，目的是促使其在冬作中发挥有效作用。红薯和马铃薯在不同地区的种植，同样需要选择正确的时间、土壤、肥料和行距，因此，相关的实验与品种优化的实验基本是同步展开的。

旱地粮食作物品种的培育与推广，是"农都"科技人员为抗战做出的重要贡献，全面抗战期间"农都"先后完成大小科研项目总计 120 多个。[14] 正因为这里的农业科研成果不断出现，大后方的农业推广才有实质上的意义。"农都"虽属临时组建的农业科研基地，综合实力并非很强，但是，战争对粮食的需要，迫使其不得不聚力研究旱地粮食作物品种的优化及推广，就此而言，其作用为其他农业机构所难以企及。

受当时战争环境以及科技条件、文化传播条件等限制，旱地粮食作物不得不以"农都"为中心向四周扩散。因此，在大后方地区，广西种植玉米、红薯、马铃薯相对多，而其他远离"农都"的省区则相对少，呈现出典型的"地缘推进"模式特征。这种特征，从另一个方面证明"农都"在推广旱地粮食作物上的重要地位。

1942 年虽然雨水过多，但由于采用"农都"培育的品种，农作物的种植仍取得较好的成绩，例如，罗城县的玉米"生长尚好"，乐业县的甘薯、玉米等则"生长甚佳"。[15]

1943年，广西遭遇较严重的旱灾，许多作物歉收，玉米、红薯、马铃薯等普遍作为补种的粮食作物，确保了粮食生产任务得以完成。这方面的情况，第二区行政督察专员公署视察报告写得比较具体，如：

平南：因旱之部分田地一部分改种杂粮。其种子乃由农家自备。

桂平：小部分稍高之水田，已改种甘薯。薯种均为农家自备。

武宣：未能种稻之田地，约占全县土地之5%，改种杂粮。

岑溪：受旱而不能种水稻之水田，多已改种甘薯等作物。种子均由农民自备。

贵县：该县自降雨后，多种植马铃薯、甘薯等作物，种子均由农家自备。

博白：冬作马铃薯种子等，需40余担。惟县缺乏经费，购买种子，甚成问题，仅饬令农民自行筹备而已。

玉林：该县现存马铃薯种106 025担，计尚缺6 850担，均可在本县购买。惟县款无着，仍须请省府拨款购种。

藤县：该县去年所需冬作马铃薯种子必需向外购买。县政府曾饬令各乡指导农民多留各项冬作种子，但为数无多，拟由县设法筹购马铃薯种50担，并请省拨购北流早熟小麦种50担，俾贷给一般无力购种之农民种植，以增加粮食生产。

容县：计全县依期种植面积289 740亩，未种面积488亩，种后受旱面积82 300亩。其因旱不能依期分秧之稻谷，各地农民于五月中旬得雨时仍自动整理地移种，至今未种者只有少数改种红薯等作物。

北流：全县已种面积480 230亩，未种面积30 664亩，已种而受灾面积54 040亩。现受灾地区多改种红薯，以便补救。据先方面调查，估计去年及本春各地受水旱灾害而缺乏粮食之农户，当在70%以上。为补救粮荒及扩大冬作栽培起见，应积极推广马铃薯，但该县本年收获马铃薯仅得400余斤。若预推广栽培面积10 000亩，则尚缺少薯种10 000担。马铃薯种必须向外购买，但购买款项应由县及早筹措。又冬季作物如红薯、马铃薯等作物之种子，亦应由县先统筹处理，待秋收后归还。[16]

在受灾较严重的情况下，旱地粮食作物的种植对当时广西的粮食增产起到十分重要的作用，《广西省政府建设厅农业管理处工作报告（中华民国卅一年度七八九月份）》指出："本省杂粮增产工作颇为重视，种植面积大有增加，上次报告龙胜、雷平等40县共种植玉米1 349 585亩，甘薯1 121 974亩，木薯167 562亩。本季陆续报告到府者共59县，合计玉米种植面积为868 592亩，增产量10 065 613担，甘薯种植面积为1 924 165亩，产量尚在查报中。"[17] 1942年度冬作增产情况，见表6-3。

表6-3　广西省1943年上半年杂粮增产结果

冬作种类	1942年冬栽面积	比1941年冬栽增种面积（亩）	1943年春产量（担）	比1942年春增收产量（担）	占1942年冬作杂粮总面积%
大小麦	1 761 392	464 056	1 334 882	592 525	18.5
荞麦	1 722 539	619 050	1 214 992	588 280	14.4
豌豆及蚕豆	1 141 078	189 112	1 021 245	197 232	13.5
甘薯及马铃薯	2 052 597	408 281	6 548 781	1 150 695	23.5
油茶	720 008	105 689	802 200	358 824	8.6
其他	2 056 288	553 640	2 724 005	321 982	21.5
总计	9 453 902	2 339 428	13 646 105	2 209 538	

资料来源：《广西省政府建设厅农业管理处工作报告（中华民国卅一年度七八九月份）》，《广西农业通讯》1944年第3卷第8—12期，第32—43页。

以上只是部分县的冬作杂粮产量，并非全省的统计。另外，由于玉米当时不作为冬作的内容，没有统计在内。但是从中可以看出，甘薯和马铃薯在冬作总面积中已占23.5%，比例为所有冬作物之最。若加上夏秋玉米种植面积，则在杂粮种植面积中的比例更大。

可见，随着全面抗战时期粮食增产任务的加重，以及"农都"旱地粮食作物品种的培育与优化，广西各地已将其作为种植的重点，并且取得了较好的成绩。大后方各省都有种植红薯、玉米、马铃薯等旱地粮食作物，但无论是规模还是成效，都无法与广西相比，农产促进委员会收录的各种考察报告充分肯定了这一点。[18]究其原因，一方面是广西的环境适合这些粮食作物的生产，另一方面，应与柳州沙塘"农都"及时提供足够的优良品种，并通过广西各级政府的大力推动密切相关。农产促进委员会在对大后方各省的调查中发现，西北地区其实很适合马铃薯的生长，但是由于缺乏优良品种，所需种子只能在本地购买，推广的效果并不理想。[19]各地都需要大量扩大杂粮的种植面积，因优良的品种"非短期内可望成就"，"所以在这抗战建国的过程中，为农民为农业均有奠定种苗生产基础的必要"。[20]

作为全国性的农业推广机构，农产促进委员会大力倡导使用新的优良品种，明确指出：增加粮食产量，或直接推广实验所得的优良种子，或检定并繁殖当地良种，以及指导农民如何选种。陕、黔等省推广马铃薯以增食粮，湘、陕、桂、滇等省加紧垦殖经营，以扩大杂粮的种植面积。同时，各省要大力开展冬作，提高冬作作物产量。[21]按照中央农业实验所主办之宁、青、甘、陕、豫、鄂、川、滇、黔、湘、赣、浙、闽、粤等14省的农情报告，1938年和1939年主要旱地农作物产量，较之过去，产量则均属大增。见表6-4。

表6-4　1939年14省主要冬季及夏季作物产量与其他年份比较

作物类别		1939年产量 （单位：千市担）	1939年产量较以下年份增减的%	
			1938年	1933—1937年的平均数
冬季作物	小麦	191 737	-3	16
	大麦	88 336	1	9
	豌豆	44 641	7	14

续表

作物类别		1939 年产量 （单位：千市担）	1939 年产量较以下年份增减的%	
			1938 年	1933—1937 年的平均数
冬季作物	蚕豆	51 055	10	19
	油茶籽	40 183	20	18
	燕麦	3 375	8	14
夏季作物	籼粳稻	717 552	5	9
	糯稻	56 715	5	-2
	高粱	36 656	10	15
	小米	25 982	11	5
	糜子	10 689	16	7
	玉米	69 493	5	25
	大豆	40 084	16	7
	甘薯	260 154	1	28
	棉花	5 773	26	22
	花生（皮花）	19 577	1	13
	芝麻	7 296	40	10
	烟叶	10 128	18	14

资料来源：蒋杰：《战时农业生产现状及其发展途径——民国二十九年五月三十一日成都广播电台播音讲稿》，《农业推广通讯》第 2 卷第 6 期，1940 年 6 月。

从表6-4可知，与1933—1937年的平均产量相比，甘薯产量增长的比例最大，为28%；其次为玉米，为25%。需要特别指出的是，旱地农作物虽为抗战时期大后方地区普遍推广的杂粮，但从执行的实际情况看，只有广西的成效较好。农产促进委员会早就意识到，农业建设推进的重要配备，条件有四：第一，须有健全的农业行政组织；第二，须有稳定持久的实际研究场所；第三，须有充分的金融力量；第四，须有广遍的推广组织。[22]广西在开展粮食增产运动中，不仅严格按照农产促进委员会的规定执行，而且有所创造，有所发展，具体表现在：省政府高度重视，先后颁布了促进粮食增产的规划、办法、意见、措施等，工作目标明确，要求具体，实操性强。更重要的是，这些文件规定要积极种植新品种，采用新的生产方法。同时，省、县、乡三级联动，政府、民团、国民基础学校、农会等相互配合，层层推进，村村落实；每层都有具体任务，也有考核标准，推广的工作系统完备，运转有力。另外，多方筹集经费，注重推广人才的培训，确保推广工作的持续开展。[23] 正因为全面抗战期间广西的粮食增产运动轰轰烈烈、扎扎实实，成果一直位居全国前列，农产促进委员会才将广西的各种规定、措施推介到其他省。

扩大旱地粮食作物种植面积是全面抗战期间粮食增产的主要途径，当时的玉米、红薯、马铃薯等品种，相当部分由"农都"科研人员培育，并在当地实验后逐渐推广到大后方地区。农业专家及领导者蒋杰对优良杂粮品种予以很高的评价："杂粮等良好品种，已有不少可供推广。国内科学化的农业研究工作，在这短短的十数年内，能达到今日的境地，已非易事。"农村促进委员会作为国民政府的管理部门，主要从行政方面推介广西各级政府及各实验区的经验，而这些经验的积累，"农都"的作用无疑是最基本也是最重要的。农产促进委员会对广西成功推广旱地粮食作物的肯定，其实也包含着对"农都"工作的肯定。

当然，为了促进玉米、红薯、马铃薯等旱地粮食作物的推广，国民政府的有关部门也注重将其中的一些技术向各地进行介绍。例如，在《全国农林实验研究报告辑要》第 3 卷第 1—2 期合刊上，就报道了广西农事试验场的研究成果"播种期对于玉蜀黍农艺性状及螟害之影响"[24]；《沙塘农讯》则报道了"农都"实验玉米品种和培育红薯品种的消息。[25] 值得注意的是，抗战期间，政府部门专门介绍农业科研机构培育优良旱地粮食作物品种并公开进行推介，这种现象十分少见。"农都"上述成果被政府部门在多个刊物上推介，说明这些成果较先进，对提高粮食产量具有重要作用。农产促进委员会对"农都"科研成果的介绍，主要是为各省区提供选择的品种，指出明确的方向。事实上，其工作侧重点，始终还是放在引导和督促各级政府重视农业推广，形成推广合力，增加粮食产量方面。

全面抗战时期，作为肩负粮食增产重任的"农都"和农产促进委员会，在农业推广，尤其是在玉米、红薯、马铃薯等旱地粮食作物种植技术传播方面扮演着不同的角色。"农都"既要培育优良品种，也要改革相应的种植技术，品种必须适应不同的生长环境，种植技术必须确保品种在种植中实现优化。农产促进委员会既要做出正确的推广方向引导，也要督促各地各级政府进行推广工作；引导和督促的成效，既取决于行政力量的正确运用，也取决于科技力量的合理运用。应当承认，"农都"和农产促进委员会在战争期间形成了合力，使战时农业推广系统得以顺利运转，较好地实现了粮食增产的目标。

第八章

"农都"改良和推广外来旱地粮食作物对农村生产方式的影响

战时"农都"沙塘改良、推广外来旱地粮食作物的工作,促使农村生产方式发生一些新的变化,对大后方地区社会经济发展产生了深远影响。生产方式变革,是外来旱地粮食作物传播力量延续的重要保证,更是传播成效的深层体现。

一、改良和推广外来旱地粮食作物之前广西农村的生产方式

明清时期,中央政府较为重视对西南边疆地区的开发,广西社会经济取得了一定程度的发展。进入民国之后,广西政局动荡,军阀混战不已,广西农村社会经济受到极大破坏。1925年广西统一后,以李宗仁、白崇禧为首的新桂系,大力推行"三自政策",实施政治、经济、军事和文化"四大建设",经过数年苦心经营,广西社会经济发展取得一定成就,广西被誉为"模范省"。

全面抗战爆发前,广西农村经济发展缓慢,男耕女织的自然经济生产方式依然占主导地位。地主和豪绅掌握着绝大部分土地,广大农民很少或几乎没有土地,"小农经营显然还占绝大优势"[1]。为了维持生存,贫苦农民被迫租种地主土地,交纳收成50%以上的实物地租,此外还要负担繁重的各种苛捐杂税。农民因缺乏生产资金投入,一年中青黄不接之时被迫向商人、地主等借高利贷,往往陷入贫穷破产的境地,广西农村因而陷入贫

穷和衰落之中："水利未能普遍振兴，农具尚未改良，施肥无方，造种乏术，以致每年农产收入，多不足以自给，寅食卯粮，所在皆是"[2]。由此也可以看出，这一时期广西农村生产方式落后，粮食生产自给率低。

（一）传统的旱地粮食作物栽培和复种轮作间作制

玉米、甘薯和马铃薯是广西境内栽培最广、产量最丰盛、最具代表性的外来旱地粮食作物，明清时期开始引种广西，并逐渐发展成为广西农村民众最重要的辅助食粮。1933 年，广西粮食作物栽培面积排第一位的是水稻，第二位是玉米，栽培面积 5 166 000 亩，第三位是甘薯，栽培面积 2 553 000 亩。[3] 由于高产和适应性广，它们很快取代粟、黍、高粱等传统旱地作物，迅速地占据了杂粮生产的主导地位，弥补了水稻产量的不足，对中国粮食作物的生产方式和广大民众的饮食结构及消费方式产生了深远影响。

明清至民国年间，广西玉米和甘薯多数采用"一年一熟"的粗放耕作方式或与水稻、黄豆、甘蔗等作物轮作、间作的方式。

1933 年，广西种植玉米面积和产量约占全国玉米总产量的三十分之一，在各省玉米产量中居第 14 位。[4] 尽管广西玉米种植面积较大，但由于采用粗放式的耕种方式，玉米总产量不高。

全面抗战爆发前夕，广西农村地区玉米播种时期的选择，主要集中在春、夏、秋等三个季节，冬季种植甚少。例如在思恩县，"玉米（播种）在春分前后二三日"[5]。在河池地区凤山县，"包谷（玉米）宜于旱地，种于夏历春季……至夏历夏末秋初，即可收获"[6]。在贺州昭平县，"包粟，……二月种，十月收"[7]，可见昭平县属于二月播种的玉米春季种植制度。在南宁宾阳县，农村玉米种植实施早晚两造制："玉蜀黍……亦有早晚两造，黄、白两种，为次要粮食，黎塘一区旱地皆种，其余各地虽亦有种者，惟产量不多"[8]。宾阳县属于亚热带季风气候，冬无霜雪，比较适宜春秋两季种植；境内黎塘一带丘陵广布，旱地众多，成为宾阳县旱地玉米种植的主要区域。在桂西百色厅属地区，"惟包粟、山薯及芋，四月莳，九月获"[9]，同样采用春季种植制度。《镇安府志》记载，"玉米俗名包谷，亦名包粟，即江浙人所谓粟米也，近时镇属种者渐广，可充半年之食。惟秋获后良田并不种麦，畲地更少，惟恃玉米一造，若雨旸不时，贫民即有饥饿之患。其实高下田畲皆可种麦，割麦后再向田畴插秧，畲地种包谷，收获较广，粮食必渐充足，力穑者当知所变计焉。"[10]可以看出，镇安府实施一年一造的玉米种植制度。

甘薯历来是穷苦农民的重要辅助食粮，多数地区也用来用作牲畜饲料。1933 年，广西甘薯的栽培面积和产量在广西粮食作物当中居第二位，仅次于水稻，占全国甘薯总产量的 4%，在各省中排第七位。在桂东南地区的北流县，"甜薯，苗高五六尺，春种冬收，一茎结十余枚，性温味甘"[11]。可见，北流县的甘薯采用春植制度。在玉林地区，"薯，不一种，均名番薯，四时可种。味甘，贫家常用充饥，亦可生食，其叶嫩时煮食，甘滑舒筋"[12]。在桂东南地区，由于全年气候温暖湿润，番薯一年四季都可以种植。在南宁地区宾阳县，番薯种植选择"小暑后立秋前下种"。

前已论及，马铃薯传入广西较晚。仅在邕宁、容县、岑溪等少数地区种植。在桂东岑溪县，"马铃薯（俗称冬芋），有大小二种，冬种春收。薯体小的称冬芋，薯体大的称马铃薯。少数地区有种植"[13]。可以看出，马铃薯产量较高，实行冬种春收的一年一熟种植制度。因传入广西种植较晚，加之主要作为蔬菜食用，故全面抗战前夕广西境内种植面积不广。

综上所述，全面抗战前广西农村的玉米、甘薯、马铃薯等外来旱地农作物种植制度基本上是一年一熟制。这种制度，基本由自然规律所决定，这段时期，科学研究对种植制度不起主要作用。

民国前期广西部分农村地区，玉米、番薯和马铃薯偶尔也采用混种和间种的种植制度。广西一些地方的农民为了提高土地利用效率，采用玉米、番薯与其他经济作物间作或轮作制度。例如在宾阳县，"若轮栽休栽法，护有多数旱地之家，亦多行之"[14]。在隆林县壮族地区，"在同一块土地中，大都间种其他作物，如包谷地中间种上黄豆，有的甚至种上饭豆、四季豆、南瓜等三种之多"，尽管这样做会影响玉米（包谷）产量，但从"多种作物收入来说，较单种包谷的产量为多"[15]。隆林壮族民众为了提高土地出产率，在有限的玉米地里多间种其他农作物。在广西上林县正万乡瑶族地区，种作方面"多是混种，次为间种。混种即在一处地中同种下几种作物，如每年正月春分节，种玉米时，即同时种下南瓜和芝麻，其做法是将三种作物的种子混搅在一起，挖注以后即拿去点播。间种则有黄豆、红薯、木薯等作物。在正月种下玉米以后，至四月间间接种黄豆，六月收割玉米，又接着在黄豆地里间种红薯。播种方法主要采用点播，如玉米、黄豆、木薯等作物。再次是条播，如红薯、小米"[16]。玉米、番薯多与其他旱地农作物间种和混种，这有利于提高土地出产率。间种和混种的种植制度一直在广西一些农村地区延续和发展。这些方法，通常是在土地资源紧张的情况下采用，而且基本是各农户自发采用，并非政府或科研机构的推广。

全面抗战爆发以前，受生产力水平所限，广西农村玉米、番薯的选种制度仍停留在感性经验阶段，种子基本没有经过消毒处理就直接播种到地里。例如，在思恩县，"谷类用浸种，余皆以种子分播地面"[17]。在宜北县，"玉米、豆类播种地面，覆以稀土，听之生产，限时松土除草"[18]。在都安县七百弄、文华瑶族地区，"过去种植玉米时不仅季节比较晚，而且种植技术也较差，一般正月中旬才开始翻土，仅翻一次，山边地有时也不翻，二月中旬以后才开始种；选种也较简单，只有收黄玉米时选留颗粒较大的就算了，他们没有很好的选种方法"[19]。在广西隆林壮族地区，"玉米的选种方法，将较大的玉米棒的两端摘去，留下中间大粒的，播种时即种下"[20]。这充分说明，全面抗战前的广西农村地区，受地理环境闭塞和生产技术落后限制，玉米、番薯等的选种和播种都采用原始粗放的方法，长期单一种植，种性退化。

（二）历代传承、变化甚少的积肥和施肥制度

广西土壤构成和分布比较复杂，以红壤为主，且红壤的分布最广。红壤的缺陷是肥力不足。因此,随着农业生产的不断发展,特别是土地连作制和复种制的施行,就必须采用人工施肥的办法补充土壤肥力,确保旱地粮食作物的收成。

清代以前,广西桂东和桂北地区的汉族群众,逐渐掌握了中原先进的生产技术和施肥方法,但是在广西左右江流域壮、瑶等少数民族聚居区,受地理环境和技术水平的影响,种植玉米、番薯时对施肥不是很重视。

在广西南丹县大瑶寨瑶族地区,"玉米皆种畲地。二月种小玉米,三月种大玉米,均用点播方法。播种时,每蔸放少许畜肥。种后除草三次,每次间隔一月左右,七月即可收获"[21]。可见,大瑶寨瑶族农民种玉米时只施放少许牲畜肥。在河池天峨县壮族地区的畲地中,不管种植何种作物,全不施肥,那里的农民认为"施肥费工夫,因而全是不施任何肥料"。[22]这种做法不利于产量的提高。广西隆林各族自治县的苗族群众,种植玉米时放少许基肥。"他们祖传种玉米的经验,种的时候开穴深3—4寸,宽5—6寸,每穴放基肥一斤左右,下种七、八粒"[23]。而生活在广西隆林县委乐乡的壮族群众,种植玉米时同样放少许肥料。"旱地种玉米的,在锄地后,挖坑,每坑放肥料12两左右,并放种子五、六粒,等长成约4寸之后,拣拔差的,留好的两株在原坑内,其余移种与未长苗的坑内,不再放肥料。"[24]另外,委乐乡的壮族群众施用的肥料,"旱地施肥以牛粪为主,份量多少,看积肥的多少决定,有的还用草木灰和油麸等拌放……而积肥并没有在农民中引起应有的注意,除了牛栏里场所存在的肥料外,人肥直至现在还没有使用。在日常生活中,牛猪粪遍地,很少有人收集,因此直接影响了作物的收成"[25]。民国前期都安县瑶族地区群众,种植玉米时没有翻土和施肥习惯。"生产技术与外族相比还比较落后,生产力发展水平还相当低。在40年前种植作物完全没有进行翻土,如种玉米只开一小坑放下种子就算了,也无施肥除草(或很少),种小米更是如此。"[26]

番薯少施肥或不施肥现象,在广西左右江流域地区比较普遍。例如在巴马瑶族自治县,"红薯是本乡人民的主要副食之一,种植多,但收入少。

收入少的主要原因是这里的瑶族人民种植红薯一年吃数年，不翻种过，有人叫作'千年薯'……过去种红薯很不注意施肥，一种了听其自然，收多少算多少"[27]。这种粗放式管理不能提高红薯产量。很明显，品种退化、不施农家肥以及粗放式管理，导致番薯产量比较低。

在桂东北和桂东南地区，由于人口密集和粮食生产压力大，红薯的种植面积比左右江流域大，种植技术较高，施放农家肥和加强管理乃普遍现象。例如，民国时期桂平县农民对红薯生产颇为重视，有"薯当半年粮之说"，是白沙、蒙圩、下湾、大湾、石咀等乡镇粮食生产的重要组成部分。从民国时期到20世纪50年代初，"多种本地六十薯，种植方法多用起垄斜插，宽2.5—3尺，株距5寸，亩插3 500—4 000苗，粪灰作基肥，苗长至1.5—2尺，进行破垄松土，追肥培土，以后甚少管理直至收获"[28]。民国时期的合浦一带，番薯种植前，"先将地犁耙细碎后，按东西行向在行距0.7米左右开好植沟，施以基肥，再将番薯苗按15—20厘米的株距，斜摆进种植沟内，覆土时留1—2苗露出地面，畦背向北，薯苗向南。也有把土地犁翻后，施上基肥，然后用沙耙起薯畦，按株距15—20厘米将薯苗斜插畦内，留1—2节露出地面"[29]。在梧州蒙山县，县内农民清代开始已有种植红薯习惯，种植面积和产量都有较大提高。"1933年，全县种植面积20 663亩，总产499.99万公斤。红薯多栽植于平缓耕地。栽植后待种藤发芽长到一定长度时，便中耕除草、培土、施放农家肥。也有植于边远山区地方不施肥的。"[30]可见，桂平、北海和蒙山县民众对红薯的种植都有一定的技术积累，种植前破垄松土和追肥培土，种植后加强管理。

综上所述，民国前期广西少数民族种植玉米、红薯等旱地农作物时甚少施用农家肥，甚至不施用农家肥。由于肥料不足、管理粗放，玉米、红薯等产量比较低，不能满足农民的基本需求。汉族地区虽然使用肥料的现象比较普遍，但由于缺乏科学指导，效果有限。

（三）以手工劳动为特征的传统农具

晚清到民国前期，受生产力发展水平的限制，广西农村地区种植旱地粮食作物时使用的是传统手工工具，主要有犁、耙、锄、镰刀等，农产品加工工具有杵、臼、碓、槽碓、水碓、碾、磨等。例如，思恩县农村广泛使用的农具有"耒、耙、犁、锄、禾剪、镰刀"[31]；宜北县农民所用的农具有"犁、耙、脚犁、锹、镰刀、禾剪"等；[32]桂东地区贺县农民，使用的农具"皆用旧式"；[33]在桂东北的全县，通常使用的农具如犁、耙、锄等，"至粗至简，俱用旧式"[34]。

全面抗战前夕，广西农村地区种植玉米、红薯、马铃薯等外来旱地粮食作物使用的传统农具，有翻地工具、收割收获工具、加工工具3种类型。翻地工具主要有犁、锄、耙、锹四种；收获工具主要有铁制钩刀、镰刀等传统农具；加工工具主要有杵、臼、碓（脚踏碓、槽碓、水碓等）、碾、磨等几种工具。

广西农村使用的都是传统的生产工具，生产效率普遍不高，玉米、番薯等旱地粮食作物产量低。例如，百色隆林县畲地玉米每斤种子20—30斤的收获，折合每亩产玉米120—180斤，好的畲地玉米每亩产量180—240斤。[35]在河池南丹县大瑶寨，玉米皆种畲地上，好地亩产连筒约200斤。[36]桂南防城县，亩产37.5公斤。[37]在桂东贺县，1933年玉米亩产61.5公斤[38]。番薯产量也低，例如桂西田林县，1935年甘薯亩产123.3斤[39]。可见，民国前期广西农村生产工具落后，旱地粮食作物产量低。

二、外来旱地粮食作物改良与推广给广西农村生产方式带来的新变化

全面抗战爆发后，为了增加前方粮食供给，桂系大力倡导垦荒，实施冬耕，增加冬种作物面积，努力扩张玉米、番薯等杂粮作物的种植面积；同时，以柳州沙塘广西农事试验场为中心，以柳城、宜山、临桂等农业推广实验县为载体，积极推广外来旱地粮食作物，引导农民改良农具，采用新式工具，农村生产方式也因此发生了一些变化。

（一） 助力垦殖公司，改革生产方式

广西境内多山，荒地大多分布在西部、西南部、北部及中部一带。广西省政府建设厅管理处根据 1938—1940 年全省 86 县呈报结果统计，全省约有 2 350 万亩荒地，其中山岭最多，占 90.21%；斜坡次之，占 5.24%；平地再次之，占 4.25%，低湿地最少，仅占 0.3%。[40]

全面抗战爆发后，国民政府颁布《抗战建国纲领》，规定"以全力发展农村经济，奖励合作，调节粮食，并开垦荒地，疏通水利"的农业发展方针。经济部于 1938 年 6 月为开发大后方农业经济制定了一系列的政策与措施。国民政府在西南地区进行了集体耕作经营方式的试验，一是利用荒地进行，二是选择农户组织合作进行试验。[41]

广西省政府制定的《战时乡村政务应特别注意事项》，重视解决与基层经济建设最密切相关的粮食问题，强调"督促种植小麦、红薯及各种杂粮，以补充粮食；粮食、种子、农具、肥料等，依照省府颁布办法，切实改良"[42]。可见，桂系鼓励基层组织种植小麦、红薯等旱地粮食作物，增加粮食产量以解决战时民生问题。

此外，桂系先后颁布《广西省官荒承垦规则》《广西各县私有荒地招垦办法》《广西省移民垦荒暂行办法》《广西省奖励民垦实施细则》等章则，鼓励广大农民合股或单独承垦荒地，种植旱地粮食作物增加粮食供给。

抗战时期广西垦荒工作，以柳江流域的规模为最大，承垦者大多采用公司经营方式承垦大片荒地。左右江流域垦荒规模较小，垦地面积仅在一二十亩至二三百亩之间，大都为个人经营。从民国初年到 1939 年底，广西领垦荒地的垦殖公司或垦殖场共 129 处。[43]这些垦殖公司，全面抗战前统计约有 61 处；全面抗战爆发之后至 1939 年底，在广西新办的垦殖公司有 68 处，占总数的 52.7%。[44]这些垦殖公司在领垦荒地之后，大多以种植油桐、油茶、红薯、木薯、玉米等杂粮为主。垦殖公司是一种类似资本主义生产经营模式的先进生产方式，采取垦殖农场的方式，由政府出资或垫资，

或者委托经营者和有力者合资购买荒地，招致垦工从事开垦。从各地逃至广西的大量难民，成为垦工的重要组成部分。为解决农民承垦荒地缺乏资金、肥料等的问题，广西省政府成立农民银行和农村合作社，发放农贷等，取得一定的效果。

私营垦殖公司和领垦面积较多的个人，大多采用雇工经营制度，即雇工耕种，雇工造林。除固定雇工外，还有许多包种工人。包种办法有两种：一般是垦荒每1方丈，种桐1株，除草两年，可得工资7分，另给3分作为借款，两年后期满归还；包种期内包工可以种植玉米、番薯等杂粮，收获全归包工，作为补助工资。第二种包种办法是每1方丈种桐1株，包垦包种包活，共得工资1角。当时还实行按时计工的雇工制度，但不是很普遍。一般在垦荒植树的头一年，包种工均有能力间种杂粮，随着垦荒种树面积的增多，包种工想种杂粮已是心有余力不足了。[45]全面抗战时期，柳城的私人垦殖事业继续发展，其中以垦荒植树成就最大。

在私人垦荒地种植玉米、红薯等旱地粮食作物，虽然主要在垦荒种树的第一年进行，但是对旱地粮食作物的传播也起到不可忽视的作用。首先，林地的生长环境与其他土地有所不同，因此，雇工势必选择能适应林地环境的优良旱地粮食作物品种，这促进了旱地粮食作物的改良和优化；其次，垦殖公司所开垦的，大都是比较荒僻的山坡地，在这些地方种植旱地粮食作物，既要确保林木的正常生长，又要确保旱地粮食作物的收成，因此，雇工不得不改进生产技术与方法；最后，根据雇佣合同，雇工除种植林木外，还要负责"除草两年"。而土地的利用就是最好的除草方式，因此，尽管第二年主要精力不得不放在林木管理方面，种植旱地粮食作物"心有余力不足"，却仍要种植。事实上，许多私人垦殖公司为了获取经营效益，只要雇工耕作得法，确保种植效益增长，都会让其延长包种期。因此，垦殖公司制的推行，林木与旱地粮食作物同时种植的方式，有利于促进生产方式的改革。广西垦殖公司从清末"新政"开始发端，虽然创办过程艰难，但在国家边疆开发政策鼓励下，一直保持发展态势。全面抗战时期，桂系集团积极奖励民垦，而"农都"改良的旱地粮食作物品种，则为民垦公司提供了较多的选择。这些因素的结合使旱地粮食作物得到了传播。

随着大后方经济建设任务的加重，桂系对全省垦殖事业进行调整，明确规定："垦殖工作的设计与技术指导等，应属于中央或省政府的任务，县的一级，只在求调查、管理、经营等的实施"，并且从原则和技术两方面进行了具体规定。"原则方面：1. 以地尽其利为主题，力求荒地的全部开放与作物的适当配植；2. 以公有公营为原则；3. 限制私人放垦时间，并限制其所用面积。……技术方面：1. 调查人口分布、劳动力分配；运用集体劳动、义务劳动方式，并作为土地公有公营的示范。"[46] 由此看出，对垦殖事业，桂系主要提倡公有公营的生产方式，对于私人垦殖则采取一定的限制措施。但实际上，所限制的往往只是私人垦殖公司种植的作物种类，而并非其权利。具体来说，要求各私人垦殖公司增加旱地粮食作物的种类，减少林木以及其他经济作物的种类，目的是提高粮食产量，满足抗战的需要。当时"农都"所改良的优良旱地农作物品种，为垦殖公司的经营提供了有力支持。

全面抗战时期，广西农民对垦荒和垦殖公司是持欢迎态度的。1939 年，宜山农业推广实验县成立之后，即拟定督垦计划，增设垦荒助理员。办理督垦荒地以来，宜山县各乡农友对"领荒事业，极感兴趣"。发放的面积，1940 年仅为 1 189 亩，1941 年迅速增加到 20 655.99 亩。1941 年底官荒垦竣，呈请核发管业执照者，有 5 户 2 400 亩。[47] 宜山县垦荒多用来种植玉米。1940—1941 年，宜山县办理垦荒 139 户，开垦荒地 21 844.99 亩，增加收入 40 万元。[48] 象州县荒山荒地较多，全面抗战前县属农民"守旧成性，发展垦殖，置若罔闻"，但全面抗战以来，外县民众"在本县境内，垦荒造林，种植桐茶，颇见成效"。当时在象州县兴办的垦殖公司有 18 个之多，如 1938 年 8 月创办的东清垦殖公司，领垦荒地 11 195 亩，益林垦殖公司，领垦荒地 20 000 余亩。[49] 这些垦殖公司的经济效益产生了示范效应，于是乡人"踵起垦殖，已有多处，总计荒地 50 余万亩，已垦188 000亩"[50]。村民之所以对垦荒和垦殖公司持支持态度,是因为自身缺乏经济基础和先进的生产技术。许多村民都加入垦殖公司参与经营活动,垦殖公司不仅为他们提供资金、生产资料,还对其进行培训,帮助他们提高经营水平。有些村民虽然没有直接加入垦殖公司,也从中了解到生产和管理方法,对传统技术进行改进,促进生产。桂西地区有些少数民族受思想观念、知识水平和生产条件所限,出现"惰农"现象,有的是不知如何进行生产,有的是耕作之后不会护理,任由作物自生自灭。垦殖公司创办后,不断引进及传播先进的生产技术,促使生产方式改革;更重要的是,采用公司式经营聚合集体力量,激发了当地村民的积极性,因此,凡是垦殖公司创办之地,"惰农"现象都减少了,至少参与公司垦殖的人不再无所事事。

全面抗战时期,桂系响应国民政府《抗战建国纲领》中"全力发展农村经济,开垦荒地"的号召,对全省未开垦荒地采取垦殖公司为主的经营方式,鼓励公司和私人积极领垦荒地,增加玉米、红薯等杂粮作物种植面积,同时给予贷款、技术指导等方面的支持,使新型垦殖公司逐渐在八桂大地发展起来,成为种植旱地粮食作物的一种新型经营方式。随着这种经营方式的推广,农村的生产方式也逐渐发生变化——农业集约化的生产局面开始形成,玉米、红薯等旱地粮食作物与林木种植相互促进,改变了传统的耕作方式。分布在广西各地的120多个垦殖公司,尽管规模不同,经营水平各异,但都为推广"农都"培育的旱地粮食作物品种起到积极作用。反过来,这些优良品种也为垦殖公司的经营、先进生产方式的推广创造了有利条件。

(二) 越来越多的旱地粮食作物品种被培育和种植,耕作制度发生改变

"农都"所培育的旱地粮食作物,在农事试验场及农业实验县试种后,逐渐向各地推广。具体情况前面已有所论及,这里着重分析其影响。

全面抗战时期,广西省政府对玉米的增产工作比较重视。从1937年至

1943 年，广西玉米栽培面积和年均产量占全省主要农作物的 7.40%。[51] 广西农村种植玉米以黄玉米、白玉米、白糯玉米、花糯玉米以及黑糯玉米等地方传统品种为主，由于管理粗放，加之长期单一种植，品种混杂进而导致种性逐步退化，平均亩产量不高。有鉴于此，广西省政府采取措施提高玉米产量，主要从扩大栽培面积和引进改良品种两方面入手。玉米品种改良工作始于 1933 年到 1934 年期间，从 1938 年开始，"农都"科技人员将外来品种与本地优良品种杂交，培育高产、适应力强的新品种。

广西农事试验场范福仁与助手顾文奘、徐国栋等在柳州沙塘进行了较系统的玉米选育和杂交组配试验。他们先从美国引进了数十个品种，开展品种的改良优化工作，取得了一系列的成果（见第三、四章）。接着，又从云南、贵州等地征集优良品种。全面抗战期间，"农都"科技人员引进外地玉米品种共计 413 份，673 穗，并进行了测交、单交、双交种的组配，共获得 845 个组合。1941—1942 年，广西农事试验场对 111 份单交种和 178 份双交种进行多点比较试验，评选出"双 36""双 41"等 10 多个优良双交种，跟传统农家品种相比，这些杂交品种增产最高可达 35% 以上。[52]1940 年，在 26 个单杂交中，有 12 个单杂交种的最高产量超过最好的标准种"柳州白"。"宜山白"与"河池粘"的单杂交每亩种粒产量达 272 市斤，超过"柳州白"41%；"武鸣与乐业粘"的单杂交的亩产量超过"柳州白"35%；另外，有 3 个单杂交种的亩产量超过"柳州白"25%，3 个单杂交种超过 20%。[53]1941 年，广西农事试验场将测交玉米品种分配到柳州、宜山、桂林三地进行比较试验，据计算结果，有一黄色的测交种，在柳州超过标准品种 60.04%，在桂林超过 54.4%，在宜山超过 37.73%，约有 30 余种玉米超过 20%—40%。[54]1942 年，广西农事试验场分别在柳江、宜山、桂林、南宁四地进行玉米双交种比较试验，试验结果是，优良品种增产比当地品种显著，其中最优良双交种的产量，在柳州超过当地玉米 56%，在宜山超过 41%，在桂林超过 20%，在南宁超过 69%，[55] 取得了良好的品种示范效果。

这些数据说明，"农都"在改良玉米品种方面的影响一直在扩大：

首先，外来品种的含义在扩大，既包括国外的，也包括省外的。全面抗战时期，从国外引进优良旱地粮食作物受到许多限制，因此，"农都"科技人员将外省的优良品种与本地玉米进行杂交，培育新优良品种。外来品种的扩大，开拓了玉米杂交的渠道，也促使科研工作更多地立足于本土化。这种既遵循科学原则，又实事求是的科研策略，为旱地粮食作物品种的优化奠定了坚实的基础，也为其持续传播提供了动力。

其次，改良优化的品种增多，组合达 845 个，其中高产的品种有 30 多个。这些品种，都是外来品种与本地品种杂交的产物。优良品种一增加，各地就有更多的选择，旱地粮食作物传播的本土化进程就会加快；而各地根据各自的自然环境和生产条件，选择不同的品种进行种植，反过来又促使培育工作不断提高水平，从而形成相互促进、相互支撑的局面。

最后，本地的优良品种也开始进行杂交，尤其是武鸣、宜山少数民族地区的优良品种与"农都"品种的杂交，取得突出的增产效果。1940 年，桂系将全省划分为六个农业督导区，每区分设一个农场，作为广西农事试验场的工作分站。除第一区和第五区之外，其他四区农场都进行了玉米的杂交或测交试验及推广工作。其中，第三区农场进行了玉米纯系分离和测交种子比较试验工作，还进行了旱地粮食作物的留种及栽培工作；第四区农场进行了玉米等旱作试验研究及推广工作；第六区农场进行了玉米等普通作物的栽培工作。[56] "农都"改良传播外来旱地粮食作物品种，促进了本地农业科研和农业生产的交融。

1944 年 8 月豫湘桂战役前夕，疏散转移到柳州三江县良口乡的广西农事试验场，广大技术人员克服生活条件艰苦、科研资金匮乏等困难，继续开展两项玉米科学试验：其一是玉米自交育种；其二是美国杂种玉米生长观察。第二项实验中的杂种玉米共计 33 种，系美国副总统华莱士所赠。因良口土地缺乏，每种仅种 3 株，作为粗放之观察而已。但在这样艰苦的条件下，依然取得了玉米试验对比研究成果，得出"此项杂种玉米，均属黄色马齿种，生长极整齐强健而穗大，成熟有较土种为早者"的结论。[57]

再看番薯。民国初年，番薯已成为广西农村的重要粮食作物，主要有红皮和白皮两个品种。1937—1943 年，番薯和马铃薯的种植面积和年均产量占广西主要农作物比例的 17.37%，仅次于水稻。[58]全面抗战时期，广西农事试验场主要进行番薯品种的试验和改良推广工作。

1936 年，广西农事试验场进行了甘薯有性杂交育种试验，但未见有杂交种问世的报道。1938 年，广西农事试验场先后从美国、日本引进南瑞苕番薯良种，进行区域试验，并向全省推广。[59]1939 年春末，广西农事试验场将征集的"六十日早""白皮白心""黄皮红心""茂名白心""高州红皮黄心"等红薯良种，以薯块直接栽培，设架引蔓，促进开花以便杂交试验。至 10 月中旬，"台湾白藤""沙塘 1 号""沙塘 2 号""沙塘 3 号""沙塘 4 号"等品种先后开花，实验人员随即举行杂交工作，得到少数果实。[60]至 1949 年，经各地引进、选育，广西形成了"无忧饥""大藤薯""四季薯"等 30 多个优良地方品种。番薯的栽培，比较科学的有起畦放基肥后开沟斜插或平栽法，亩产一般在 1 000 公斤左右。[61]

1940 年，在全省 6 个农业督导区中，除第一区和第五区的农场外，其他四区的农场都进行了番薯优良品种试验及栽种等推广工作。例如，第二区农场进行了番薯品种特性调查及品种比较试验，还进行了番薯交配育种初步试验；第四区农场进行了番薯等旱作试验研究及推广工作；第六区农场进行了番薯栽培工作，园艺组还进行了替附近农村农民代育番薯苗的工作。[62]1939 年 4 月，广西第三区农林试验场在融县长安镇成立。1940 年奉令迁址于宜山，试验场在附近租水田 30 余亩，畬地 20 余亩，供各项试验之用。迁到新址的第三区农林试验场进行了旱地作物的栽培及留种试验工作，其中选留各地征集的番薯品种 13 种，准备供来年观察及试验之用。[63]

相对而言，红薯品种的改良成效不如玉米，但是，在外来品种的引进及传播方面，"农都"所做的贡献仍不能忽视，因为随着全面抗战的爆发，这里的科研人员及时从美国、日本以及国内其他地区（如台湾）等引进一些品种，尽管数量有限，却改变了薯种的结构，为后来培育新品种提供了难得的资源。此外，通过杂交试验，形成 30 多个优良品种，促进了红薯种植的推广。而这些品种在各区农场的培育，直接影响了当地农村的农业生产。

马铃薯在广西境内多是农家零星种植。全面抗战时期，"农都"派人到外省购买马铃薯优良品种，促进了其在广西的传播。与全面抗战前相比，马铃薯种植的面积扩大，成效也有所增强。

在生产实践中，玉米、红薯、马铃薯等旱地粮食作物耐旱、耐瘠、适应性广和高产等特征越来越为人所知，农民的传统种植观念发生改变，越来越认可这些作物在生产中的地位，并将其运用到生产中。全面抗战期间，广西玉米总面积基本稳定在 500 万亩左右，[64]民众种植旱地粮食作物的自觉性逐渐增强，以农场及实验县为中心的广大乡村都普遍种植了。宜山县于 1941 年 1 月举办全县第一次农产展览会，参观人数达 3 835 人，展品中除种猪、小麦、水稻良种受到普遍欢迎外，从"农都"沙塘借来参展的美国玉米受到参观群众的充分认可，纷纷请求引种种植。[65]这改变了该县以稻、粟、小麦、高粱等为主的传统种植制度，广大农民放弃产量较低的黍、粟、高粱等杂粮作物，"家家种植玉米"。根据该县夏季杂粮增种调查，是年，该县增种杂粮 21 814 亩，其中玉米增种 5 019 亩，红薯 6 170 亩。[66]玉米和红薯增种面积之和占该县杂粮总增种面积的 51.3%。又如在养利县，1941 年栽种二糙玉米 1 000 亩，计划增产 1 000 担，实际增产 1 284 担。[67]增加的数量虽然有限，但是二糙玉米的种植，表明该县的农业生产方式发生了较大的变化，玉米种植受到进一步的重视。

全面抗战前，广西的玉米、红薯等旱地粮食作物种植，一般是一年一熟。冬季粮食作物各县虽有栽培，却不甚普遍。全面抗战爆发后，利用秋冬季休闲地、边角地栽培旱地农作物，是广西粮食增产的一个快速有效的方法。

从 1938 年起，桂系开始在全省大力倡导种植冬季作物，以小麦、油菜、豌豆等为主。[68]1939 年，广西省政府另定《提倡冬季作物栽培办法》，对冬作推广地区和数量做了详细的规定，增加大麦、小麦、马铃薯、甘薯等粮食作物，主要在东部第一至第六农业区推广，其后逐渐扩大范围。[69]1941 年，遵照中央政府关于扩大冬季作物栽培的命令，广西重新订定扩大冬季作物栽培的办法。办法的具体内容第五章已有所论述，这里着重介绍冬种的情况，以便让人们了解广西农村生产方式变化的大致过程。据统计，1939 年广西甘薯的冬季栽培面积仅为 66 220 亩，马铃薯仅为 3 188 亩。但是，经过广西各级政府行政督促和广大农民的辛勤耕作，1940 年甘薯冬季种植面积扩大到 179 000 余亩，1941 年猛增至 1 594 000 余亩，是 1939 年冬季栽培面积的 20 多倍，成绩非常可观。马铃薯冬季栽培面积虽然比不上甘薯，但是 1940 年也达到 34 000 余亩，1941 年增至近 70 000 亩，3 年间种植面积同样增加了 20 多倍。[70]甘薯和马铃薯栽培面积的扩大对增加广西粮食总量，支援全国抗战起了重要的作用。

　　1941—1942 年，广西省政府根据 1939 年颁布的《广西省提倡栽培冬季作物办法纲要》及《广西省三十一年度粮食增产计划纲要》，制定了《广西省三十一年度提倡冬季作物实施办法》。值得注意的是，办法规定冬季作物栽培区域应包括全省各市县之所有乡镇村街，以全体农户之耕地为实施对象。[71]也就是说，推广冬季作物种植是所有农户都必须贯彻落实的事情。显然，生产方式的改革此时已深入各村各户，不再停留在实验区或实验县乡。按照改革的发展逻辑，要做到这一点，必须有两个前提：一是改革确实取得了实效，使广大农户获得了利益；二是改革的适应性强，各地都可以实施。综合当时的各种记载，可以肯定，广西具备这两个前提。因此，抗战中后期，广西全面推行了冬种技术。值得注意的是，办法还规定各市县冬作的标准，将冬作面积进一步提高到耕地总面积的百分之三十至五十。这一标准，是评判生产方式改革影响的又一重要内容。它说明以冬种为核心的生产方式，已得到深入贯彻。道理很简单，广西的耕地包括水田和旱地，而其中有相当一部分地区以水稻生产为主，因此，冬种占耕地总面积百分之三十至五十，意味着多数旱地都进行了冬种。为确保各地冬种运动的开展，政府采取一些灵活的措施，比如规定以"大麦、小麦、荞麦、甘薯、马铃薯等，直接或间接增加粮食之杂粮作物与绿肥为主，可由农民自由选择。"[72]此外对冬季作物种子准备、贷款办法及播种管理等做了详细规定。

全面抗战时期广西省政府积极倡导冬作与扩大甘薯、马铃薯的冬季栽培面积，取得了较大的成效，参见表8-1。

表8-1　1942、1943年广西旱地冬作物的推广面积及产量

面积单位：亩；产量单位：担

作物名称	1942年推广面积	1943年推广面积	1943年增加面积	1942年总产量	1943年总产量	1943年增加产量
大小麦	1 297 333	1 761 392	464 056	742 352	1 334 882	592 530
荞麦	1 103 469	1 722 539	619 000	626 712	1 214 245	587 533
甘薯及马铃薯	1 644 316	2 052 597	408 281	5 398 036	6 548 781	1 150 695
总计	7 144 474	9 453 002	2 339 428	10 486 562	13 645 358	3 208 796

资料来源：广西省政府统计处编《广西年鉴》（第三回上），1944年，第375页。

表8-2列举了1939年至1943年广西冬季甘薯种植面积占全省甘薯种植总面积的比例，可以看出推广甘薯冬季种植的成效。

表8-2　1939—1943年甘薯冬季种植面积占总面积比例

	1939年	1940年	1941年	1942年	1943年
甘薯冬季种植面积/亩	66 220	179 762	1 594 002	1 644 316	2 052 597
广西甘薯栽培总面积（估）/亩	2 700 000	2 700 000	2 700 000	2 700 000	2 700 000
甘薯冬季种植所占比例	2.5%	6.7%	59.04%	60.9%	76.0%

资料来源：广西省政府十年建设委员会编《桂政纪实（民国廿一年至民国三十

年）》（中），1946年，经27—28页；广西省政府统计处编《广西年鉴》（第三回上），1944年，第375页。广西甘薯栽培总面积，以1935年广西全省甘薯种植修正数字即270余万亩作为抗战时期种植面积的估算基数，参见张先辰《广西经济地理》，桂林文化供应社，1941年，第44页。

注：1942和1943年的统计数据包括马铃薯。

表8-2中的数据显示，自1939年广西省政府大力倡导冬季农作物种植以来，甘薯冬季种植面积迅速扩大，在全省甘薯种植总面积中的占比快速增加，由1939年的2.5%骤增至1941年的59%。1942年和1943年的统计数字是将甘薯和马铃薯一起计算得出，占总面积的比例偏高，但考虑到马铃薯冬季栽培面积较小，笔者认为，1942年和1943年广西甘薯冬季种植面积比例应该基本保持在1941年的水平，即60%左右。由此可知，抗战时期广西冬季马铃薯扩种也取得一定成效。

应该指出，"农都"沙塘所在地柳城县，是抗战时期广西选定的首批五个农业实验推广县之一，在推广外来旱地农作物方面在起了重要的示范作用。例如，1941年，柳城县推广马铃薯250斤，栽培玉米达3358.5亩，栽培甘薯达19776.5亩。[73]

随着玉米、甘薯等外来旱地粮食作物的种植推广，抗战时期广西旱地耕作制发生了变化，形成了如下几种耕作制：1. 一季玉米（中玉米）—冬闲制。这种耕作制分布在高寒石灰岩山区，那里因气候较冷，一年只种一造玉米；或分布在土山地区垦荒栽培的轮歇地，一年一造，极少间种。2. 玉米—玉米连作制（双季玉米）。这种耕作制分布在桂南和桂西的河谷丘陵地带，每年种植面积80万亩左右。3. 早、中玉米—豆类复种制。这种耕作制分布较广，在丘陵地多用早玉米套种黄豆，高寒山区多用中玉米间种杂豆。这种耕作制有利培肥地力，且有减少水土流失的作用。4. 小麦—甘薯复种制。多分布于桂北，广西其他各县也有少量采用，小麦一般10月播种，第二年5月收获，收后翻土种甘薯。5. 蚕、豌豆—甘薯复种制。多分布于桂北及桂东南地区。

甘薯和马铃薯的冬季推广种植，在一定程度上改变了广西农村"春耕夏种，秋收冬藏"的传统农时和耕作制度，是全面抗战时期农村生产方式发生变革的重要表现。例如1944年，在三江县粮食增产统计表中，除陆稻外，玉米推广1 200亩，实际增加产量1 800市担，较1943年增加产量300市担；甘薯推广3 000亩，实际增产9 000市担，较1943年增产1 500市担。[74]很明显，三江县的玉米、甘薯等旱地粮食作物种植和推广受广西农事试验场的影响较大，正如民国《三江县志》的评论所说，"广西农事试验场去秋三十三年（1944），因战事关系，由柳州沙塘疏散到县属良口乡，继续从事试验研究工作，并推广良种小麦，成绩颇佳，打破一般农民不事冬作之旧观念，对本县农事之改进影响颇大。"[75]广西农事试验场同一年度的报告书也认同这种观点，报告中写道："乡民对该（小麦）等良种，认识甚深，印象至佳，预料下年度该乡播植此等良种面积，必较前为广。"[76]这段记载说明全面抗战时期，在政府行政力量主导下，"农都"大力推广旱地粮食作物的冬季种植方式，慢慢改变着广大农村数千年来"春耕夏种，秋收冬藏"的传统耕作制度。

农村生产方式的改变是一个艰难的过程。诚然，冬作运动带有强制性，不少地区的农民一开始都有一定的抵触心理，但是，推行的结果是农村生产方式得以改变。从社会发展的角度看，这种改变的意义十分重大。其意义绝非增加种植面积和粮食产量这么简单，而是解放了广大农民的思想，调动了生产积极性，使土地得到充分利用。外来旱地粮食作物也随着冬种运动得到进一步传播，品种得到进一步优化，而这些最终又促进了农业技术的变革。

（三）推广施肥和防治病虫害技术，"积肥防虫增产"的生产理念得到传播

全面抗战前，广西农村各地种植玉米、甘薯、马铃薯等旱地粮食作物时普遍使用传统农家肥料。全面抗战爆发后，传统人畜粪肥很难满足全省旱地粮食作物栽培面积迅速扩大的需要。因此，广西省政府把自力更生、发展肥料供给作为改良和推广旱地粮食作物的一项重要业务。

早在 1934 年和 1935 年，桂系就开始实施增加自给肥料计划。例如，柳江农林试验场曾于 1932 年进行了玉蜀黍肥料种类试验。试验目的在于"求知本地环境下，栽培玉蜀黍，以施用何种肥料为有效，而最经济。实验结果：以猪粪灰区的产量最多，而最经济。其次则为桐油粕区，再次则为花生粕区，而牛粪区最劣"[77]。广西农事试验场的肥料试验及配制侧重于天然肥料，以期推广，"以便农民仿效为主"。当时先后配制成功草皮灰堆肥、杂草堆肥、垃圾堆肥、油菜堆肥和大豆绿肥等 5 种自然肥料。[78]

玉米需氮质肥料颇多，一般农家施用牛粪、猪粪、花生麸等。但农家肥来源多寡不一，猪牛粪每亩约施 300 斤，偶见施花生麸作追肥者，以匙掏取，逐穴施于玉米根旁而后培土。甘薯种植，广西东北部和东南部尤多，一般农家以施灰粪每亩二三百斤为多，另有兼施堆肥每亩三四百斤者。[79]

全面抗战爆发后，大力增加肥料自给以提高粮食产量，被紧急提到议事日程上来。广西省政府的肥料自给增加计划包括绿肥栽培、堆肥制造、野生绿肥采集、人粪尿利用、骨粉制造 5 个方面，除骨粉属于人造肥料之外，其余 4 种仍然属于天然肥料。1939 年，中央农业实验所与广西农事试验场合作，在贵县举行玉米三要素及石灰堆肥肥效试验，结果证明氮及堆肥均有增加玉米籽实及茎秆产量之效，而磷钾及石灰之效用不显著。可知贵县之红壤岗地种植玉米，如得氮肥或堆肥，即有丰产之希望。[80] 1942 年，省政府根据"农都"实验成果，制定《广西省三十一年度肥料增给办法》，提倡栽培冬季绿肥，试种与推广冬季豆科绿肥；提倡制造堆肥，施用人粪尿，提倡农家自制骨粉，推广使用骨粉。这些措施，对广西农家积制肥料和科学施肥，起了很大的作用。

与此同时，广西省政府还主持编印农业生产训练读本 22 种，分发给各县使用。临桂出版《农村生活》4 期 3 100 册；柳城编印《农民课本》14

种 2 800 册，《肥料浅说》《农会问答》共 1 600 册；宜山出刊《宜山农报》10 多期。此外，3 个农业实验推广县还出刊壁报并备各种通俗图书供给农民阅览。这些举措，有利于提高农民对增施肥料、积肥的认识，提高科学种植水平。

1940 年，广西农事试验场进行了玉米施用农家肥与化肥的肥效对比实验，施用的化肥有硫酸铵、过磷酸钙、硫酸钾等 3 种。1941—1942 年广西农事试验场的农化组进行了水稻、玉米、小麦、甘蔗等对氮、磷、钾肥料三要素施用效果的试验，证明氮、磷、钾肥不管是化肥或是堆肥，对作物各个生长期和植株的各个部分都有不同的效果。其中，氮、磷、钾对植株生长作用显著，磷、钾肥对子实的作用特别明显。[81]可惜受当时的经费、技术力量等条件限制，上述科学试验成果未能在广西农村地区大面积推广。

尽管如此，全面抗战时期随着农家肥料的增施，以及"农都"天然肥料试验推广工作的进行，在农业实验推广的一些县份，甘薯和玉米的增产绩效是比较明显的（见表 8-3）。

表 8-3　柳城、宜山、罗城、养利 4 县抗战前后甘薯、玉米产量比较

单位：市担

年份	柳城		宜山		罗城		养利	
	甘薯	玉米	甘薯	玉米	甘薯	玉米	甘薯	玉米
1933 年	107 688	44 838	200 000	316 636	116 532	20 625	9 624	41 514
1937 年	90 912	27 110	333 370	209 250	85 766	13 313	10 400	17 879
1938 年	87 055	22 670	340 601	203 563	77 266	12 813	20 000	20 129
1939 年	54 620	56 390	269 245	369 600	98 266	15 850	21 300	19 836
1940 年	47 930	2 100	50 934	268 720	58 360	10 000	6 500	3 200
1941 年	180 000	—	11 500	—	200 000		9 800	—
1942 年	107 688	9 500	60 000	570 720	190 000	6 030	15 000	7 135
1943 年	200 000	10 000	224 000	335 300	211 268	12 304	28 810	10 159
1944 年	190 110	11 001	204 000	223 776	201 000	6 784	42 117	15 833

续表

年份	柳城		宜山		罗城		养利	
	甘薯	玉米	甘薯	玉米	甘薯	玉米	甘薯	玉米
1945 年	200 000	10 000	200 000	100 300	200 000	12 304	76 075	32 610
总计	1 266 003	193 609	1 893 650	2 597 865	1 438 458	110 023	239 626	168 295

资料来源:《广西年鉴》(第二回),1935 年,第 201—202 页,207—208 页;《广西年鉴》(第三回上),1944 年,第 305—307 页,312—314 页。

从表8-3可以看出,"战时农都"沙塘所在地柳城县(1939 年即被划定为广西农业推广实验县之一)在推广甘薯和玉米良种种植过程中,甘薯增产效果明显。1941 年甘薯产量超过 1933 年(全面抗战前)的水平,1943 年至 1945 年的产量甚至是 1933 年产量的近两倍。玉米产量除 1939 年超过战前 1933 年的水平之外,其余年份增产绩效不明显。宜山县作为广西农业推广实验县,甘薯产量除 1940 至 1942 年减产外,其余年份的产量均超过或达到全面抗战前水平。玉米生产有起伏,除 1939 年、1942 年、1943 年产量超过全面抗战前水平外,其余年份产量与全面抗战前的产量还有一定差距。罗城县甘薯产量 1941 年至 1945 年产量均超过 1933 年水平。值得注意的是,罗城县的甘薯分为旱地种植(地红薯)和旱田种植(田红薯)两类。境内东门、四把一带农民种植"地红薯"时不放牛栏粪,只放玉米秆作肥料,种植"田红薯"时放牛栏粪作基肥。县境西部的小部分山区将红薯套种在八月黄豆和秋玉米地里,采用穴种的方式,种植时稍放农家肥和玉米秆作基肥。[82]全面抗战期间,罗城县玉米增产未见起色,9 年产量均未达到 1933 年的水平。全面抗战期间罗城县部分地区种植甘薯以玉米秆作为基肥,玉米增产及玉米秆做基肥的肥效,为甘薯增产做出了一定贡献。养利县甘薯产量除 1940 年因天旱原因造成减产外,其余年份均超过战前 1933 年的水平,1945 年产量甚至是 1933 年的近 8 倍;全面抗战时期玉米产量因受天旱等影响,均未超过战前 1933 年水平。

应该指出，抗战时期柳城、养利等县甘薯和玉米的增产绩效，并非全部得益于增施农家肥，有部分是得益于扩大栽培面积。桂系政府的农业改良推广重点特别是增施肥料历来放在水稻和小麦等重要粮食作物上，而不是放在甘薯和玉米等旱地杂粮上；另外，玉米、甘薯多沿袭传统施肥习惯，种植时很少施肥或基本不施肥。尽管如此，全面抗战时期战时"农都"为中心的积肥推广和示范，改变了部分民众不积肥的习惯，让他们认识到农家肥的增施是旱地农作物增产增收的关键要素之一。例如，1941年养利县提倡"肥料增给"一项中，计划预定达到的程度是"提倡制造堆肥，选定八街村，共500户"，实际达到程度是"共有356户制造，每户制2000斤，共7120担"；1943年"肥料增给"一项中，预定计划是"堆肥制成1990堆，人粪尿20000担"，实际达到程度是"能制成堆肥1784堆，贮人粪尿13347担"[83]。可见，养利县实施的两年肥料增给计划，基本上达到了预定目标，有利于改变民众不重视积施农家肥的习惯。全面抗战时期，宜山作为广西农业试验推广县之一，在"推广自给肥料"中，规定"本县三十年度经奉发肥料补助费13500元，指派技术人员，切实办理提出增加自给肥料。截至三十年十二月底止，本县已在宜山、屏等、吉甫、三岔等七乡，征得特约农家171户，计建筑堆肥场舍16所，厕所42所，推广红花草18户，种籽105斤，骨粉50户1500斤，栽培夏季绿肥20斤，已收种籽10斤，均已分别辅导制造利用"[84]。这些肥料的增施尽管大部分用于水稻和小麦等粮食作物，但随着农家对积肥的重视，种植玉米、番薯时也会越来越多地采用及改进施肥技术。更重要的是，施肥技术在旱地粮食作物种植中作用不明显，会促使科研人员及广大村民加强实践探索，改革生产方式，提高农业产量。随着积肥增产观念的日益深入，这种局面的出现是必然的。

防治农作物病虫害，亦为粮食增产的一项重要工作。1933年，桂系在南宁、柳州、梧州等设置害虫研究室。同年9—11月，各研究室先后派出技术人员到桂中、桂东南等28个县进行水稻、玉米、红薯等数十种农作物68个病虫害发生、危害情况调查，这是广西植保历史上最早、规模最大的一次害虫调查，最后绘制了广西主要害虫分布图，1935 年由省政府农林局汇集成《广西昆虫调查报告书》出版发行。[85] 1938 年以后，抗战需要后方不断增加粮食产量，桂系更加注重全省旱地粮食作物病虫害的防治工作。防治工作主要包括以下两方面。

1. 玉米病虫害的研究和防治。玉米螟是广西玉米虫害之首，在柳州沙塘危害率常达 80%—100%。1938—1940 年，中央农业实验所技术员邱式邦进行了 3 年的观察研究，了解到玉米螟一年发生 6 代，同时也了解了它的生活习性、繁殖力，选出了一些抗虫材料，提出了一系列的防治办法。这些研究成果，对广西乃至全国玉米生产和玉米螟防治都具有重要的意义。[86] 1941 年，桂西北地区发生大旱灾，玉米铁甲虫危害严重，广西省政府命令宜山第三区农场于同年 6 月派出技术人员赶到天河县，指导农民采用系统除治的方式进行防治，取得了较好的效果。[87] 之后，广西省政府通过各种宣传渠道，介绍防治玉米病虫害的成功经验，使之普及至各地乡村（详见第三章）。自然状态下，玉米种植很容易遭受病虫害的侵扰，造成产量减少甚至绝收。而"农都"科研人员研究的防治技术，在政府支持下得到大力推广，不仅使各地的防治工作获得了较多的技术支持，而且促使各地形成了较完备的防治体系。观念、技术和力量，是确保农业病虫害防治工作取得成效的基本因素，"农都"科研人员所提供的技术，更新了农民的思想观念，也为政府组织社会力量开展防治工作创造了条件。

2. 薯类贮藏病害防治试验。甘薯的主要病虫害有黑斑病、根腐病、茎线虫病、甘薯瘟、病毒病、蚁象等 10 余种，广西甘薯主要病虫害有红薯瘟和小象甲。红薯瘟在桂东南的岑溪、玉林、容县、北流、贵县等均有发生，发病率达 30% 至 50%，严重的甚至绝收。红薯小象甲，30 年代广西已有这种病虫危害的记载。广西农事试验场曾于 1944—1945 年度进行了"薯类贮藏病害防治试验"，[88] 可惜由于资金和推广技术力量不足，未能大面积推广。但是，有关的技术也为后来的科学防治奠定了一定的基础。

全面抗战时期，"农都"所进行的广西玉米、甘薯等旱地粮食作物病虫害的调查、科学试验和防治工作取得了一定成绩，采取的一些措施也确保了玉米和甘薯产量的增长。然而，受战争以及其他原因制约，外来旱地粮食作物玉米和甘薯的病虫害防治工作未能取得理想的绩效，正如1942年度《贵县迁江来宾象县及武宣五县主要农作物虫害调查报告》中指出的那样："五县所栽培之主要粮食作物均以水稻为主，其次为玉米甘薯，玉米除武宣外，均居第二位……玉米蛀心虫（玉米螟）为五县玉米之大害虫，估计五县总计损失玉米2 152 368市担，现在物价高涨，如折合国币计算其数更足惊人……本省年来对于食粮增产问题甚为注意，而虫害方面多侧重于水稻及积谷虫害之防治，至于本虫防治似未加以注意，至为可惜。"[89]之所以造成这种现象，主要是受科研力量所限，未能研究出更多更有针对性的防治技术。将当时的研究成果进行比较分析（详见第四章表4-1），不难看出，旱地粮食作物品种的改良与优化是"农都"科研工作的重点，玉米病虫害的防治虽然也属品种优化的重要内容，但是有关的技术还是相对薄弱，尤其是生物技术和简易可行的常规技术尚未能普及，另外，防治体系仅关注人力的调动，物质和经费方面的保障不足，这也是防治成效有限的原因。

尽管如此，全面抗战时期广西以"农都"为中心开展的积肥施肥以及防治农作物病虫害等系列科学实验和示范，使部分农民形成了积肥施肥和防治病虫害的意识，有利于全面抗战时期广西农业生产的发展。

（四）改良推广新式农具，提高农村生产力水平

马克思主义理论认为，生产工具则是生产力发展水平的重要标志。全面抗战爆发前，广西农村均采用犁、耙、镰刀、锄头等传统手工工具，制约了广西农村生产力的发展。全面抗战爆发后，广西省政府重视全省农事生产，采取有效措施积极改良和推广新式农具，促进了广西农村生产力的发展。

改良农具工作，桂系早在1934年就已着手进行。当时采取的办法是：从省外和国外采购大批先进农具回桂，委托本省机械厂组织技术力量集中

攻关，代为仿制，然后在农林示范单位使用而后逐步推广。1935 年，广西省政府计划在南宁、柳州、桂林、梧州等处，分别创办小规模农具厂，从事犁、耙、中耕除草器、播种器、收获器、脱粒机以及锄、铲、刀、剪等农具的制造。

1941 年底桂南 19 县收复之后，广西省赈济会于这年 5 月制造大批农具分发桂南农民。据统计，在邕宁县贷出犁、锄、锹、钯等各项农具 4 000 余件，运送龙津县等地贷款发放者百余件，[90] 鼓励其开展生产自救工作，迅速恢复和发展农业生产。1941 年，广西省政府为增进农业工作效率起见，推广新式农具，与桂林君武机厂签订合约，计划制造新式打稻机 2 000 架，玉米脱粒机 500 架，切蔓机 500 架。[91] 1942 年 6 月，广西省政府将打稻机、牛力榨蔗机、玉米脱粒机和红薯切蔓机等新式农具 4 种，开始委托桂林君武铁工厂大量制造。[92]

表 8-4　1941 年至 1943 年广西各县改良农具统计

类别	打稻机	玉米脱粒机	红薯切蔓机	榨蔗机	离心制糖机	水田中耕机	榨油机
总计	1 012	100	94	30	53	61	1

资料来源：广西省政府统计处编《广西年鉴》（第三回上），1948 年 12 月，第 373 页。

1942 年，广西省政府颁布《推广新式农具办法》，明令在田阳、田东、百色、邕宁等 22 个县推广玉米脱粒机，并且规定在分配使用上，先送至交通便利县份，再"以次及于他县"。至县府后，"各府县留存一具或两具作为传观或示范之用，其他按酌分给各乡，各乡表演示范给农家后可租给农民或团体使用"。据 1943 年统计，广西全省 19 县推广玉米脱粒机 100 台。

玉米和红薯是广西贫苦农民灾荒岁月或正常年份稻米不足时赖以生存的重要食粮。玉米成熟收割后，必须进行脱粒工作，食用之前再磨粉加工，或煮混合稀饭或煮熟直接食用，这是一项辛苦的体力劳动。全面抗战时期，广西新式玉米脱粒机的推广使用，无疑大大减轻了农村民众人工脱粒的劳动强度，改善了玉米加工质量，提高了生活水平。

表8-5 1941—1943年广西各县市玉米脱粒机、红薯切蔓机分布

单位：台

县市名称	玉米脱粒机	县市名称	红薯切蔓机
临桂	1	桂林	2
贵县	10	临桂	13
宜山	6	灵川	5
思恩	5	全县	8
南丹	5	恭城	14
河池	5	平乐	6
东兰	5	阳朔	6
平治	5	永福	1
邕宁	1	蒙山	1
果德	5	藤县	1
天保	5	桂平	2
向都	5	北流	1
田阳	8	陆川	1
田东	10	贵县	1
镇结	5	柳江	8
万冈	1	宜山	11
百色	8	柳城	11
凌云	5	中渡	1
天河	5	邕宁	1
总计	100	总计	94

资料来源：广西省政府统计处编《广西年鉴》（第三回上），1944年，第373—374页。

表8-5显示，广西推广玉米脱粒机的县市，75%分布在桂西北、桂西南地区，而红薯切蔓机大部分集中在桂东南地区各县，这种点面结合的分

布格局与广西省政府的大力推广有关，也与全省玉米、番薯种植区域大体吻合。同时推广玉米脱粒机和红薯切蔓机的仅有临桂、宜山、贵县和邕宁4县。红薯切蔓机主要用于加工红薯藤苗，为猪、羊、牛等牲畜提供优质饲料，能减轻红薯藤苗加工为饲料的劳动强度，加快藤苗加工为饲料的速度。农民对玉米脱粒机这种新式工具非常感兴趣。例如，1941年1月，在宜山县举办的全县第一次农产展览会上，展品中陈列的广西农事试验场之玉米脱粒机，引起农友们的极大兴趣，纷纷请求大量推广。[93]

必须指出，全面抗战时期广西新式农业机械的普及面不广，使用率低。桂系后来也承认，制造和仿制这些新式农具，"唯以数量尚少，且仅属一部收获调制加工用具，尚未足以语于发挥农具之效能及适应广大民众之需要，仍须以扩充"。很明显，由于数量和推广范围有限难以产生广泛的社会示范效应，对于全省农业生产的促进绩效十分有限。对于大型农具，由于广西机械制造水平低，加之省内缺乏大型农场，又以小块水田占大多数，不适于使用，因而"不拟制造"[94]。1944年，侵华日军发动打通中国大陆交通线的豫湘桂战役，广西大部分地区第二次沦陷，抗战时期桂系投资兴建的工厂和农机具等大部分被毁，新式生产工具及其推广工作遭到毁灭性打击。尽管如此，全面抗战时期与旱地粮食作物生产与加工有关的新式或改良农具的引进、仿造、使用，是广西农业科学技术发展史上的一大进步，有利于该时期广西农村生产力的发展。

三、广西农村生产方式变革的意义

全面抗战时期，为了坚持抗战和增加全省粮食供应需求，广西省政府利用聚集"农都"的全国农业技术人才，在全省大力推广冬种以扩充甘薯、马铃薯种植面积，同时扩大垦荒，增加了战时粮食产量。位于柳州沙塘的广西农事试验场与中央农业实验所等联合进行了玉米育种、玉米病虫害防治、科学施肥等一系列试验，在以"农都"为中心的柳城、宜山、临桂等农业试验推广网络进行推广试验，取得了一定的经济效益和社会效益。值得指出的是，随着甘薯、马铃薯、玉米等旱地粮食作物种植面积的扩大，广西部分农村地区的生产方式发生了变化。其意义有以下几点：

1. 传统耕作制度发生变化，推动了农业生产格局的调整，土地利用率因此得到提高。广西西部农村地区形成了以玉米种植为主，红薯等其他杂粮与之间作、轮作为辅的耕作方式；广西东部形成以水稻种植为主，红薯、玉米等其他杂粮与之间种或轮作为辅的耕作制度。玉米、甘薯和马铃薯等外来旱地农粮食作物逐渐取代粟、高粱、小麦、大麦等传统杂粮，逐渐成为抗战时期广西农村部分地区主要的旱地粮食作物。这种改变，不仅引发了农业生产技术的创新，也使土地资源得到有效的开发与利用。

2. 新式农具的推广，加快了农业生产近代化的进程。在旱地粮食作物改良与传播的过程中，以"农都"为推广中心，以柳城、宜山、临桂等农业试验推广县为推广辐射网络，形成了旱地农作物新式农具革新示范区。虽然红薯切蔓机仅用于加工红薯藤蔓以增加牲畜饲料，但与红薯生产和良种推广有间接联系，在一定程度上产生了新式农具优于传统手工农具的比较示范效应。以往的农业机械设备多在水稻生产领域使用，玉米脱粒机、红薯切蔓机等旱地粮食作物的机械化设施的推广，扩大了农业近代化的范围，提高了劳动生产率，同时也提高了旱地粮食作物的利用率。

3. 传统粗放式农作观念在一定程度上得到改变，"精耕细作"的农业技术有了新的内涵。明清以来，广西农民对玉米、红薯种植均不甚讲究育种、施肥和防治病虫害，特别是桂西地区，其旱地范围较广，种植玉米之后均采用粗放式生产方式，导致产量普遍偏低。"农都"在旱地农作物育种、农家肥的积施、防治病虫害等方面的示范工作，使得注重施肥、防治病虫害的习惯在农业实验推广县的民众中逐步形成，有利于外来旱地粮食作物的种植和改良推广。同时，"精耕细作"技术无论在耕作层面还是在管理层面，都发生了新的变化。而这种变化进一步促进了农业生产的发展。

第九章

"农都"改良和推广外来旱地粮食作物对农村生活方式的影响

晚清中法战争之后，广西被逐步纳入西方资本主义市场经济范围。进入民初，桂东及桂南地区农村自然经济逐渐解体，然而在少数民族聚居的桂西南、桂西北地区，农村自然经济还在延续，生活方式依然是男耕女织的自然经济。随着全面抗战的爆发，大后方地区在"农都"科研人员的指导下，大规模进行玉米、红薯、马铃薯等旱地粮食作物的种植，使农村粮食结构发生了变化，形成了以稻米、玉米、红薯为主的食物结构。同时，出现了新的食用加工技术，形成了相应的消费方式，带来了生活和消费观念的改变，对当时农村传统的生活方式产生了一定冲击。

一、全面抗战前广西农民的传统生活方式

玉米、番薯等外来旱地粮食作物自明清时期传入广西种植推广之后，因受土壤结构、气候环境等因素影响，形成了明显的种植区域界限。桂西北、桂西南地区山岭重叠、河流湍急，灌溉不便，旱地主要种植玉米；桂东北、桂东南地区因地处河流中下游平原地区，土地肥沃，降水量充沛，适宜发展稻作等灌溉农业，因而多种植红薯。而不同的种植结构，决定了不同的食物结构。

民国初年直至全面抗战爆发前夕，广西农村各族群众的生活情况普遍是一日三餐，贫者一干二稀，或三餐皆食稀饭。一般来说，居住在平原地

区和丘陵地带水田较多的汉、壮等民众，食物结构以大米为主，玉米次之，其他杂粮再次之；而生活居住在高寒山区的瑶族、苗族、仡佬族等少数民族群众，以玉米为主，红薯、小米等其他杂粮为辅，稻米成为喜庆节日才能享受的稀罕之物。例如在桂西百色地区，隆林、那坡两县的彝族、仡佬族、苗族等少数民族以玉米为主要食粮，隆林壮族则以稻谷为主，玉米次之，而在西林县，这里的壮族民众食物结构以稻米为主，玉米较少。

在桂西北河池地区巴马县瑶族乡，"玉米是本乡瑶族人民的主要食粮，因而能种玉米的土地，全都用来种玉米，并且年年如此，没有改变"；"红薯是本乡人民的主要副食之一，红薯容易生长，蔓延力强，这里几乎满山都有种植"[1]。在百色隆林各族自治县，"这里的泥土很适合玉米生长，很早以前，苗民的祖先就在这里种玉米……八月收玉米。收回来的玉米，而未脱粒带包地吊在家里，干后，有的脱粒用竹篓装起来，有的仍挂着，到将来要吃时再脱粒捣碎加工，以供煮或蒸吃"[2]。这说明玉米本土化过程中，逐渐成为桂西北苗族群众日常生活的主粮。在百色凌云县，红头瑶"择石山层叠稍为平坦之处，深掘数寸，实以泥土，种植包谷（玉米），瑶村附近之石山大多开垦为层层叠叠之包谷山，盖包谷为红头瑶唯一之食料。其重视包谷山不啻农夫之爱护稻田也"[3]。生活在凌云县的蓝靛瑶、盘古瑶等，包谷俱为日常生活中的重要食料。可见，玉米逐渐成为凌云县境内贫苦瑶族同胞赖以生存的重要食粮。

桂西南地区左江流域以旱地居多，贫苦民众多以玉米、红薯为主粮，例如《崇善县志》就写道："崇称地瘠民贫，居市多半负贩，居乡大都业农。负贩则暮宿晨征，业农则出作入息。仆仆风尘，劳劳耕稼，不遑安处。且生活程度日高，所入不敌所出，以致农无余粟，商无余资。他若新和、通康、古坡各乡，山多田少，稻米出产寥寥，人民终岁食包粟。"[4]可见，在崇善县，普通农民和小商小贩过着勉强糊口的日子，而生活在山区的贫苦民众，一年全靠吃玉米艰难度日。这说明玉米在本土化进程中已经深深融入当地农村贫苦民众的生产生活中。又如在雷平县，除稻米年产二千二百余万斤之外，玉米和甘薯在粮食生产中占据第二、第三的位置，"玉蜀黍全县年产一千二百二十八万余斤，以太靖出产最多，荣墟次之。甘薯全县年产四百一十万斤，各村均有，以赖龙所产薯块最大"[5]。玉米、甘薯两种外来旱地粮食作物的巨大产量，必然在当地民众生活中占据着非常重要的地位。

在桂东北地区平乐县，人口中占绝大多数的下层贫民一日三餐"常以芋、薯、玉蜀黍谓之杂粮，及脱粟粗粝充饥，藉野菜、竹笋为佐食者，不在少数；甚或终日勤劳不得一饱者，随处皆是"[6]。可见，在平乐县贫苦民众日常生活中，红薯和玉米等杂粮成为他们食物结构的重要部分。在兴安县，"红薯是兴安的主要杂粮之一，分布在全县所有乡镇。主要产区是湘漓、护城、界首、高尚、崔家和漠川。"[7]

在桂中地区忻城县，玉米种植历史悠久。1933年种植面积20.92万亩，总产163 536担，只种春玉米。红薯在民国时期已大量种植，夏种秋收，为补主粮之不足，农民普遍种植。[8]

在桂东南地区博白县，红薯种植比较普遍，种植面积仅次于水稻。1949年以前种植的红薯以传统品种为主，主要包括红苗白、白苗红、六十红等，"四季种植，四季收成"，亩产一般250—300公斤，少数可达400—500公斤。[9]

综上可以看出，抗战爆发前，玉米、番薯等外来旱地粮食作物易于种植、耐旱耐瘠、产量高等优势逐渐显示出来，逐步成为广西境内壮族、瑶族、苗族、毛南族等群众日常生活中除稻米之外的主要粮食。

马克思主义认为，在人类社会发展过程中，生产力决定生产关系，生产方式决定消费方式。在大规模改良、推广外来旱地粮食作物之前，广西农村居民大多恪守着"日出而作，日入而息"的传统生活方式，生产技术落后，加之土地肥力有限，导致玉米、甘薯等旱地粮食作物产量很低，仅仅能够满足农民最基本的生活需要，而很少用于出口和商品交换。

广西地处边陲，山区面积广大，民众食用玉米、甘薯等杂粮的比例相当高。据 1934 年广西统计局调查,在全省 99 个县份中,78 个县农民粮食作物消费比例为:饭 41%,粥 29%,杂粮 11%,粥加杂粮占 19%。[10] 番薯是广西贫苦农民的主要杂粮之一,主要用来煮熟或生食果腹,广西也有少部分地区的农民将甘薯制成小粉或粉条,此外,在多数地域,各族民众将薯块、薯藤等作为饲料。据张培刚先生的估算,全面抗战前,广西农村民众食用甘薯的比例为:人用 66%,饲家畜 23%,种子 7%,其他 4%。[11]

据《广西年鉴》(第二回)记载,1933 年广西玉米产量"以全省各项农产而论,逊稻、甘薯居第三位,而驾芋上。"[12] 如果从种植面积和在广大贫苦民众粮食消费中所占比例而言,玉米要超过番薯。这就不难理解,为什么全面抗战爆发以后,各级政府致力于扩大玉米种植面积,并支持"农都"持续开展玉米杂交实验了。

玉米适应性很强,只要天气不太干旱,种植下去之后一般都有收成,因此很受农民欢迎。明末清初引种广西之后,种植范围迅速扩大,广西左右江流域及红水河流域一带旱地较多,除罗城、宜北、河池、西林、西隆等少数县外,大部分县的旱地面积都在 50% 以上,有的甚至高达 70% 至 80%,这两个广西流域的玉米产量约占广西玉米总产量的一半以上。在这些盛产玉米的地区,普通农民主要是将玉米磨粉加工煮成玉米粥,或与少量稻米混合煮稀饭食用,或用作牲畜的饲料。例如,在迁江县,"土人多以作粉煮粥食之"[13]。在玉米产量稀少的地区,还可以用来"供烹食或作菜蔬,或将玉米炒爆开花,以作果品出售"[14]。全广西的玉米食用和消费具体比例如下:人用 57%,饲家畜 33%,种子 8%,其他 2%。[15] 可见,作为杂粮食用或作为牲畜饲料是玉米的主要用途。

据张培刚统计,按照人均消费量计算,全面抗战之前,广西玉蜀黍每人每年消费 31 市斤,仅次于稻米每人每年的 325 市斤和红薯每人每年的 44 市斤。[16] 可见,这时候玉米、番薯在广西已经超越传统种植的粟、黍、高粱等杂粮作物,上升到粮食消费量的第二和第三位。

总之,在全面抗战爆发前,由于生产力水平的局限,广西农村大部分地区的玉米、番薯等旱地粮食作物的种植基本处于自然传播态势，并且受到社会生产力和科技等诸多因素制约，不仅传播速度慢，而且种植推广绩效有限，尤其是品种长期单一种植，种性退化严重，平均亩产量较低。此外，由于加工技术落后，玉米、番薯等仅能满足广大普通农民自身最基本的生活需要，其消费水平主要还处在自然界食物链中的初级消费层次。

二、外来旱地粮食作物改良与推广给广西农村生活方式带来的变革

全面抗战爆发后，东南沿海各省居民陆续避难内迁，使得广西人口迅速增加。1939年底桂南会战爆发后，驻扎在广西省的军队也日渐增多，广西粮食生产不能满足人口非正常增长带来的需求。因此，政府采取鼓励垦荒、扩大冬种面积、倡导食用杂粮等一系列举措，使广西战时粮食产量有了较大增长，基本满足了前方抗战军粮需求和后方人口消费需要。广西省政府以"农都"为依托推广玉米、番薯、马铃薯等外来旱地粮食作物本土化的实践，增加了广西战时粮食生产总量，有力地支援了抗战，给广西农村农民日常生活带来一定的影响，使他们的生活方式和消费方式发生了一些变化。

（一）日常生活方式的新变化

玉米、番薯和马铃薯等外来旱地粮食作物的推广种植工作，给农村社会特别是农民的日常生活方式带来了一些改变，主要表现在如下几个方面。

1. 改变了民众的时令观，增强勤勉习性。

农业生产依靠天时，在长期的生产实践中，广大农民形成了固定的时令观。全面抗战前，生产力发展水平较低下，秋收后及次年春插前，多数农民都处于空闲状态，即使活动也与生产无太多的关系。据地方志记载，抗战爆发前，许多农村，除修筑道路和祠堂、庙宇的村民外，其余村民都以各种形式走亲访友，一年劳作收获，不少用于支付礼俗。其中一些活动，

持续时间长，参与面广。例如，沙塘一带的村民就盛行秋社和春社庆典，"每个社雇有专人或由住户轮流喂养大猪至数头，供给社日宰杀，名为'社猪'。社猪宰杀后，一部分按人头分给客户，叫分社肉，一部分供祭灶神。供灶神的猪肉要整块的，供后再切开，煮作会餐食用。各家各户不论男女老少，先买好餐牌，凭牌参加会餐，名为吃社酒。有的大社或是几个社联合，凑钱请来戏班，在社日演出，叫唱社戏"。这段时间，迷信活动也盛行，例如中秋节，沙塘个村屯的妇女在月下作"放阴""请七仙姑""请麻姑"等活动。[17]有些村庄缺乏正确引导和法规约束，赌博现象蔓延，社会治安因此恶化。总之，传统的时令观，导致一些落后的生活方式得以延续，影响生产的发展。

随着"农都"改良旱地粮食作物工作的深入，以及政府对冬种运动的大力推广，秋收之后，广大农户一刻没得空闲，马上投入到冬季作物的栽培实践中去。以往冬闲无所事事的无业游民或沉迷于烟赌之"惰农"数量大为减少，因为按照规定，"凡有可以栽培冬作之耕地及人力而无特殊困难情形之农户，故意不按规定标准等级并确实冬作者，得由县市政府酌予罚做苦工或其他适当劳役"[18]。全面抗战爆发后，广西省政府又特地颁布《战时乡村政务应特别注意之事项》，其中规定"凡流氓乞丐及无所归宿者须编为劳作队，切实管理使其从事各种劳作"，这种规定有利于改变战时农村游惰风气。

在抗战这个特殊时期，政府大力倡导改良社会风俗，下决心从"根绝游惰来源，造成勤劳的社会风气，实施强迫劳役"[19]三方面根治农村社会游惰风气，促使他们努力挖掘土地潜能，尽可能生产多的粮食，以满足前线和外来人口不断增加的粮食消费需要。这种生活方式的转变，为冬作提供了充足的劳动力，净化了农村的社会风气，使勤勉之风日盛。

翻开地方志，不难看出，全面抗战后，广西各地冬种的习俗逐渐固定，冬日生产的观念逐渐深入人心，相应地，一些落后的生活方式也逐渐改变。这对农村社会的变革产生了较深远的影响。

2. 积肥促进厕所革命，转变民众卫生观念。

广西农民对玉米、番薯等旱地粮食作物种植的自给肥料，向来不甚注意，因此，旱地肥力难以维持和提高，桂西和桂西南少数民族地区的群众对于积肥和施肥更是茫然无知。例如，柳城壮族群众"对于卫生之道，从未讲求，房屋湫隘污秽，便溺无定所。牲畜除耕牛外，多不加关棚，畜粪随地皆是"[20]。在广西隆林县委乐乡，牛猪粪遍地，很少有人收集，因此直接影响了作物的收成。[21]不重视人畜粪便的收集，不仅使农村地区疟疾、天花、瘟疫等传染性疾病容易流行，而且影响到传统农家肥的收集和积累，不利于玉米、番薯等旱地粮食作物种植面积的扩大和亩产量的提高。

全面抗战爆发以后，"农都"科研人员一方面开展肥料技术的实验，另一方面则通过各种渠道宣传积肥增产的重要性及必要性。桂系政府为了增加粮食产量，大力倡导积肥施肥，修建公共厕所，特别强调人粪尿的收集使用。规定各实施县份，先责成各乡于乡公所设置公厕，并就地施用人粪尿栽培蔬菜以为民众倡导。后来强制规定乡公所所在地住户、各乡各村公所所在地以外农民限令一律设置私厕，各级学校设立公厕，并实行施用人粪尿作为肥料。为了达到示范效果，桂系还指定雒容等43个县为实施县份。

广西省政府强制积肥和大扫除等举措，使大部分实施县份都建立了一定数量的乡村公所、学校公厕，多数农户按照要求建立了私厕。例如，宜山农业实验推广县，"1941年在宜屏、山等、吉甫、三岔等七乡，征得特约农户161户，计建筑堆肥场舍16所，厕所42所"[22]。尽管未达到"户均一所厕所"的建设目标，但在当地民众中产生了讲究环境卫生的示范效应，并推动了对玉米等旱地粮食作物的增肥。又如，在柳城农业实验推广县，"首倡节约举办乡村集团结婚，宣传乡村卫生，举行大扫除，协助征属耕作，举办会员堆肥品评会"[23]，这些政策和措施的实施，有利于树立农村社会新风尚，促使农民改变过去随地大小便、不讲究个人和环境卫生的不良生活习惯，有利于增加旱地粮食作物农家肥的积累，减少农村社会中各种传染疾病的发生和危害。积肥促进厕所革命，政府固然发挥了很大的作用，但是，由于这场革命给乡村和广大的农民带来了明显的益处，因此，积极响应者也越来越多。全面抗战期间，在示范效应带动下，广西多数村庄都开始建造厕所，尽管比较简陋，却使良好生活习俗的影响日益扩大。

3. 育种经验的推广促使民众加强生产实践学习。

"农都"的旱地粮食作物优良品种有效提高了产量，产生了较显著的经济效益，同时，相关耕作方法也促进了农业的变革，产生了一定的社会效益。因此，广大民众从中了解到实践学习的重要，自觉地接受新知识和新技术，尤其是垦殖区和农业实验县的民众。据《广西大事记》统计，从1939 年 5 月至 1945 年底，广西总计举办了 5 次农产品展览会及家畜家禽比赛大会，每次都有大量的民众参与学习。桂系集团在广西各地创办的国民基础教育学校，除负责开展时政教育和军事教育外，还将新式的生产技术和生活方式作为重要的教育内容。战争环境下，广西省政府在国民基础教育学校还采取成人教育措施，规定在生活上增进成人在抗战期间所必具之智能，提高其生产效率，并改进其日常生活为目标。因此，凡课程、教材、教学、训导等，均以此为轴心。对成人在生产活动方面的要求是：努力做好后方生产工作，热心参加合作社；努力从事家庭副业、农产制造等生产活动。因为"农都"科技人员一直注重对农村技术骨干的培训，所以国民基础教育学校开办过程中，这些技术骨干能为优良旱地粮食作物品种的传播发挥积极的作用。同时，由于国民基础教育措施运用得当，农民学习先进生产技术的热情不断高涨。据记载，"经全省公务员及知识分子之热烈宣传，社会各界人士之协力推动，教育界同仁之努力工作，一般失学成年人，均感求知之必要及读书之兴趣，尤以青年妇女，求知欲更为高亢。教育力量所到之处，顽抗者终为说服，乐于就学，即苗瑶所居之穷山僻野，亦莫不受教育之熏陶，茅塞顿开，随时可闻书声琅琅，多数学生结业时，均要求延长上课时间。此外，父教子，夫教妻，一家之中左右邻居相互研读者，不知凡几。"[24] 广大农民通过学习与实践探索，逐步接受农业推广的新事物,这有利于摆脱传统守旧观念的束缚,促进农村的进步。不可否认,国民基础教育学校是推动农民加强生产实践学习的核心力量,但是,"农都"所研究及推广的高产旱地粮食作物品种和先进的生产方法,为国民基础教育学校提供了有价值的学习内容,这才让农民对学习产生兴趣,因此,在生活习俗的变化方面,"农都"功不可没。

(二)农民消费方式的变革

农民消费方式的变革主要表现在如下三个方面。

1. 民众的食物结构及饮食方式发生了变化。

农业专家通过实地调查,发现推广旱地粮食作物无论对社会稳定还是生活质量提高,都有积极而重要的作用。杂粮的营养价值,较稻作为高。米的营养价值,多存于胚之一部。当时我国日用的碾米法,鲜能存胚,而世俗更以完全无胚之纯白米,为上等米,以食用糙米为耻。

表 9-1 杂粮与白米之营养价值比较

类别	水分	蛋白质	脂油	碳水化合物	纤维质	灰分
白米	12.4	7.4	0.4	79.2	0.2	0.4
黍	12.5	10.6	3.9	61.1	8.1	3.8
蜀黍	12.8	9.1	3.6	69.8	2.6	2.1
大豆	10.9	37.6	16.9	24.4	5.9	4.1
蚕豆	58.9	9.4	0.6	29.1	—	2.0
豌豆	14.0	22.5	1.6	53.7	5.4	2.9
荞麦	15.6	11.2	2.6	54.8	14.4	2.8
甘薯	71.1	1.5	0.4	24.7	1.3	1.0
马铃薯	74.2	2.1	0.1	21.9	0.8	1.1
芋	79.6	1.5	0.2	16.9	0.7	1.1

资料来源:龙燊:《梧州夏郢区冬荒调查报告及救荒办法献议》,广西大学农学院《西大农讯》第 2 期,1937 年,第 48 页。

从表9-1可以看出，蛋白质一项，除甘薯、马铃薯与芋之外，其他杂粮，皆较之白米为高。脂油一项，除甘薯、马铃薯、芋之外，其他亦较白米所有者为高。可见，以杂粮为正食，即以营养价值而论，已大有提倡的必要。1937年，根据调查，农业专家指出：日常以米为正食，已成习惯。富有之家，更以杂粮正食为耻，此风实应痛改。其提倡之法，首先奖励种植杂粮，次以杂粮与白米相伴为正食，使口服之习惯渐移，事属不难，只要大力倡率，共同努力即可实现。[25]

全面抗战爆发后，政府加快了玉米、甘薯、马铃薯等外来旱地农作物的引进与传播，改善了民生。由于战时社会动荡，能用的数据十分有限，但是通过对现存资料的统计分析，还是可以从中得出一些结论。

玉米和番薯在桂东南地区的粮食生产中占据一定的分量，尤其是番薯，有"薯当半年粮"之说。1939年玉林地区各县粮食作物种植情况见表9-2。

表9-2　1939年玉林地区各县粮食作物产量

单位：万市斤

县份	合计	水稻	陆稻	大小麦	红薯	玉米	其他杂粮
玉林	19 924	18 635	8	13	1 017	10	10
兴业	4052	3 969	2	—	53	4	—
贵县	32 285	23 016	95	85	1 993	6 806	200
桂平	36 442	32 509	226	101	2 991	244	105
平南	20 206	18 407	132	88	1 264	2	118
容县	11 392	10 954	25	6	294	1	71
北流	20 663	19 285	31	52	1 118	2	34
陆川	14 350	14 116	2	—	116	—	6
博白	21 218	18 667	165	70	1 800	12	173

资料来源：玉林市农业志编纂委员会编《玉林市农业志》，南宁：广西人民出版社，2008年，第32页。

现以桂东南地区作为分析对象。表9-3显示，1941年，桂东南地区人们的各种食粮消费，以米的消费量最高，每人消费 350 市斤左右。同时还辅以各种杂粮，其中以麦类、玉米、番薯、马铃薯为多。蒙山县和苍梧县玉米每人常年消费量最高，均在 100 市斤以上；其次是贵县和岑溪，在 75 市斤左右；其他县份则相对少些。番薯也是桂东南地区人们主要的辅助食粮。桂平、平南、苍梧、蒙山、陆川 5 个县每人常年消费量都超过了 100 市斤。随着马铃薯的推广种植，马铃薯这种杂粮也逐渐成为桂东南地区的主要食物。其中消费量最大的是陆川县，每人常年消费量达到了 140 市斤；其次是博白县，每人常年消费量有 70 市斤，与消费番薯的量等同。

表 9-3　1941 年桂东南各县人均消费食粮重量

单位：市斤

县名	米（籼粳）	小麦	大麦	玉米	番薯	马铃薯	荞麦	小米	大豆	木薯	芋头	蚕豆	豌豆	糯米
贵县	286.00	—	—	73.00	78.00	13.20	25.00	20.00	7.80	12.60	21.40	5.50	7.00	20.00
桂平	350.00	15.00	5.00	25.00	100.00	5.00	—	6.00	5.00	5.00	110.00	5.00	5.00	20.00
平南	320.00	4.00	0.50	1.00	110.00	1.00	10.00	3.25	4.5	53.33	53.33	—	12.50	9.33
蒙山	350.00	4.00	—	152.00	100.00	—	—	1.50	27.25	5.50	75.00	—	4.00	15.50
苍梧	310.00	—	—	112.00	115.00	—	—	101.00	50.50	51.50	102.50	—	—	152.50
岑溪	275.00	7.00	10.00	76.50	40.00	10.00	3.00	10.00	4.00	15.00	11.50	2.00	5.00	125.00
容县	340.00	—	—	—	63.00	4.83	—	11.50	3.50	29.20	13.25	—	3.00	5.00
陆川	300.00	10.00	11.00	—	104.00	140.00	—	—	6.80	9.00	30.00	—	6.00	8.75
博白	380.00	20.00	30.00	25.00	70.00	70.00	40.00	11.50	65.00	11.00	85.00	10.00	8.00	8.00
玉林	372.50	2.00	—	1.00	42.50	3.00	—	2.00	5.50	14.00	38.50	2.00	1.75	14.75
兴业	351.00	—	—	4.50	11.00	4.50	—	—	1.81	24.50	10.60	—	—	6.10

资料来源：《广西省各县市乡村人民食粮消费调查》（三十年），《广西农业通讯》，1942 年第 2 卷第 9 期。

从表 9-4 中可以看出，米粮消费占粮食消费的比例最高。杂粮消费以玉米、番薯和芋头为主。其中，玉米在贵县、蒙山、苍梧、岑溪这四个县

的人均粮食消费占比都超过了 10%。番薯在大部分县的人均粮食消费占比
都超过 10%，其中玉米在平南县达到 18%，在桂平县和陆川县分别达到
15.2% 和 16.6%。马铃薯在陆川县的人均粮食消费中占 22.4%，在博白县
也占到 9% 的比例。

表 9-4　1941 年桂东南各县每人消费的各种食粮占总消费食粮的比重

单位:%

县名	米	大麦	玉米	番薯	马铃薯	荞麦	小米	大豆	木薯	芋头	蚕豆	豌豆	糯米
贵县	50.2	—	12.8	13.8	2.3	4.4	3.5	1.4	2.2	3.8	0.9	1.2	3.5
桂平	53.4	0.8	3.8	15.2	0.7	—	0.8	0.8	0.7	16.8	0.7	0.7	8.1
平南	54.9	0.1	0.2	18.0	0.2	1.7	0.6	0.6	9.1	9.1	—	2.1	1.0
蒙山	44.6	—	19.4	12.7			0.2	3.5	7.0	9.6		0.5	2.0
苍梧	31.1		11.2	11.5			10.5	5.0	5.1	10.3		—	15.3
岑溪	57.1	2.1	15.9	8.8	2.1	0.6	2.1	0.8	3.1	2.3	0.4	1.1	2.6
容县	71.5	—		13.3	1.1			2.4	0.7	6.1	2.8	0.4	0.6	1.1
陆川	48.0	1.8	—	16.6	22.4			1.1	1.4	4.8		0.9	1.4
博白	45.5	4.1	3.5	9.7	9.0	5.5	1.6	0.9	1.5	11.7	1.4	1.1	1.1
玉林	74.6	—	0.2	8.5	0.6			0.4	1.1	2.8	7.7	0.4	0.3	3.0
兴业	84.8	—	1.1	2.0	1.1		—	0.4	5.7	2.6	—	—	1.6

资料来源:《广西省各县市乡村人民食粮消费调查》(三十年),《广西农业通
讯》,1942 年第 2 卷第 9 期。

桂东南是水稻主产区。全面抗战时期，随着外来旱地农作物种植面积
的扩大，粮食的消费结构发生了一定的变化，杂粮比重增加。这是一个不
争的事实。尽管资料缺乏，未能展现变化过程，但抗战中期桂东南地区所
显示的这些比重数据，在一定程度上说明了外来旱地农作物在改善粮食消
费结构上的作用。

再选择广西少数民族地区进行考察。少数民族主要居住在山区，山区
的山地和坡地很多。大瑶山瑶族的主粮是稻谷和包米，以木薯、红薯为多

副粮，芋头、白豆、三角麦、黄粟又次之。民国《平南县志》载："玉蜀黍，又名玉米，或包粟，为旱地作物，多种于山岭地带，以瑶山各乡出产最多。"

玉米、番薯和马铃薯都是耐旱、耐瘠的作物，一般粮食作物难以生存的贫瘠土壤、深山苦寒地区均可种植，而且产量高。在大瑶山地区，一般的田两造亩产共有 200 至 400 斤稻谷，质量好些的田共可产六七百斤。例如，罗运村的上等田每亩可产谷 400 斤，中等田亩产谷 300—350 斤，下等田只能亩产 200—250 斤谷。[26] 而一斤苞米（玉米）种，大约可收 50 至 150 斤的产量，一斤红薯种可收 30 斤红薯的产量。在同一土地上，苞米较其他杂粮的产量要高，而且需要付出的劳动量相等甚至少些。

表 9-5 坤林村老山各年的产量及每一工序所需工数表

耕作年次	作物名称	10 斤种的产量/斤	砍山与烧山/工	刮地下种/工	第一次除草/工	第二次除草/工	收获/工	需工总数/工
第一年	苞米	600	10	5	5	8	6	34
第二年	六谷	250	—	5	5	8	6	24
第三年	苞米	400	—	5	5	8	6	24
第四年	六谷	200	—	5	5	8	6	24
第五年	苞米	400	—	5	5	8	6	24
第六年	六谷	180	—	5	5	8	6	24
第七年	苞米	400	—	5	5	8	6	24
第八年	六谷	120	—	5	5	8	6	24
第九年	苞米	350	—	7	8	8	6	29

表 9-6 坤林村芒山各年产量及每一工序所需工数表

耕作年次	作物名称	10 斤种的产量/斤	砍山与烧山/工	刮地下种/工	第一次除草/工	第二次除草/工	收获/工	需工总数/工
第一年	苞米	300	4	4	8		4	20
第二年	六谷	200	—	4	10	10	7	31

续表

耕作年次	作物名称	10斤种的产量/斤	砍山与烧山/工	刮地下种/工	第一次除草/工	第二次除草/工	收获/工	需工总数/工
第三年	苞米	250		4	10		4	18
第四年	六谷	150		4	11	11	5	31

资料来源：广西壮族自治区编辑组编《广西瑶族社会历史调查》（第一册），南宁：广西民族出版社，1984年，第131页。

由表9-5可以看出，在老山轮种苞米与六谷所需要的工数是一样的，但是苞米的产量远高于六谷。在芒山种植苞米的工数要比六谷的工数少，但产量比六谷高出50%或以上。

玉米（包谷）、红薯在大瑶山瑶族的粮食生产中的占据一定的分量，但是在瑶族各族系粮食生产的比例不一。依据广西少数民族社会历史调查组对平南县的三个乡中的三个屯的调查，年产物数量如表9-7所示：

表9-7 平南县部分瑶屯年农产物数量表

产物	旧黄屯山子瑶/斤	产物	罗梦屯茶山瑶/斤	产物	白牛屯坳瑶/斤
岭稻	3 010（折米）			田稻	10 500（折米）
田稻	910（折米）	田稻	56 000（折米）	包谷	8 000
包谷	2 500	包谷	4 000	木薯	1 500
木薯	2 000	子	2 000	红薯	1 200
红薯	800	鸡	1 280（折米）	芋头	3 000
竹笋	200（折米）	香菇	1 760（折米）	香草	3 000（折米）
薯莨	750（折米）	薯莨	350（折米）	薯莨	300（折米）
猪肉	1 800（折米）	猪肉	6 000（折米）	猪肉	5 400（折米）
				火笋	2 400（折米）
合计	15 470	合计	71 390	合计	35 300

资料来源：广西壮族自治区编辑组编《广西瑶族社会历史调查》（第九册），南宁：广西民族出版社，1984年，第13—18页。

注：稻谷产量已是交租后瑶族所得的量，非粮食产物按折米计算。

　　玉米和红薯年产量占旧黄屯山子瑶年产物总量的 21%，占白牛屯坳瑶年产物总量的 26%。而玉米年产量占罗梦屯茶山瑶年产物总量的 6%。产量占比不同，主要是因为瑶族各族系拥有的耕地量和社会地位不等。

　　茶山瑶是大瑶山占有土地最多的山主，土地自有，不向外出租，大多数只种水田而不耕种山地。因此，茶山瑶种植包谷、三角麦、红薯、芋头、木薯等杂粮的数量不多。山子瑶与坳瑶处于山丁地位，占有土地较少，粮食来源主要是靠租种山主的山地。坳瑶所种农作物以杂粮为主，而杂粮之中又以玉米、岭禾两种为最重要，而旧黄屯山子瑶的玉米和岭稻的收入占全部粮食收入的三分之一左右。

　　如果按每人每日净食玉米、番薯一斤四两算，旧黄屯共有 62 人，玉米、番薯的产量可供食 38 天。而白牛屯共有 60 人，包谷、番薯的产量可供食 110 天。

　　与汉族地区相比较，玉米和番薯等旱地农作物在桂东南的少数民族地区的种植更为普遍，占粮食总产量的比例更大一些，在没有土地的瑶族"山丁"中更是成为重要的主食之一。这与少数民族地区所处的自然环境和人地关系等有很大的关系。大瑶山岗峦起伏，绝少平地。所有的水田，都是在靠近山脚或在半山腰的斜坡山或近山溪的小片较平地段上开垦而成的，因而水田多是面积狭小的梯田。属汉族住区或者瑶汉杂居区的平田，多属汉人所有，瑶族所拥有的平地和水田比较少。而且，由于大瑶山各地区的自然条件不同，其水田的质量也各有差异。因此，瑶族种植的水稻产量较少，有些甚至入不敷出，必须开垦或者租种山地种植旱地粮食作物以为生计。而玉米和番薯等外来旱地粮食作物较传统的高粱、黄粟等杂粮作物易存活且更高产，所以前者在瑶族等少数民族的粮食生产中占据重要的地位。

　　总的来看，玉米、番薯和马铃薯在桂东南地区的引种和传播，改变了粮食种类的结构，增加了粮食产量，在一定程度上满足了粮食需求，对解决广大民众的生计问题起着举足轻重的作用。随着这些外来旱地粮食作物的广泛种植和本土化，广西各族民众的食物结构发生了新的变化：玉米跟稻米一样成为主食，番薯、马铃薯等成为重要杂粮。

民国初年至抗战时期，广西西部地区各族民众发挥聪明才智，使玉米加工和食用方式多样化。例如，在罗城县下里乡，仫佬族民众"一般日吃三餐，早粥夜饭，中午则吃早上多煮留下的粥。粥煮得较稀，可以喝下而不用筷。粥多用稻米掺玉米或大麦来煮，除非没有玉米等杂粮才全用稻米"[27]。在环江县下塘村毛南山区，毛南族民众创制了丰富多样的玉米加工和食用方式："玉米是全年的主粮，善于生活的毛南族农民，把各种杂粮穿插搭配，按农时需要，稀稠调剂。人们把玉米磨碎筛匀煮粥。当农闲之际，早吃粥，午吃南瓜片，晚食红薯，间或杂以小米，猫豆等，每逢过节，从外地买大米煮干饭。"[28]另外，毛南族民众还以玉米粉为主料，创制了颇具地方风味的特色食品。他们"用磨碎的玉米，在加入适量石灰水的清水中浸泡至4—5天后，磨成糊状煮熟，用木杈旋转搅拌，立即投入大孔筛中，泄入冷水桶内，凝结成蝌蚪形颗粒，俗称'米蝌蚪'，又名'蒜头''多子'，然后放入碗中添加盐、辣椒佐食"[29]。

在百色隆林各族自治县仫佬族聚居地区，玉米的吃法更独特。"先将玉米磨成细粒，筛去其皮，在簸箕里用水淘匀，放进蒸笼去蒸，蒸至冒气后，取出用水淘洗，再把粉放进蒸笼里蒸，待到冒气以后才吃。全程分为二淘二蒸，这样的玉米粉才能蒸透。仫佬族称之为玉米干饭，这种饭松软且香，但过于干燥，因此，吃饭少不了汤。这种饭常年四季都吃。"仫佬族还发明一种"混合饭"，就是将"玉米、白米对半，或多或少不定。煮法是先将白米煮熟，玉米粉也蒸过第一次以后，二者捞匀，放少量水，再一起蒸约10—15分钟可吃。这种饭既香又软，比玉米干饭好吃得多。但是这种饭不是常吃的，只有当客人来家或过节时才搞来吃"[30]。生活在百色隆林各族自治县的彝族人民，常年"以玉米为主食。粮食主要是玉米，其次是稻米。玉米的吃法是磨成粉后放入木桶蒸食"[31]。

广西各族群众对红薯的食用方式也是多种多样。例如，长期生活在毛南山区的毛南族民众喜欢制作"甜红薯"。其制法是：在秋天收红薯的季节，选出块大无损伤的红薯，白天放太阳下暴晒，晚上留晒台上让露水浸打，经过 20 到 30 天后，收放在火灶边或地窖里储藏，使之充分糖化，然后将薯块洗净蒸熟即成，味道鲜甜清香。[32] 这种红薯皮上溢出一层饴糖，油亮发光，薯肉如胶汁状，有如蜜饯，故名"甜红薯"。[33] 生活在桂西南边陲地区龙津县的壮族群众，是直接将红薯整条煮熟来吃。[34] 很明显，这种吃法较毛南族的吃法简单。另外，煨红薯的吃法别有风味，那是壮、瑶族民众在野外劳动时常用的野炊法。其做法是在红薯收获的季节，在地里垒土做窑，将窑洞烧得通红之后，将红薯放入窑里，再将窑踩倒，用烧红的泥土覆盖红薯，半小时后将泥土拨开，煨熟的红薯一个个皮黄香甜。[35] 在广西其他民族地区，普通的食用方法有多种，除将红薯单独煮熟或蒸熟食用外，还可以将红薯、木薯、或芋头等与少量稻米一起煮成混合米粥食用，或在大米煮干饭过程中拌红薯、玉米或芋头等杂粮一起搭煮。例如，生活在金秀大瑶山的贫苦瑶族群众，常年吃稻米与红薯、玉米、芋头等混合一起煮的混合米粥或混合干饭。[36]

　　为进一步论证明清以来玉米、番薯、马铃薯等外来旱地粮食作物传入种植及本土化进程对广西各族民众生活产生的影响，我们将民国初年至1949 年广西各族群众的主食结构及消费方式列表如下。

表 9-8　民国初年至 1949 年广西各族民众主食结构及消费方式

族别	主食结构及消费方式
壮族	以大米为主食，杂以玉米、红薯等。在山区及缺水的平原，则以玉米为主食，间食大米。1949 年以前，贫苦农民一天三餐吃粥，多以玉米、木薯、荞麦磨成粉煮混合粥，搭配红薯、芋头而吃，只有过年才吃大米干饭。
汉族	大多以大米为主食，辅以红薯、木薯、大薯、芋头，在边远山区则以玉米为主食。1949 年以前，贫者一天三餐皆食粥，间或吃些杂粮饭。
瑶族	以玉米、稻米为主食，居住在山区的瑶族多吃旱谷米。1949 年以前，一日三餐为粥，因粮食不足，常将木薯粉、饭豆、瓜、蔬菜等放入锅中与玉米及大米同煮。

族别	主食结构及消费方式
苗族	一般以大米、玉米为主食。融水、三江等地的苗族以大米、糯米为主，隆林苗族则以玉米为主食。1949 年以前，一日三餐，中等之家以大米、玉米、红薯、芋头相杂而食，贫户则以杂粮与蕨根等植物的淀粉做粑粑充饥。
侗族	1949 年以前，侗族以糯米、大米为主食。中等之家以糯米、粘米、红薯、芋头等杂配而食，贫户多以红薯、芋头、糯米等混杂煮干饭和粥吃。
仫佬族	以大米、玉米为主食，粥用大米掺玉米和大麦来煮。
毛南族	山区毛南族民众以玉米为主食，平原地区的以大米为主食，辅以红薯、芋头。1949 年以前，一般人家早上喝粥，中午吃南瓜、红薯或芋头，晚上吃干饭或红薯等。
仡佬族	山区仡佬族民众以玉米为主，平原的以大米为主。仡佬族喜欢将玉米做成"玉米干饭"或混合饭。
京族	以大米为主食。1949 年以前生活贫困，一般人都以玉米、红薯、芋头等杂粮，混杂少量大米煮粥为主食，只有渔汛、农忙时才吃干饭。
彝族	以玉米为主食，一日三餐都吃干的。将磨好筛过的玉米粉拌水蒸二次，使其上、下均匀，干湿一样，早上一次蒸好后分三餐吃。

资料来源：广西壮族自治区地方志编纂委员会编《广西通志·民俗志》，南宁：广西人民出版社，1992 年，第 76—79 页。

从表 9-8 中可以看出，从民国初年到 1949 年，广西各族民众都以大米和玉米为主食，而红薯是重要的辅助杂粮。这说明经过明清以来的长期传播种植，特别是抗战时期桂系政府以"农都"为中心的大力倡导和推广，玉米、红薯、马铃薯等外来旱地粮食作物逐步完成了本土化进程，成为全面抗战以来广西各族群众的重要粮食来源。各族民众克服稻米生产不足的困难，将玉米、红薯等的加工消费与民族传统饮食习俗结合起来，创造了丰富多样的地方特色美食，既促进了这些外来旱地粮食作物的本土化进程，又对广西民族地区主食结构和消费习俗的嬗变产生了深远影响。

有学者统计，全面抗战时期广西普通民众米粮消费比例为三分之二，杂粮消费比例为三分之一。[37] 当时为节约粮食支援前线抗战，减少后方不必要的粮食消耗，专家提出了一些办法，比如：（1）实行减餐、减量，如每日食三餐者减为两餐，每餐食四碗者减为三碗或两碗半，其减少程度，只需每日饮食中摄取之热量，足敷身体之需要；（2）提倡富裕之家和普通民众日常饮食中多食玉蜀黍、甘薯、高粱、荞麦、豆类等杂粮，养成食用杂粮的习惯；（3）必要的时候建议中央政府仿照苏俄和英美等在战争时期实施过的定量分配制度。[38]从前文可知，广西各族群众显然践行了这些专家的建议。广西各族群众节衣缩食、踊跃支前，对抗战胜利做出了应有的贡献。

2. 增加饲料作物种类，促进畜牧业的发展。

西南地区大都为山区，没有大型牧场，因此很少有人专门从事畜牧业。农户日常饲养牛、马、猪、羊、鸡、鸭、鹅、鸽仅为副业而已，其中以养牛、猪、鸡较为普遍。1943年，《柳城农村经济调查报告》的数据证明了这一点。

表9-9 1943年柳城县畜牧业情况调查

乡别	农户/户	马/匹	黄牛/头	水牛/头	羊/头	猪/头	鸡/只	鸭/只	鹅/只
沙塘	5 679	150	660	450	159	850	8 000	2 000	150
凤山	4 653	60	592	820	61	9 023	1 400	1 500	41
大浦	8 547	131	1 421	1 103	57	19 919	20 060	13 180	86
东泉	6 609	183	976	1 058	32	9 544	17 100	4 987	120
龙关	5 334	107	1 250	1 108	40	10 042	15 005	806	17
沙埔	4 864	82	812	1 034	28	9 630	12 000	1 055	31
太平	3 528	152	1 560	1 086	48	14 469	15 100	800	66
六塘	6 786	115	1 460	9 660	30	9 600	12 012	1 120	45
古砦	5 075	123	1 450	692	30	7 395	15 000	800	81
上雷	4 353	126	862	976	36	9 480	12 000	910	36
洛崖	6 452	125	1 320	890	38	14 900	16 009	1 000	56
马山	6 506	91	1 200	590	30	1 073	1 700	1 120	55

资料来源：谢裕光、吴其玉：《柳城农村经济调查报告》，载《广西农业通讯月刊》第5卷，第7、8合刊，1946年8月，第18页。

从表9-9可知，畜牧业在柳城县农家经济中所占比重并非很大。每户饲养的家禽、家畜数量十分有限。其中鸡、鸭每家平均只有几只，猪每家平均1—2头，而羊、牛、马，平均几户才有1头（匹）。但是，应该认识到，即使只是作为家庭副业，饲养家禽、家畜也需要各种饲料。

一些地方志记载了红薯、玉米在饲养业的使用状况。例如，在桂东南地区，番薯"结实如甜薯同，随地可种，苗以饲猪、牛，薯为农家杂粮最大宗"[39]。民国时期，在贵县还出现了专门作为饲料的"白玉蜀黍，味淡，多作饲料，收量颇丰"[40]。

表9-10　1941年广西桂东南地区玉米、番薯、马铃薯各用途所占百分率

单位:%

县名	玉米				番薯				马铃薯			
	人用食料	家畜饲料	种子	其他用途	人用食料	家畜饲料	种子	其他用途	人用食料	家畜饲料	种子	其他用途
贵县	52	39	8	1	50	43	4	3	89	0	11	0
桂平	90	0	10	0	75	12	13	0	90	0	10	0
平南	—	—	—	—	59	27	4	0	95	0	5	0
蒙山	37	25	15	23	68	27	4	1	—	—	—	—
苍梧	—	—	—	—	30	35	5	30	60	20	20	0
藤县	—	—	—	—	50	40	5	5	80	0	20	0
岑溪	70	20	10	0	70	20	10	0	—	—	—	—
容县	—	—	—	—	57	23	10	10	92	0	8	0
陆川	—	—	—	—	64	28	6	2	90	0	10	0
博白	75	10	15	0	60	25	8	7	80	0	20	0
玉林	90	0	10	0	40	51	5	4	71	0	5	24
兴业	74	16	4	6	87	4	9	0	92	0	8	0

资料来源:《广西省各县市乡村人民食粮消费调查》（民国三十年），《广西农业通讯》，1942年第2卷第9期。

表9-10列出了桂东南地区各县玉米、番薯、马铃薯的用途比例。从表中数据可知，玉米、番薯、马铃薯除作主食外，还可以作饲料。其中，玉米在贵县中作为饲料使用占到了39%的比例，在蒙山、岑溪、博白、兴业等县中的比例均在10%到25%之间。番薯是桂东南地区的主要饲料来源之一，其所占的比例也相当高。其中，最高的是玉林县，占51%，竟比人用食料的比例还要高出11%；其次是贵县和藤县，占比都在40%左右。马铃薯在桂东南地区主要是作为人的食物，而在苍梧县，马铃薯仍有20%是作为饲料使用。

耕牛是农业生产的主要畜力，农户一般都会精心饲养护理。民国时期，贵县饲养牛马还"略分时节，野有丰草放牧而已，至木落岩枯昼，饲以糜（薯块、薯藤和水煮为糜），夜饲以豆叧、稻秆"[41]。夏天的饲养方法和冬天的不一样。博白县多数地区是牵牧养牛，只有少数山区放牧。秋收后，养牛的人家用稻草搭一"杆棚"，以保护耕牛过冬。到了冬天，牛整天在杆棚吃稻草，晚上加喂红薯和米糠，少许食盐冲温水。[42]同样，在陆川，养牛以山坡放牧为主，以青草和稻草为辅，冬天加喂红薯和米水。[43]

桂东南的农户一般用大米、红薯、玉米粉、红薯藤、菜皮、米糠、麦皮和水混合来喂养猪。"耕田要富，就要种薯芋"，就是说要用红薯和芋头作饲料来发展养猪业，增加经济收入。"无忧饥"番薯味淡，不好吃，适合作饲料，但是其产量高，亩产一般有550—600公斤，所以"无忧饥"的种植面积约占博白县红薯总面积的一半。[44]在贵县，养猪通常用糠、玉米、豆粕、薯藤或杂以糟为饲料。[45]蒙山人民喂猪习惯将红薯藤、青菜等青饲料煮熟，加上少量米糠和米粥；饲养猪花习惯以米粥、玉米粉、米糠混合煮熟喂养。[46]在桂东南地区的有些县份，玉米和番薯作为饲料的量相对少些，例如，岑溪县历来以稻谷及木薯为畜禽的主要精饲料，仅辅以少量的玉米、大小麦、豆类、红薯、米糠及花生麸饼。[47]

全面抗战时期，各种肉食大都靠自己生产。从目前所掌握的资料来看，主要肉食的产量基本稳定（见表9-11）。

表9-11　1937—1942年广西生猪存栏数人均占有

年份	存栏数/万头	人均占有头数	年份	存栏数/万头	人均占有头数
1937	270.52	0.19	1940	259.40	0.18
1938	264.38	0.18	1941	250.02	0.17
1939	280.54	0.20	1942	285.68	0.19

资料来源：广西壮族自治区地方志编纂委员会编《广西通志·农业志》，广西人民出版社，1995年，第489页。

这些统计数据是根据广西省政府编印《广西年鉴》的需要，由各县、乡、村分别统计后汇总而成，反映了1937—1942年广西省生猪养殖情况。另据资料记载，民国时期，广西农家养的猪有种猪和肉猪两种，肉猪占总数的93%。每年供宰杀的肉猪170万头。20世纪30年代，广西养的猪，除在境内自销外，还输出到港澳，1934年输出26.56万头，1936年输出48.56万头。[48]全面抗战爆发后，由于大量难民逃到广西，加上港澳被日军占领，生猪主要供应本地市场，不再向外输出。表9-11的数据显示，从1937年至1942年，广西生猪存栏数基本稳定，没有大的起伏。1940—1941年，受桂南战役影响，生猪存栏数略有下降，但是很快恢复到全面抗战前的水平。养猪需要大量饲料，而广西各地都有用红薯、玉米、马铃薯等杂粮作为养猪饲料的习惯，生猪存栏数在战争环境下基本保持不变，说明红薯、玉米、马铃薯等杂粮的生产是有保障的。而全面抗战前外销港澳的近50万头生猪，正好为各地逃到广西的难民提供了肉食。从这个意义上说，红薯、玉米、马铃薯等旱地粮食作物的种植，不仅增加了大后方的粮食产量，还为其肉食生产创造了有利的条件。

广西山林很多，植被保护较好，利于羊的生长。20世纪30年代，广西每年羊的存栏数基本能保持在20万只左右，见表9-12。

表9-12   1933—1949年广西羊存栏数

年份	1933	1937	1938	1939	1940	1941	1942	1949
存栏数/万只	16.35	19.36	19.55	85.49	18.69	20.24	57.51	19.88

资料来源：广西壮族自治区地方志编纂委员会编《广西通志·农业志》，南宁：广西人民出版社，1995年，第503页。

广西人均占有羊只数，1933年为0.012只，1937年、1938年为0.013只，1942年为0.038只，1949年为0.011只。[49] 1939年，羊的存栏数突然增至85.49万只，为前年的4倍多，1942年，羊的存栏数为57.51万只，约为前年的3倍。这与当时的社会形势密切相关。武汉会战结束后，日军加强了广州、南宁等地的封锁，目的是了切断中国的海外运输线。1939年和1942年，各地难民纷纷逃至广西，广西生活资料的需求量大增。因此，羊的存栏数较上年大为增加。全面抗战期间，尤其是桂南战役前后，广西的农业生产受到严重破坏，为确保畜力应用于农业生产，广西省政府于1939年5月颁布了《修正广西各县牛马登记办法》。该办法规定，凡人民所有牛马均须报请村街长登记，登记簿由各县政府发给，牛马的售卖或赠予，须将原领登记交给买主或受证人为证。如屠宰或病毙者，须将登记证缴交村街公所注销。各村街牛马登记完毕，由乡镇长编造统计表呈报县政府。[50] 1941年，省政府又颁发了《广西省取缔屠宰耕牛暂行办法》，严格限制屠杀耕牛。1942年，广西省政府转发中央《保护耕牛法》，接着又颁发《广西省保护耕牛施行细则》，规定凡屠宰牛必须事前报当地屠宰场，如无屠宰场则报请当地乡（镇）公所，派员查证，确无违反保护耕牛办法规定的，给予屠宰许可证，方可屠宰。违反者一经发觉或被告发，以犯耕牛法论处，由县政府处罚。[51] 这些法令法规的颁布，使耕牛得到了有效保护，与此同时，牛肉供应量也大为减少。在这种情况下，增加羊的养殖数量，满足战时社会生活需要，就成为政府和民众的必然选择。而要增加羊的养殖数量，就必须在一定程度上依靠红薯、玉米等杂粮的增产。

　　猪、牛、羊的饲料，长期以来都需要用到红薯、玉米等杂粮。将红薯藤、玉米青苗、水浮莲、水葫芦、花生藤等，切碎放入地窖压紧，盖上草垫制成青贮饲料。利用农作物块根、块茎、瓜果类作饲料的主要有红薯、芋头、木薯、芭蕉芋、南瓜、木瓜等，熟喂或晒干打成粉，渗入青饲料煮熟，作猪、牛的饲料。由于淀粉含量较高，饲喂后猪、牛等容易长膘。红薯藤晒干，也可用作猪、牛的饲料。玉米秸秆、玉米芯、玉米加工后剩下的皮渣更是猪、牛喜爱的饲料。[52]

　　鸡鸭等家禽是民众日常的肉食。1933—1942 年，广西每年鸡存栏数在 1 051 万只至 1 816 万只之间，年平均存栏 1 540 万只，其中以 1933 年最多，为 1 816.95 万只，人均 1.44 只。最少是 1942 年，存栏鸡仅有 1 051.49 万只，人均 0.71 只。1933 年，广西存栏鸭为 741.51 万只，人均占有 0.576 只；1937 年有 556.25 万只，人均 0.396 只；1938 年有 580.05 万只，人均 0.410 只；1939 年有 456.95 万只，人均 0.323 只；1940 年有 764.1 万只，人均 0.533 只；1941 年有 669.66 万只，人均 0.452 只；1942 年有 432.59 万只，人均 0.291 只。[53]

　　鸡鸭的饲料很广泛，其中，加工后的红薯、玉米、马铃薯是鸡鸭饲料的主要来源，尤其是打碎后的玉米，在饲料中所占比重较大。

　　以上数据，只能大略说明抗战时期广西饲养业发展过程中，外来旱地粮食作物所发挥的作用。尽管如此，我们对当时饲养业与旱地粮食作物之间的关系，仍能做出基本的判断，即旱地粮食作物的种植，为饲养业提供了各种饲料；而饲养业饲料的加工方法和喂养方法，也由于旱地粮食作物的推广，在传统经验的基础上或多或少有了一定的发展。

　　3. 促进生活和生产原料的有效利用。

　　红薯、玉米、马铃薯等旱地粮食作物都含有丰富的淀粉，而淀粉又是许多食品的原料。抗战期间，农业科研人员有效利用了这几种粮食作物。1942 年《沙塘农讯》第 21 期中写道：近年粮价飞涨，制酒成本随之提高，且以米麦酿酒，与战时节约之旨相悖，殊非合理。广西农事试验场农业化学组，顷发现利用溶糖（土制片糖受浸融化或入藏融化）可制"营养酒"。而红薯、玉米、马铃薯等旱地农作物，是土制片糖的重要原料。查片糖一旦融化，食用价值大为降低，且多数均遭废弃不用。兹该场农化组发现此类溶糖加水稀释，糖水比例为一份糖四份水，滤去杂质，煮沸后冷却，注入酵母，经三日至四日即可取出食用。其味醇香，可充啤酒。唯过久即变酸味，每次取酒时如留下一二斤，再加入糖水，数日后仍能成酒。如此源源加入糖水，可永远制取酒汁。按此种营养酒，所含酒精约为百分之六至七。抗战期间，由于营养不良而导致的胃纳不佳或精神委顿者比比皆是，此种病态，实由于人体内缺乏乙种维生素。经该组化验此种酒内酵母菌，含有各自维生素极多，尤以乙种为丰富，同时此种酵母菌含蛋白质量亦高，并能分解成不同氨酸基，有益吾人营养。[54]这种"营养酒"，由"农都"科研人员研制出来后，经过推广，在大后方地区逐渐普及，丰富了民众的饮食结构。虽然"营养酒"的营养并不高，但在战乱之下，这种饮料还是满足了人们的生活需求，更重要的是，它实现了旱地粮食作物生产原料的有效利用。

三、对广西战时农村生活方式变革的评价

抗战时期，桂系集团在全省大力倡导玉米、番薯、马铃薯等外来旱地粮食作物的改良推广及本土化，促进了当时农村生活方式的改变。若要对此进行历史评价，应主要关注以下两个方面：

第一，政府和民间力量的结合是抗战时期改良推广外来旱地粮食作物的主要推动要素。外来旱地粮食作物的种植推广是一项系统的社会工程，地方政府必须发挥引领作用，而民间自发的力量起辅助作用。如果没有政府发挥宏观调控作用，外来旱地粮食作物的推广和本土化在抗战特殊时期是不可想象的。有两点必须深刻认识到：一是广大农民为了抗战需要努力

从事粮食生产，是应该得到充分肯定的。没有广大民众的自我牺牲精神和无私付出，抗战胜利是不可想象的。二是必须认识到"战时农都"改良推广网络体系中科研人员所发挥的特殊作用。全面抗战时期，局势险恶，科研资金、设备等严重不足，日常生活也非常艰苦。科研人员克服各种困难，以严谨的治学态度和无私奉献的精神，努力从事旱地粮食作物等的良种繁殖、病虫害防治、种植推广等。广西作为经济文化落后的少数民族地区，想要有大的发展和飞跃，除进行社会制度整合和构建合理民族关系的平台外，还必须由政府发挥引领作用，探寻一条适合本地的科学发展道路，积极引进人才，努力创造有利于人才成长、发展、进步的社会环境，充分激发科研人员的创造潜能和无私奉献精神，推动落后地区科研事业的快速发展。农村广大民众的旱地粮食作物改良种植实践，有些是自觉的，有些则是跟随的，但是，整体上都形成了积极的发展性力量，所以才能使战时粮食供应得到保证。生活方式的改变是一个长期的过程，而生产的发展是生活方式改变的前提。政府和民间力量的结合推动旱地粮食作物的推广，而在推广中，民众的生活方式开始发生变化。

第二，外来旱地粮食作物的改良推广及本土化实践，存在政策和绩效之间的分异，从而对生活方式产生不同的影响。必须看到，推广实施过程中还存在质和量的差异，推广绩效也存在好与差的区别。例如，当时一些专家就指出："农业事业分布在广泛农村中，而农民特性又往往富于保守，因此欲改进农林，发展农林，非深入农村引起农民之注意与兴趣，断难收效。现所推行事项，如水稻改良、水稻选种、小麦推广、棉花推广、绿肥栽培、堆肥制造、植桐造林等，除特殊技术，由省派员负责外，大都为简而易行，农民能作能为之事，但除水稻良种推广，又一部分小麦棉花油桐栽培，易于见利者外，农民多漠然视之，不甚踊跃，或深拒不愿接受"[55]。又如，20世纪30至40年代，贵县试行推广杂交玉米实验，因不易管理，容易再杂交变种，加之本地红皮黄心薯与"无忧饥"番薯相比品种更好，产量也相当高，导致杂交玉米和"无忧饥"番薯在该县的推广成绩不理想。[56]这说明，推广过程中，经济效益原则发挥着很重要的作用，科研实验工作若不能及时有效地提高产量，农民的自觉推广工作就会受到制约，传统的生活方式就会继续维持。

冬季粮食作物推广面积在广西各县份的实施情况和取得的绩效很不一样。另外，桂系政府重点抓了稻谷和积谷的病虫害防治，而对于玉米等旱地农作物的病虫害防治工作就相对放松了。例如在《广西第二区区农场三十一年度工作报告书》中，调查者在《贵县、来宾、迁江、象县及武宣五县主要农作物虫害调查报告》的末尾就中肯指出，"1942 年，蛀心虫为 5县玉米之大害虫，总计损失玉米 2 152 368 市担，现在物价高涨，如折合国币计算其数更为惊人"，故 "本省年来对于食粮增产问题甚为注意，而虫害多侧重于水稻及积谷虫害之防治，至于本虫（即玉米蛀心虫）似尚未加以注意，至为可惜"[57]。这是很有见地的看法。之所以会发生政策和绩效之间的分异，其原因有以下几个：其一，广西农村各县市社会经济、人口和地理环境等千差万别；其二，外来旱地粮食作物的推广种植经常受到水灾、旱灾、虫灾等自然灾害的影响；其三，各县市政府领会贯彻上级指示精神存在偏差，从而导致政策执行不力。指出这一点，目的是说明旱地粮食作物的改良与传播绩效差异，会对不同地区民众的生活方式产生不同的影响。因此，评价旱地粮食作物与民众生活方式变化的关系，既要注重共性，也要注重差异性。通过差异性的比较，判断生活方式变革的程度。尽管这种判断是模糊的，却能深化认识。正常情况下，旱地粮食作物改良与推广效果较为显著的地区，民众生活方式的变化会相对明显。

第十章

豫湘桂战役期间"农都"的财产损失

抗战时期的"农都"为发展中国农业科技，支撑中国战时经济发挥了积极而重要的作用，因此，它也成为日军打击的主要目标之一。桂南战役期间，日军飞机密集轰炸柳州。"农都"幸免于难，但是，科研实验工作受到一定影响。1944年秋冬，日本展开"一号作战"，发动为打通大陆交通线的豫湘桂战役，进攻桂林、柳州。1944年11月8日，沙塘被日军侵占，1945年7月日军撤出沙塘。日军侵占沙塘近一年，给"农都"造成毁灭性的破坏。

一、豫湘桂战役前"农都"的建设成果

如前所述，"农都"的创建过程长达十余年，全面抗战爆发前，它只是作为广西近代农业的科研实验基地，卢沟桥事变之后，随着中央农业实验所等机构陆续迁移至此，它逐渐成为中国的"农都"。要想了解豫湘桂战役期间的财产损失，就必须对战前的建设成果，尤其是财产方面的情况有所认识。这里所说的建设成果，主要指有型的资产，不包括实验研究成果和教育成果。

（一）广西农事试验场的建设成果

广西农事试验场的建设历经柳江农林试验场、广西柳州农场等阶段，1935年迁至沙塘后，又接管了伍廷飏在沙塘创建的广西垦殖水利试办区（后更名广西农村建设试办区）的土地开发和其他事项，正式在广西农村建

设试办区原址以广西农事试验场开始运营。广西农村建设试办区在沙塘经营，将原人烟稀少、土匪横行之地，建设成为一个"国人称扬已久的新兴事业"[1]。广西农事试验场继承了之前试办区的资产和新兴事业，为沙塘成为"战时农都"奠定了坚实的基础。

1. **广西农事试验场的土地面积及土地上的植物资产。**

广西农村建设试办区内"跨柳州县一角，占柳城县大部分，两面环河"[2]，根据1933年的测量，计有2 168方里，即1 170 720亩。此外尚有附近无忧垦殖水利事业区域计400余方里，归本区指导。[3]其中，据1933年6月测量，计耕地面积175 450亩。其中，水田耕地100 804亩，旱地耕地75 450亩。[4]另外，计民有荒山荒地48 657亩。其余607 587亩荒山荒地，殆均属官荒。[5]广西农事试验场接管试办区后，"占地面积2万多亩，其中建筑房屋用地168.13亩，试验用地3 231.4亩，各种园圃812.49亩，水田及水塘418.30亩，其他812.50亩，历年营造松杉油桐及其他阔叶树共计20 439亩，有林木187万株"[6]此外，林场"占地面积18 632亩"[7]附属三个垦区（即沙塘、无忧、石碑坪）共有荒地87 000亩。除此之外，还有9处林场。其中，1932年以来试办区还种植杉林，至1937年有高3米以上的有40万株。[8]1937年，垦区还有耕牛1 000头。[9]

2. **广西农事试验场的营造物与仪器设备资产。**

（1）建筑物。试验场"建有实验室、办公室、仓库、礼堂、宿舍、测候室、温室、机房、糖厂、畜舍等各类房屋58幢"[10]沙塘、无忧、石碑坪三个垦区有"办公室、畜舍、仓库、水源等项（垦民住宅未计入）营造物合计33座，水塘8所，水渠25条"[11]沙塘垦区建有1所小学。此外，开设有沙塘金库（等于农村银行）、沙塘仓库（以便加工或联合运销）、柳州联合公店（对内供给垦民生活所需要的东西，对外将垦民所生产的尽量推销）、农产品加工厂（对农产品加工制造）等。[12]

（2）图书资料。据1939年统计，试验场图书馆藏有中文书籍1 925册，日文书籍321册，西文书籍517册，合计图书2 763册。中文杂志140种

2 706 册，日文杂志 19 种 309 册，西文杂志（包括各种专刊、报告、单行本在内）230 种 5 997 册，合计杂志 389 种 9 022 册（合计数或某类杂志的数量疑有误。——作者注）。[13] 到 1943 年，有西文图书 526 本，中文书 3 891 本，日文书 365 本，各种杂志 806 种。[14] 以及到越南等海外购置图书杂志，共计 14 824 册，[15] 此外，中央农业实验所广西工作站有一批外文书刊与一些国内专业期刊。试验场因此掌握了国内外农业科学研究的最新动态。

（3）仪器设备。自 1938 年起，试验场"广罗人才，充实设备"，至 1943 年举办第三次沙塘农民联欢大会时，"有关农业研究所应用之图书、机器、仪器等，均甚完备"。[16] 试验场还购置了农用机械和仪器："重要机器如精米机、犁田机、轧花机、玉米脱粒机、蒸汽消毒机、喷雾机、汽车、小型发电机、电话机、各种新式农具等，均有设置。仪器方面如显微镜、折光镜、比色镜、打字机、计算机、磅秤天平等，设备极多。"[17] 试验场还设有"测候室，气象仪器大小 20 余件，总值 3 000 元左右"。[18]

（3）附属垦区。广西农事试验场有附属垦区三个，分别是沙塘垦区、石碑坪垦区和无忧垦区。这三个附属垦区经过初期的建设，亦取得较好的成果。

首先是沙塘垦区。据 1936 年的调查，沙塘垦区下设沙塘新村、永安村、六合村、新丹村、新芝村、新小村，共有村舍 29 大间，垦民或耕户 70 户；古丹第一水塘 160 余亩，古丹第二水塘 82 亩，郭村第一水塘 36 亩，郭村第三水塘 96 亩；沙塘新村耕地 3 500 亩，其余各村水田 900 余亩；大小牛共 72 头，牛车 25 架，龙骨水车 1 架，犁耙各 72 具，锄头等共 400 余件。[19]

其次是石碑坪垦区。据 1936 年的调查，石碑坪垦区下设新中村、新东村、新南村，共有村舍 62 大间，垦民 83 户；设有石碑油糖厂一座，内有本地油榨 2 副，本地糖榨 2 副；已垦耕地 5 200 余亩；大小牛共 178 头，牛车 60 架，龙骨水车 2 架，犁耙各 80 具，锄头等共 400 余件。[20]

最后是无忧垦区。据 1936 年的调查，无忧垦区下设无忧村、福立村、城堡村，共有村舍 41 大间，垦民 98 户；在城堡村还建有大小碉堡 8 座，牛舍 3 座，设有三层楼房屋且后面有晒场及贮藏室的无忧公店 1 大座；设有无忧油糖厂 1 座，内有本地油榨 3 副，本地糖榨 4 副；无忧水塘 100 余亩，福立水塘 200 余亩；已垦荒地 6 000 余亩，水田 1 200 余亩；大小牛共 148 头，牛车 80 架，龙骨水车 3 架，犁耙各 98 具，锄头等共 500 余件。[21] 这三个垦区虽为附属，但其建设成果，亦与广西农事试验场的发展息息相关。比如广西农事试验场试验的作物新品种往往在附属垦区试种，进而推广至各地。

（二）农林部中央农业实验所广西工作站、农林部广西省推广繁殖站的建设成果

由于与广西农事试验场合处办公，广西省推广繁殖站"所有一切试验研究及设备，均与农事试验场，密切合作，互通有无，并协助省方办理示范推广工作。同时，中央农业实验所广西工作站奉令撤销，所有职员，均调本站（农林部广西省推广繁殖站）工作，一切实验研究，仍照原计划继续进行"[22]。虽然可以与广西农事试验场在实验研究及设备上密切合作，互通有无，但这毕竟是可暂不可久，于是作为站主任的马保之呼吁"为奠立本站永久基础，自应另拓场地，充实设备，庶使本站业务，得有充分之发展"[23]。

（三）国立广西大学农学院的建设成果

1937 年 9 月，广西大学农学院自梧州迁至柳州沙塘。农学院设有农学、森林及畜牧兽医 3 个学系，各系均设有研究室。此外，还有农场、林场、牧场、梧州农林分场、兽医院、植物研究所、仪器室、卫生室、图书馆等。该院未受战时迁移之损失，"一切设备甚为充实，贵重仪器极多，如各种显微镜 70 余架，切片机 5 架，电气仪器 10 余种，天平 20 余架。标本模型亦甚丰富，单是装贴完竣并定有学名之植物标本已有 14 000 余张"[24]。建筑上，主要有试验场在广西大学农学院前往沙塘时"划定一块约 100 亩的土

地作为农学院的教学基地，还有总面积约 1 000 多平方米砖木结构的平房作为教室、实验室、图书馆和宿舍之用"[25]。与此同时，开始规划和经营教学实习农场，计有"旱地 145 亩，水田 27 亩，菜地 18 亩，果园 90 亩，又辟森林苗圃 45 亩"[26]，为教学创造一些起码的条件。至 1938 年 9 月开学时，学院面貌有了起色。随后"牧场规划面积 350 亩，开始建设"[27]。因战争原因，经费愈来愈紧缺，教学用房又严重缺乏，但即使如此，农学院还是决定建造一座教室（兼行政办公室）和一座研究馆（即实验室和教师备课、科学实验用房），均为泥砖木结构的西式平房，建筑面积分别为 500 和 700 平方米。半年后，即 1939 年初，新建的教室、研究馆落成，教学用房得到适当的改善，图书馆阅览室又得到扩展。[28]

此外，国立广西大学农学院还在沙塘设立柳州林场，用备员生研究及实习之需，"先后收用之官荒，计有雷劈山、云盘山、古木山、工冈山、必芝山及大庙山等处，面积共计三千余亩"[29]。最后在沙塘完成植树造林约 6 000 亩。

（四）广西省立柳州高级农业职业学校的建设成果

为培养广西中级农业技术人员[30]，1940 年 4 月，广西省政府在柳州沙塘筹设广西省立柳州高级农业职业学校，"由广西农事试验场拨出位于沙塘街北面约 3 公里的苗圃地 100 多亩作为校址。经过一番筹建，于 1940 年 8 月便开始招收农林及畜牧兽医科第一届学生各一班，共 70 人"[31]。并于当年 9 月初旬正式开学。一面上课，一面继续建筑校舍。经过一年的时间，校舍基本落成，"计有竹篱批灰墙瓦面结构的平房教室 1 栋，小礼堂及办公室 1 栋，教工宿舍 1 栋，还有泥砖墙瓦面结构的学生宿舍 6 栋"[32]。这 6 栋学生宿舍分别命名为"柳江村""桂林村""苍梧村""邕宁村""西林村""平乐村"。1942 年 12 月，沙塘乡绅陈祁昌慷慨捐赠"位于校本部东面对河的旱地 340 亩。供学校建立实习农场及牧场。学校在该场又建有猪牛舍及职工宿舍"[33]。经历年扩充，学校渐具规模，"设有礼堂、总办公厅、教室、理化实验室、植物标本室、农具储藏室、图书仪器室、教职员宿舍、警工宿舍，……总共十四大座，其他校具、教具、农具、牲畜、种苗、图书、仪器等设备，亦渐充实"[34]。

（五）各区农场的建设成果

广西分为六个农业区，每个区都有一个农场，并赋予各区农场一定的工作任务，比如作地方性试验并繁殖推广，负责解决区内各项农事问题，被视为"各区农业实验之中心机关，亦为农事试验场之工作分站"[35]。

第一区农场设在临桂县大圩，有"旱地323亩，另租水田50亩。房屋有办公厅1座，水稻工作室1座，旱地（作物）工作室1座，职员宿舍2座，工人宿舍2座，牛舍1座。图书381本，仪器39件，农具273件"[36]。

第二区农场设在桂平县城西岭头村，有"土地615.91亩，其中水田171.79亩，旱地70.94亩，果园90.31亩，山地260亩，建筑及晒场等用地22.87亩。房屋有办公厅、会议室、图书室及职员住室等1座共32间，职员及工人厨房、饭厅、浴室、工人住室、农具室、牛舍等1座共19间，果园职工宿舍1座5间，液肥室2座，堆肥室1座，养虫室、种子室、土温室各1座，鸡舍1座"[37]。第二区农场下设浔德分场，浔德分场的建筑、设备等与第二区农场差异不大。

第三区农场设在宜山县城南凉亭阁，有"水田85亩，旱地212亩，房屋有办公厅、种子室、工人宿舍各1座，职员宿舍2座，图书250册，仪器85种552件，以玻璃器具为最多，大小农具178件"[38]。

第四区农场设在邕宁县西乡塘，有"土地3 540亩，其中水田110亩，旱地200亩，园艺地200亩，森林地3 000亩，苗圃地30亩。房屋有总办公厅1座7间，职员宿舍1座，工人宿舍及谷仓1座8间，总工作室1座，稻作工作室、旱作工作室、堆肥室、干肥室、液肥池各1间，牛舍3间，水稻盆栽阴蓬2间，阴干厂1间，农具室1间。重要器具有显微镜、加数机、计算尺、穗秤、天秤、解剖器、谷粒鉴定器、喷雾器、比重器等20余件"[39]。

第五区农场设在田东，有 "水田 43.30 亩，旱地 33.35 亩，荒地 100 亩，房屋均系搭盖临时茅棚，计有办公厅、职工宿舍、种子室、牛马猪鸡鸭舍及厨房浴室等大小 10 余座"[40]。

第六区农场设在龙州，有 "农艺地 100 亩，园艺地 35 亩，森林地 1 700 亩，苗圃地 3 亩，水塘 8 口，房屋有办事处房屋 1 座，园艺瓦屋 3 间茅屋 4 间，农艺茅屋 4 间，大小农具 50 余件"[41]。

上述几个科研机构、教育单位、附属垦区和各区农场等，有 "集于沙塘一处，系统虽殊，而目标则一，故彼此间之工作，力求取得密切之联系，以期人力财力得以充分利用"[42]。

二、豫湘桂战役期间 "农都" 疏散时的财产损失情况

1944 年夏日寇南侵，在桂柳沦陷前，处于沙塘的各机构单位均立即做出战时反应，决定疏散。

（一）广西大学农学院疏散路线及财产损失情况

1944 年 6 月，农学院计划疏散路线为沿黔桂铁路迁往南丹，先派陶心治教授到南丹选定临时校址，派职员黄妙珩等前往筹建临时校舍。与此同时，部分师生离开了学校。8 月，衡阳失守，桂柳告急。广西大学决定前往贵州榕江，农学院接到通知后，也认为南丹为日军必经之地，不再安全，遂决定亦迁往贵州榕江。9 月，留校的全体师生员工眷属，在汪振儒院长带领下，先前往融县，再经富禄，11 月 28 日到达贵州榕江。学校正欲在榕江筹备复课，12 月初日寇向贵州独山进犯，其中一部逼近榕江。同月 6 日晚榕江县府命令疏散，学校决定迁往黔北。8 日已步行至忠宝寨，10 日得悉敌军退去，乃决定折返榕江筹备复课。一直到 1945 年夏日本退出广西，广西大学农学院都在贵州榕江办学。1945 年 9 月，才迁回广西。

广西大学农学院决定疏散后，除一部分上课需要的图书、仪器随身携

带外，其他图书、仪器、标本等一切公物，都装箱待运。[43]然而，装了120箱的图书、仪器、设备、标本等交铁路托运，但由于使用无刹车装置的车皮，运至六甲站后，因坡度大而不能继续前进。农学院多次"到柳州铁路局与第四战区司令部接洽，请求拨给有刹车装置的车皮，均无结果"[44]。10月下旬不得不将这120箱物品寄存附近一农家。不久，"日寇沿黔桂线进犯贵州，往返均经六甲，这批图书、设备全部损失于战乱之中"[45]。教学必需的仪器、图书等，用船运到融县，再转运到富禄，改乘小艇逆江而上到达贵州榕江。不幸的是，在1945年8月15日日本无条件投降的第二天下午，贵州榕江洪水暴发，全城房屋均被淹没，仅剩城墙露出水面，"学校图书、仪器、档案等公物及私人财物，未及搬出，尽淹水中，损失很大"[46]。

广西大学农学院自从沙塘迁往贵州榕江后，其图书、仪器、标本等一切公物120箱，最后都损失殆尽。

（二）广西农事试验场疏散路线及疏散财产损失情况

1944年秋，日寇侵桂，广西农事试验场疏散至三江县丹洲，日军逼近，再迁往三江县良口乡，直到抗战胜利后迁回沙塘原址。农林部广西省推广繁殖站与广西农事试验场合署办公，在疏散时，随广西农事试验场疏散至三江县良口乡。

广西农事试验场疏散到良口乡后，继续从事试验研究工作，并推广两种小麦，"成绩极佳，打破一般农民不事冬作之旧观念"[47]。这对于三江县的农事改进影响颇大："人民循此更进，再注意于杂粮及冬耕，则本县（三江县）粮食自给之希望，当不难达到"[48]。广西农事试验场科研人员在工作之余，还"相互研讨，组织农业问题讨论会、通俗讨论会、读书会等活动，用以相互勉励，并且由马保之场长、张信诚及乐嗣同等先生分别讲授遗传及育种、土壤肥料及本国史等科目，使精神有所寄托，而韶光亦不致在乱离中虚掷也"[49]。然而，广西农事试验场"试验工作因受环境之限制，未能尽量发展"[50]。所幸的是，"运出之种子及仪器图书，均能保存，精华尚未丧失"[51]，比如冼寿征负责保存的玉米自交系。[52]这些保存下来的种子，用于繁殖良种，提供给良口乡农民种植。广西农事试验场还在圩日、节日等举办农业技术展览会，传播科学的种养技术和知识。

1945年1月，日军入侵三江，广西农事试验场安放在丹洲的公物，除部分被工作人员抢运到蕉花处外，其余全部损失。因战事紧张，农都科研人员后转移至大榕江，不久遇空前大水灾，许多科研资料、书籍、衣物被洪水吞没。[53]

（三）广西省立柳州高级农业职业学校疏散路线及疏散财产损失情况

1944年11月11日，柳州沦陷。广西省立柳州高级农业职业学校先疏散到融县达东村。然而，至11月中，融县县城沦陷，学校又被迫搬到融县大苗山区浦令村。当时由于匪患、交通阻隔、缺钱缺粮，已无法上课，部分学生离校参加柳城县民团司令部的政工队。1945年4月，由于生活难以维持，学校再次被迫迁往三江县良口乡。[54]得到疏散到良口乡的广西农事试验场的大力资借，才得以勉强维持生活。图书仪器和档案随校疏散，得以保存。直至同年8月日军投降，学校方才从三江县良口乡迁回柳州沙塘原址。

（四）各区农场的疏散路线及疏散财产损失情况

面对日军的入侵，广西各区农场疏散或搬迁，减少损失以为未竟事业留下继续发展的基础。除第五区农场外，其他各场均经历搬迁。第一区农场，由临桂之大圩，迁至永福县之崇化乡；第二区农场由桂平县西郊之岭头村，初迁于浔江之新圩，复迁于牛排岭；第三区农场由宜山迁思恩县，后再迁东兰县；第四区农场由邕宁之西乡塘迁隆安县，复迁镇结县，三迁龙茗县；第六区农场由龙州迁养利县，复迁雷平县，三迁龙茗县。因第四及第六两区场同迁往龙茗，为节省人力物力，将两场合并第四第六区联合农场。[55]

"战时农都"的农业机构和教育单位，在桂柳沦陷之际，疏散到沙塘周边、县份，以避免战乱。疏散耗费的人力、物力、财力不可谓不巨大，而疏散的财物在路途中因自然灾害、交通事故、日军轰炸，也有所毁损。

三、日军侵占柳州期间沙塘"农都"的财产损失

日军于 1944 年 11 月 8 日侵占沙塘，于 1945 年 7 月撤出沙塘。1945 年 8 月 15 日日本宣布投降，抗战胜利。各机关学校劫后归来，满目荒凉，昔日精华，大多已成灰烬。

（一）建筑物的损失

桂柳会战期间，日军由柳城攻柳州，其运输部队即驻于农事试验场内，敌人退却时对试验场肆意破坏。总办公室（包括一部分试验室）及宿舍、农艺馆、眷属宿舍、合作之高级农业职业学校等房屋均被焚一空。[56]农事试验场的"原始馆、农艺馆、农业化学研究室，森林、病虫害、园艺之组的办公室，推广繁殖站的职员宿舍、办公厅，西大农学院的研究馆、图书馆、教室、农牧场，柳州高农职校的礼堂、学生宿舍等，都已化为灰烬"[57]。正如时任广西农事试验场场长的马保之先生所言："劫后归来，苍夷满目，原有办公厅、实验室、宿舍、牛舍等房屋设备，遭破坏者十之八七。"[58]农事试验场"原有房屋五十余栋，战时破坏者达四十余栋之多，其中包括办公厅（原始馆）及各组办公厅、实验室、玻璃房屋等重要建筑，损失逾 355 929 000 元"[59]。

广西省立柳州高级农业职业学校"原址校舍、礼堂办公室及学生宿舍'西林''平乐''苍梧''邕宁'四栋，均已被毁，瓦砾无存。其余校舍亦遭破坏，无一完整"[60]。"损失惨重，仅存房舍五座，估计损失107 890 000元"[61]。

国立广西大学农学院的研究馆、图书馆、教室、农牧场等被毁。因

"沙塘房屋几被毁尽，无法迁回，已改在柳州之鹧鸪江复课"[62]。

（二）图书仪器设备等的损失

广西农事试验场虽然"幸运出之种子及仪器图书，均能保存，精华尚未丧失"[63]，但是"疏散于附近乡村暨匿藏地下之公物，约损失百分之九十"[64]。

国立广西大学农学院虽然早在日军入侵广西前就已做好疏散准备，但装箱的 120 箱图书仪器设备全部损失于战乱之中；"迁运于榕江之各种器材，逢今（1945 年）春之大水，漂没甚多，损失颇为重大云"[65]。所留沙塘之图书仪器设备等，所剩无几，战后亦损失殆尽。

广西省立柳州高级农业职业学校的图书仪器设备以及档案等除"随校疏散外，一切均告损失"[66]。

农林部广西省推广繁殖站虽然成立时间不长，但是开展农事事业迅猛，亦积累了一些图书杂志，还有一些仪器设备等。然而，在战火中"亦惨遭打击，估计全部公物损失达 1 619 000 元"[67]。

（三）各区农场的财产损失情况

各区农场"因敌人侵扰迅速，及交通工具之欠缺，未能搬出之物资，固均已损失"[68]。即原已迁避之物资，复遭损失一部分或大部分。至于建筑物，"除第一区农场尚保存水稻组工作室 1 座，第二区农场浔德分场尚保存房屋 1 座，第四区农场虽保存旱作工作室一部分但亦破坏不堪，其余房屋均被破拆毁或焚毁。所有果树林木多已被毁或被砍伐，损失极为惨重。"[69]经过考察各区农场原有的建设成果结合以上时人的记录，原六个区的农场建筑物损失高达 99%，来不及搬迁的仪器设备均被毁，满目疮痍，曾经付出的心血，取得的成果，却由于日军的入侵，均化为灰烬。

战时"农都"及各区农场，在日寇的魔爪下，受尽蹂躏，"可怜的农学院，农事试验场等大部建筑物，都化为灰烬"[70]。不仅建筑物损毁，连建筑物里的图书仪器设备等均一同损失殆尽。

四、劫后"农都"财产损失的影响

"农都"损失的财产对战后广西农业试验、科研和教育产生了严重的影响。

第一，科研、教学与实践的相互协调促进已经失去依仗。在疏散前，国立广西大学农学院、农林部广西省推广繁殖站、广西农事试验场等机关学校均集中在柳州沙塘，各单位之间联系密切，相互合作，共担项目，共做实验，共同教学，使人才资源得到充分利用，使得沙塘能在战时迅速成为"农都"。而在战后，由于国立广西大学农学院的校内建筑物、图书仪器设备等遭到严重破坏，不得不迁往柳州鹧鸪江，后迁到桂林办学，因此"人去楼空，沙塘不免增添了几分寂寞的空气"[71]。其他机构也有类似的遭遇，因此，机构之间无法再相互协调促进。

第二，图书仪器设备缺乏，无法有效开展教学试验科研。在战时，沙塘的农业机关和农业学校均有着大量的图书仪器设备供农业科研人员、教师、学生使用。比如，国立广西大学农学院疏散时，"除一部分上课必需的图书、仪器标本设备随身携带外，其余图书、仪器和标本共约装 120 箱"[72]。这些与农业相关的图书仪器设备，单从数量上看就显得非常丰富。然而，在战后，这些全部灰飞烟灭，这对于农业教育教学、农业试验、农业科研来说，损失是何等的惨重！

第三，战后的"农都"无法继续得到战时政策的支持。战时的国民政府急需粮食，因此大力扶持农业技术的研究、农事试验，培养人才。加上桂系集团与以蒋介石为首的国民政府一直有矛盾，桂系为巩固自己的根据地，亦加大对农业改良、农业试验、农具改进、农业人才等的扶持与投入。因此，同时作为战时大后方的沙塘亦吸引着大量来自广西乃至全国的著名农业技术人员、农业教育教学专家、农业科学研究人才。据何康（1988 年 4 月至 1990 年 6 月任农业部部长）先生后来回忆，"因为抗战军兴，很多京、沪、粤、港的学者都撤退集中到广西，……（广西农事试验场）场长就是国民党元老马君武的长子马保之，他招聘了很多从香港、上海等地撤退出来的学者，包括很多国外回来的博士，都是美欧、日本名牌大学毕业的。当时，广西民主空气比较好，广西农事试验场也办得很好，学术气氛浓厚。广西大学农学院就在农事试验场旁边，试验场里很多研究员都是农学院的兼职教授，而且可以把试验场作为教学研究的场所，学习和实践结合非常密切"[73]。无数的农业科研成果在沙塘取得，大量的人才得以在沙塘培养，影响不断扩大，造就了"战时农都"。然而，随着战事的扩大，偏安一隅的广西柳州沙塘，亦遭到日军的入侵。政府下令各机关学校疏散到大后方，名噪一时的"战时农都"在战争的摧残下，满目疮痍。日本投降后，一些农事机构和学校迁回沙塘，然而，无论农业科技人员和专家们如何修复和重建，都未能恢复到战时水平。

　　仅从"农都"财产损失这一角度分析，就可以看到日军第二次入侵广西，造成的严重影响直到现在都难以消除。有学者认为，日军第二次侵入广西，"所到之处，日军烧杀抢掠，无恶不作，给广西社会经济造成了毁灭性的巨大破坏，其破坏程度远远超过第一次侵桂期间；新桂系十几年艰辛经营的成果几乎被毁无遗"[74]。

第十一章

"战时农都"的文化遗产价值及其利用

抗战的硝烟散去已有 70 多年了，柳州沙塘"农都"也早已完成其历史使命。但是，"农都"给我们留下许多有益的启示，是重要的文化遗产。

"农都"的主要任务是研究和推广先进的农业生产技术。在战争环境下，红薯、玉米、马铃薯等旱地粮食作物品种的改良优化是一场重要且具有深刻意义的革命。沙塘作为当时"唯一仅存的农业实验中心"，经历了艰苦卓绝的探索过程，树立起高大隽永的历史丰碑，获得了"农都"的美誉。

"农都"的形成，既是战争使然，也是政府和农业科技人员以及广大民众共同促进的结果。"农都"既是政治文化遗产，也是农业文化遗产。它留给人们的启示，需要从这两个维度进行透视。站在全民抗战的立场，正确认识这些遗产的价值，不仅有助于更新抗战史研究观念，更有助于提升中国抗战的地位。

一、"战时农都"的政治文化遗产

所谓政治文化遗产，主要指历史上留下的有价值、有继承或推广意义的政治理念、政治制度和政治实施经验等。在抗日民族统一战线的推动下，社会各阶级、阶层和社会团体，都为抗战聚力做贡献，创造了各具特色的政治文化遗产。其中，"农都"的政治文化遗产包括以下几点。

(一) 共同维护中国农业科技命脉的政治担当意识

七七事变后，中国大片国土沦丧，各地的农业科研机构和高校被迫向西南地区转移。尽管当时广西属于大后方，局势相对稳定，但是沙塘的工作和生活条件十分艰苦。加上难民数量不断增加，社会矛盾凸显，局势动荡日趋严重。当中央农业实验所等科研机构及其人员相继来到沙塘时，广西各级政府和当地民众既从民族利益出发，也从促进广西农业近代化的需要出发，决定排除干扰，克服困难，为这些科研机构和科技人员营造有利于安置的环境，使其能在沙塘尽快稳定下来，开展科研工作。

科研机构及人员需要基本的试验设备、原料、场地等。从 20 世纪 20 年代开始，广西省政府开始在沙塘创建近代化的农事试验场。到全面抗战爆发前，农事试验场的各种设施初具规模，建起了办公大楼、实验楼、研究室、苗圃、农产加工场、农场、职工宿舍、邮局、储蓄所、花园等。[1]不过，这只能基本满足广西农业科研的需要而已。中央农业实验所等科研机构迁来或成立后，广西农事试验场根据广西省政府的要求，让其使用场内的科研及生活设施。1938 年春，中央农业实验所广西工作站正式成立，与广西农业试验场合署办公。同年 6 月，农林部广西省推广繁殖站也在沙塘正式成立，利用广西农事试验场的场地及相关部门的设施进行研究。[2]战争环境下，不同级别、不同系统和不同地区的农业科研机构及其人员集中在一起，坚持开展科研工作，所遇到的困难可想而知。但是，无论是政府还是科研机构、技术人员，都顾大体、识大局，遵循"保存中国农业科技火种，延续科研力量，坚持抗战，支撑大后方经济"的原则，同心同德，精诚合作，扬长避短，共建战时农业科研基地。中央农业实验所等科研机构人员长途辗转，颠沛流离，无疑遭受了很大的损失，而广西农事试验场为了安置从外地迁移过来的科研机构及人员，也要付出重大的代价。但是，"农都"的创建使中国农业科研力量得以保存，在此基础上，使科研机构及人员能利用"农都"提供的条件开展研究，为大后方经济提供有力支持，最终使科技人员的担当意识及能力得到有效体现。这种政治文化遗产是无形的，其价值是不可估量的，因为保存中国的农业科研力量其实就是延续中国的农业文明，就是文化领域的保家卫国。

1939 年底,日军为了切断中国大后方地区的交通线,发动了桂南战役,攻占了广州、南宁、钦州、昆仑关等战略要地。柳州沙塘距昆仑关近 100 公里。战役爆发前后,日军出动 10 余批共约 130 架次飞机对柳州市及其郊区进行轰炸,轰炸的重点为军事、近代化的交通设施和工厂企业以及科研机构、学校等,[3]"农都"面临生死考验。国民政府深刻认识到维护大后方交通线的重要,因此组织力量开展桂南会战,拼死夺回昆仑关和南宁等战略要地。为鼓舞军民斗志,"农都"的科技人员与广西大学农学院师生一道,发动沙塘民众捐款劳军;[4]并在沙塘广西农事试验场举办农民联欢大会,展览各种病虫害标本、农产品、农具等;还利用战争的间隙,举办农民运动会、游艺会、家畜比赛会等。[5]1940 年 4 月,又在沙塘成立中专性质、学制 3 年的广西省立柳州高级农业职业学校,[6]培养大后方农业经济建设所急需的人才。1941 年 3 月 1 日到 16 日,广西农事试验场与湘桂铁路局、广西家畜保育所等联合举办国内首次农产巡回展览专列,展品 2 000 余件,在柳衡(阳)线各大站展出。[7]"农都"科技人员的这些行动,再次显示了不屈不挠,坚决抗击日军的决心和信心,以及在文化领域保家卫国的力量,有力地配合了当时的军事斗争,为争取桂南战役的胜利做出了贡献。广西省政府农业管理处负责人陈大宁在桂南战役最艰难的时刻表示:"农业毕竟为根本的事业,虽然收效迟缓,运用不易,但巨大的财富来源,多数的物质生产,均以农业为依据……只要能够持续不变,继长增高,将来抗战终了之日,也就是农业大踏步前进之时,则以我国地域的广大,天然条件的优越,人民习尚的勤奋,不难在世界各国中占最伟大的地位。"[8]

1944 年,日军为将中国战场与东南亚战场连为一体,制定了"一号作战计划",开辟一条从日本本土,经中国东北、华北、华中、华南通往越南等东南亚国家的大陆交通线,桂林和柳州是其攻占的重点城市。随着形势的日益紧张,从这年 6 月起,不少企业和社会机构开始撤离。但是,沙塘"农都"的农业科研机构及人员仍在坚守。11 月,原设于贵州惠水的农林部西江水土保持实验区因战时工作需要迁移至沙塘广西农业实验区。[9]当时正是桂柳会战最紧张的时刻。"农都"有关部门的人员冒着危险，予以协助，使其顺利完成了迁移的任务。虽然由于柳州后来沦陷，该实验区未能有效发挥作用，但是，迁移配合了当时的军事斗争，避免了更大的损失，保存了农业科研的力量。

面对外族侵略，中华民族表现出强烈的忧患意识和担当能力，这是确保世代自强不息，繁荣昌盛的源泉之一。在抗战时期的"农都"，人们所表现出的忧患意识和担当能力，在本质上与过去或其他地区的人们没有什么不同，不同之处是它只集中在农业科研领域，表现者是农业科学家及担负农业科研实验任务的人员。从文化遗产构成要素看，这是一种新的创造和发展，具有独特而重要的价值。

（二）结合战时经济统制所创立的近代农业科研联合运作机制

所谓"机制"，通常泛指一个复杂的工作系统，是制度加方法或者制度化了的方法。具体有四个方面的含义：1. 机制是经过实践检验证明有效的、较为固定的方法；2. 机制本身含有制度的因素，并要求所有相关人员遵守；3. 机制是在各种有效方式、方法的基础上总结和提炼的；4. 机制一般是依靠多种方式、方法来起作用的。

全面抗战爆发后，国民政府推行经济统制制度，强化中央集权，确保各项工作的开展。在这种政治环境下，沙塘"农都"根据促进农业科研的需要和战时统制的规定，创建了自己的工作机制。

当时，全国除一些科研机构及人员相继来到沙塘外，还有一些学校的师生到沙塘从事教学活动，比如江苏省立教育学院农学专业的师生。[10] 广西大学农学院、柳州高级农业职业技术学校等农科学校有的全面抗战前就在此办学，有的则设立于全面抗战期间。此外，许多垦区也为"农都"的实验提供服务。可以说"农都"不仅是一个复杂的农业科研系统，也是一个复杂的战时社会系统。要想使这个系统顺利运转，就要创制科学有效的联合运作机制。现有的资料显示，当时各农业院校的管理是相对独立的，各垦区既受地方行政机构柳城县长塘乡管辖,[11]也接受"农都"的实验任务。中央农业实验所与广西农事试验场合署办公,农林部广西省推广繁殖站利用广西农事试验场的场地和设备开展工作,彼此之间的工作非常密切,但是,由于所承担的任务有所差异,经费来源各不相同,科研人员的研究重点及研究方法各有侧重,因此,如何维护各方利益,尊重各自的管理传统和经验,推动战时农业科研工作,就成为"农都"制度建设中的关键问题。"农都"最成功之处在于始终根据大后方经济建设的目标,围绕着粮食增产这一重要任务,在政府的支持帮助下,将实验任务分解到各实验组,再由实验组分别组织实施,管理部门及各垦区负责提供相应的保证,并负责生产任务的贯彻落实,形成了农业科研联合运作的机制。

西南和西北因分别属于山区和荒漠区,耕地面积有限,生产条件相对恶劣。全面抗战爆发后,随着大批难民涌入,人口增加与耕地资源匮乏的矛盾日益突出。要缓解这一矛盾,就必须在有限的土地上生产出更多的粮食。第四战区司令张发奎在沙塘视察时说:"中国如有足以自给之粮食,便有抗战必胜之把握。敌人纵有优良武器,绝不能征服中国。"[12]鉴于旱地粮食作物的推广对发展大后方经济有着重要的作用,各级政府都把扩大红薯、玉米、马铃薯等粮食作物的种植面积,增加其产量作为主要工作。例如,1942年,广西省粮食增产实施计划明确提出了增产的指标、实施方法和程序,其中,实施方法包括提供利用垦荒地多量栽培,提倡利用田园隙地多量栽培,提倡利用山场开荒地多量栽培等。在实施程序上,已种植的县和未种植的县各有侧重,但最终都要求"各村街甲长乡镇民代表应照乡镇长所指示事项,切实劝导民众种植",确保计划的实现。[13]各实验组则根据旱地粮食作物品种改良及推广的规律与特点,开展针对性研究。例如,关于玉米品种的改进,农业科技人员认为,"广西秋季温暖,年可种玉蜀黍二造……为欲缩短玉蜀黍之育种时期起见,故于第一造自交材料收获后随即脱粒整理,于八月中旬赶种第二造,以行二次自交"[14]。再如,"农都"科技人员通过分析红薯的生长规律,认为在前人研究的基础上,只要加强杂交实验，在本地是可以促使红薯提早开花结果，增加产量的。[15]正是依据这种认识，各实验组开展一系列的实验，并将实验的结果交由各垦区实践，再根据实践结果进一步改进实验方法，优化品种，提高了产量。各垦区农户在此期间获得较好的收益，生产的积极性和自觉性不断增强，种植面积也就随之不断扩大。正如时人所言，尽管粮食需求量存在很大压力，但是旱地粮食作物品种改良后实现了优化，越来越适应本地的生产。只要增加耕作面积，积极加以推广，施用适量之肥料，"均足使产量增加而广其来源"。据记载，1940年以后，广西"西北各县，其食粮多以玉米为主"[16]。而种植红薯，更是农户增加粮食产量的重要选择。全面抗战期间，每年产量都达到800万担左右，总产量占比仅次于水稻。其中年产10万—40万担的有临桂、兴安、全县、灌阳、恭城、富川、钟山、平乐、阳朔、荔浦、昭平、天河、都安、武鸣、邕宁、藤县、岑溪、横县、武宜、柳江、宜山、靖西等县。[17]

由于旱地粮食作物大都从国外引进，因此，无论政府还是民众，想引进和传播都面临许多阻力。残酷的战争更是增加了引进与传播的困难。"农都"创建于全面抗战初期，这里的旱地粮食作物品种改良技术之所以能够产生并促进大后方的农业生产，很重要的原因是科研联合运作机制的成功运作。政府、科研机构、农业院校、垦区等在粮食增产计划的引导下，相互配合，打破原来的管理体制，以粮食增产为动力，以民族利益代替个体利益，按照"实验目标确立——分别开展实验——垦区实践检验——研究成果公布——推广"的步骤开展工作，从而实现了战时农业科研管理体制的创新，取得了显著的经济和社会效益，促进了大后方经济的发展。这种机制不仅促使不同层次不同地区的科研机构进行联合，还促使研究机构与不同垦区进行联合。正是依靠这种联合，中国的农业科研力量迅速聚合，并有效发挥其作用。"农都"的科研成果在抗战期间不断为大后方地区的农业生产提供技术支持，证明这种机制的成效具有持续性，其生命力是强大的。战争结束后，"农都"自然解散。但是，其创造的这种联合科研运作机制,给我们留下了重要的政治文化遗产。

(三) 行政与技术结合的战时旱地粮食作物推广制度

全面抗战时期,之所以要推广红薯、玉米、马铃薯等旱地粮食作物,是因为战争发展需要。而战争的需要从属于政治。因此,有关旱地粮食作物推广的制度,应归入政治遗产范畴。沙塘"农都"是当时中国农业科研的中心,其研究成果要想推广到大后方各省区,使粮食产量普遍得到提高,必须借助有效的推广制度。除前面已介绍过的利用政府每年的粮食增产计划推广旱地粮食作物外,"农都"还利用会议制度予以推广,即定期或不定期召开会议,研究粮食生产的有关问题。例如,1941年6月在桂林举行的会议上,会议主席马保既明确提出以水稻、小麦、甘薯、玉米、豆类、马铃薯等粮食作物作为增产对象,又提出增产的具体措施。[18]当然,"农都"更注重利用各地的农业科研机构进行推广,因为科技人员清楚认识到,各地的自然环境和生产方式存在较大差异,只有掌握旱地粮食作物培育的基本规律,实现技术认同,才能真正取得好的推广效果。因此积极实行"征求合作试验"的制度。例如,1942年,以广西农事试验场的名义发布"征求玉米合作试验机关"通告:

> 本场于民国二十五年开始玉米自交育种,迄已七载。民国二十九年已将一部分材料作测交,三十年另作单交一项,本年已将□项测交单交种子分让少数农业机关,作适应性试验。若能由此项发现优良杂种,本场当分让该优良杂种之自交系,以便大量繁殖。查此项试验,已有广西、广东、江西、湖北、陕西各省十个机关参加合作,唯尚有各机关如认为有参加是项合作试验之必要者,务希于本年秋季以前与本场农艺组接洽,并示知该试验之田地亩数,欲索取之杂种数目,本场当妥为计划,并为预备计划书连同种子于今冬寄出,惟参加合作机关于试验完毕后,须将记载一份寄交本场,俾便汇编总报告时编入,

　　本场并当赠送总报告一份，用以沟通各方试验情形。[19]

　　显然，这种征求合作试验机关的对象是全国各地以玉米研究为主要任务的农业科研机构。表面上通告以广西农事试验场的名义发布，实际则为"农都"的意向，因为当时的广西农事试验场是"农都"的所在地。鉴于红薯、玉米、马铃薯等旱地粮食作物的生产技术在许多国家都进行过传播，"农都"的科技人员还把合作的目光投向世界：一方面派出科研人员到国外学习考察，及时了解国外研究的新动态，掌握有关的新技术新方法；[20]另一方面，则不断邀请外国的农业科研机构及其人员到沙塘参观考察。[21]这样做的目的就是让世界了解沙塘，了解中国抗战大后方经济建设的需求，同时寻求国外科研力量的支持与帮助。这种征求合作试验机关的制度，开阔了科研的视野，聚集了更多的科研智慧，激活了科研的活力，对旱地粮食作物品种的不断优化创造了十分有利的条件。全面抗战期间，"农都"的科研之所以始终保持着强大的动力与活力，很大程度上是因为有较丰富的技术来源。

　　试验场培育出的品种，最后都必须在农村种植成功才能实现增产增效的目标。因此，让广大农民尽快掌握种植旱地粮食作物的技术与方法，是当时"农都"重要而紧迫的任务。广西农事试验场对培训工作历来很重视，早在抗战爆发前就派技术人员到南京中央农业科研机构接受培训，掌握新技术新方法，接着又创办农林技术人员培训班，从各县招收学员，采用理论授课和实际工作并重的方式，帮助他们掌握包括旱地粮食作物培育与推广在内的技术与知识。[22]"农都"还根据试验及推广技术中存在的问题，举办针对性的培训，如1940年，聘请中央农业实验所专家指导病虫害防治，并研讨提高粮食储藏及仓库建造等的技术要领。[23]"农都"推广旱地粮食作物的工作也得到了广西省政府的大力支持。据《广西农业通讯》记载，1942年广西省政府建设厅专门成立农业推广组，该组的重点工作之一就是推广战时急需的粮食作物。其中，举办培训班也是实现推广的基本策略。培训班学制多为一年，学员来自广西各县。推广组不仅负责学员的选拔，还组织力量，依据学员实践成绩对其进行评价。具体的培训工作则由"农都"的科技人员负责。这些学员来自农村，熟悉农情，掌握农技，通过培训掌握新技术新方法后，他们就会将其运用在生产实践中，从而加快了旱地粮食作物推广的步伐。与此同时，推广组还利用各地农会组织开展旱地粮食作物种植技术的普及工作，制定了具体的行动计划，提出了务实的工作办法。[24] 其中，宣传推广的内容占据突出的位置，如在 1942 年制定的"提倡冬季作物实施办法"中，不仅明确马铃薯等旱地粮食作物作为冬季作物的种类，而且要求做到整个冬作时期都要登记、检查，对于存在的问题要及时呈报，采取相应措施予以解决。推广的结果要组织力量进行评价，根据绩效进行奖惩。[25] 除各级负责人大力宣扬、鼓励外，各科研机构还要求科研人员身体力行，以不同的方式传播新技术。鉴于向不同地区民众传播农业技术的复杂性和艰巨性，《农业推广通讯》还特别介绍一些科技人员的成功经验。例如，《我用的农业推广宣传方法》一文就介绍了如下方法：1. 农工休息的利用。农业推广上的一切技术改进问题，均到田间去实地指导。可利用农民休息时，推广农业先进技术。2. 区保会议的利用。抗战时期经常召开区保会议，本地保甲长多聚集一堂，可借此时机灌输农业新知识，"双方借重，彼此互有补益"。3. 庙会的利用。在农忙每告一阶段时，村镇会举办庙会，附近民众都会积极参与，科技推广人员可利用此机会进行宣传。[26]

可见，"农都"当时所实施的推广制度不仅具有鲜明的农业特征，还具有突出的战时行政特征。从政治文化遗产的视角看，这种制度的可取之处，一是应急性强，体现了国家利益为上的原则；二是把人的作用放在首位，即始终立足于培训，壮大农村基层科技人员的队伍，以此为媒介，带动旱地粮食作物品种在各地的改良与推广；三是开放与务实相结合，把"农都"的科研工作，置于大后方经济建设的背景及战争需求之下，面向全国乃至世界进行技术交流与推广，同时，根据中国农村的实际情况，开展深入细致的工作，帮助农民掌握新技术新方法；四是多种力量综合利用，相互配合，共同促进旱地粮食作物的推广。这些政治文明成果，体现了"农都"的制度创新，也是中国农业文明在近代社会发展的重要标志。

二、"战时农都"的农业文化遗产

所谓文化遗产，包括物质文化遗产和非物质文化遗产。物质文化遗产是具有历史、艺术和科学价值的文物，非物质文化遗产是指各种以非物质形态存在的与群众生活密切相关、世代相承的传统文化表现形式。"战时农都"的农业文化遗产就包括物质文化遗产和非物质文化遗产，而不管是哪一类，都颇具特色。

（一）反映抗战农业科研状况的刊物

如前所述，沙塘"农都"自创建之后，大量的农业刊物在此面世，其中具有代表性的有《广西农业》《广西农业通讯》《沙塘农讯》《广西农事试验场附属沙塘无忧石碑坪三垦区调查》《农林汇刊》《西大农讯》《广西农事试验场工作报告》等，这些刊物设有"研究""论著""调查报告""农村通讯""消息""农业新闻""译文""杂录""文献摘要"等栏目，不仅记录了"农都"的各种科研实验活动，还记录了当时政府和社会各界有关的政策、措施和舆论。它们有的由广西农事试验场单独创办，有的则由多个农业科研机构联合创办，有的由学校和政府机构联合创办。根据当时的社会战争局势，这些刊物都围绕着提高大后方的农业生产技术和方法，促进粮食增长这一中心，引导科技人员、各级政府和各地民众开展工作。这些刊物都蕴藏着强烈的抗日救国精神，同时，也蕴藏着当时农业科技人员的智慧，以及社会各界支持"农都"建设的心声。今天翻开这些刊物，仍然可以感受到当时那种浓烈的战时氛围及强大的社会力量，可以从不同的角度和层面，看到政府、科技人员、管理人员以及民众对战争形势下中国农业发展的思考和实践。例如，《广西农业通讯》中，"计划"栏目就刊登了大量政府关于增加粮食的行动计划，其中不少涉及旱地粮食作物改良措施；"通讯"栏目刊登了各地推广粮食作物的经验或消息；"调查"栏目也刊登了不少针对粮食增产过程中出现的问题的调查研究报告。《广西农业》以研究农业为主，其"研究""论著""调查报告""推广计划"等栏目，均把玉米、马铃薯品种改进与推广的内容放在重要位置。《沙塘农讯》以发布消息为主，根据当时大后方地区粮食增产的需要，它也把农业科技人员在改良旱地粮食作物方面的举措以及各地实施情况进行了重点报道。不管是其中哪种刊物，"抗日救国""增强经济实力""改善民生""科技带动""创新、改良""引导、推广、促进"均为核心内容；而实验数据、过程、结论及研讨，则为其主要特色。限于当时的条件，这些刊物的编辑和印制水平参差不齐，但是其内容却是丰富而独特的，具有强烈的时代性和专业性。因此，它们的编辑出版，不仅使"农都"文化得到了推广和传承，也使这些文化获得了保护的载体。当下人们正是通过这些刊物，了解"农都"在抗战岁月创造的非凡业绩及价值。

（二）体现抗战需求的农业科研成果及运用成果

既然"农都"的主要任务是研究农业科学技术，那么其文化遗产更重要的体现就是科研成果。全面抗战时期，"农都"的农业科研人员根据在"农都"开展的实验情况，发表了许多与旱地粮食作物培育及推广的研究成果（详见第三章）。这些科研成果的产生过程十分严谨，研究方法用今天的眼光来看都不失先进性。当时中国农业科技最权威的专家是按照严格的程序，采用严谨的方法开展研究的，每一个步骤和环节，都尊重自然规律和科研规律，即使受战争形势的影响，也没有降低标准，放松要求。正如我们所看到的，有些实验周期很长，科研人员连续跟踪，天天观察，每一个数据、每一个变化，都忠实地记录下来，并依据实验结果开展分析研究，提出优化品种及传播方式的建议。尤其重要的是，为了提高粮食产量，科研人员还从有利于外来旱地作物本土化实现的立场出发，将外来品种与本地品种杂交，这就要求他们不仅要研究外来粮食作物品种与本地品种如何进行杂交优化，还要研究本地的生产环境，反复比较各种品种，从中选出最优良、最有利于推广的品种。在战争环境下，能做到这一点非常不容易，因为实验的条件受战争的影响很大，更重要的是，各地的生产者和管理者的知识水平和能力存在较大差异，将他们统一到旱地粮食作物种植方面，不仅要确保推广的品种高产有效，还要确保他们能够顺利掌握有关的种植技术。文化遗产价值的评判标准之一是必须具有不可替代性或难以替代性。旱地粮食作物本土化研究正是文化遗产的重要价值所在。理由包括：第一，这些成果是外来旱地粮食作物品种与本地旱地粮食作物品种杂交优化的产物，体现农业科技人员的智慧，具有技术方面的难以替代性；第二，这些成果充分注重本地生产环境和本地农业生产传统，因地制宜，扬长避短，在生产方式方面具有一定的难以替代性；第三，这些成果借助战时经济体制，主要在大后方地区推广，实现本土化，传播程序上具有难以替代性。按照目前较权威的定义，"农业文化遗产不同于一般的农业遗产，它更强调对生物多样性保护具有重要意义的农业系统、农业技术、农业物种、农业景观与农业文化。另外，农业文化遗产也不同于世界遗产的其他类型，从概念上看接近于文化景观遗产，不过文化景观强调遗产的地域性，而农业文化遗产则更强调对某种农业知识和农业技术的保护。"[27] 现在，遗留在广西柳州沙塘的"农都"是一处重要而独特的文化景观，但是，这仅仅是构成其文化价值的外在形式，更重要的价值体现在保存着当时农业科技人员的旱地粮食作物研究成果当中，而"农都"创办的各种刊物，正是这些内在价值的载体。这些刊物，既是文化景观的组成部分，更是"农业文化"的范畴。"农都"作为文化景观，由于有大量抗战时期的农业刊物，内涵大为增强，同时，农业刊物由于"农都"遗址的支持，影响力得以扩大。

（三）蕴藏中国农业科技界的伟大抗战精神

"农都"是在抗战中诞生的，战争造就了"农都"一种特殊的文化遗产——抗战精神。所谓抗战精神，就是维护民族尊严和国家主权的爱国主义精神，是万众一心反抗外敌的民族团结精神，是艰苦奋斗一往无前的勇敢精神。"农都"的科技人员、政府官员和民众等，都用实际行动诠释了这种精神。不同地区的科研机构从属于不同的部门，有不同的工作重点和不同的服务对象，"农都"各试验场和各垦区的职工、村民始终面临着巨大的生存压力，但是，为了支撑大后方地区的经济，他们打破各种限制，把力量聚集在增加粮食生产的工作上。当时，不少科研实验实际上是联合开展的，例如，玉米螟的防治，广西农事试验场将其作为实验的重点，[28]中央农业实验所也将其作为反复试验的内容。[29]因为大家都很清楚，防治玉米螟对玉米的引进与传播具有十分重要的意义。只有打破技术封锁，相互学习和借鉴，才能形成合力，有效提高科研水平，减少损失，争取更多的粮食。因此，当时的实验方法都同时刊发在"农都"的刊物中，而且，试验场也同时对这些方法进行实践检验，以确定最低的成本和最佳的成效。大后方各省区的条件千差万别，需要研究能适应各种不同生长环境的品种，为此，"农都"的农业科研人员夜以继日地工作，付出了巨大的心血，仅1939年从美国引进的杂交玉米，就分别进行了自交、引种、双杂交试验。[30]农业科技人员的辛勤工作情景，给当地民众留下了深刻的印象。"广西农事试验场对玉米育种工作，从农家选种到自交、侧交、单杂交、双杂交……已经做了近十年，没有放松过一步，现在还在继续不断地努力进行……技术人员，背着工作袋，戴上白草帽，奔驰田间，显得十分忙碌地去做套袋和交配的工作。他们心目中只有一个愿望：育成比农家玉米产量高过一倍以上的玉米良种——双杂交种，推广到广大的农村去，让农友们普遍的栽种，增加生产，来改善他们的生活。"[31]

当时"农都"各实验区及垦区承担了实验任务。实验过程存在许多不确定性，这就意味着实验区及垦区的生产是不稳定的，民众的经济收入有时会受到影响。但是，为了满足战争的需求，各级政府制定了严格的旱地粮食作物耕种及增产计划，并要求各地民团组织及各村寨想方设法，努力完成任务。根据目前掌握的材料，由于环境、生产条件、人员素质等方面存在差异，一些地区在种植红薯、玉米、马铃薯等旱地粮食作物的过程中，出现了种植效果不佳进而产量减少的现象。对此，"农都"科研人员没有抱怨，而是本着务实的工作原则，在各级政府的支持帮助下，有针对性地进行指导，使引进与传播的任务逐渐得到落实。从前面的论述中可知，在一切为了抗战的旗帜下，各实验区及垦区最终都在不同的生产环节进行了实验探索，形成了合力。而正因为如此，实验区及垦区的实验工作才能顺利开展，从而取得有价值的科研成果。当时的实验区及垦区的村庄不是普通的村庄，而是试验的场地；当时的村民也不是普通的农民，而是集农业生产和农业实验于一身的开拓者。《沙塘志》收录的《我的垦村》一诗，一定程度上刻画了实验区和垦区的村庄形象：

我的垦村/从地球荒野上垦出来的农都/没有虚华的炫目/却是人间的经典珍藏//时间在这里没有删繁就简/勤劳、汗水、艰辛与成败/不停地励精雕刻/雕刻她重若万钧的名字。//是谁举起岁月的旗帜/踏过荆丛乱石/从黑暗走向光明/从狼嗥迈到鸡鸣/一群不愿佝偻的灵魂/隐忍着咆哮/强抑着苦难的泪/硬把荒野变成良田/硬让一个人类生存的据点/顽强地耸立于太苍之下/谁说这是神话/如今的稻香之歌/已轻轻拂过千万张润红的唇/无论行囊里能抽出多少个原则/无论小块、成片、又小块如何变演/无论悲欢与兴衰怎么演绎/这车上溢满的/是那些不轻易说出的故事/里程碑上隐印的血汗与意志/饥饿后的丰衣足食/牛车辙上飞奔的汽车/这条垦出来的康庄大道/一条不容颠覆的定律/仿佛在阳光下闪烁着/人类与社会是垦出来的/越垦越辉煌[32]

可以这样说，"战时农都"凝聚了社会的力量，锻造了民族的坚强品质，弘扬了抗战精神，树立了一座历史文化丰碑。这种农业科研中的抗战精神是具体生动的，也是独一无二的，是对文化遗产的特殊贡献。

三、沙塘"农都"文化遗产的保护与利用

全面抗战时期的沙塘"农都"为大后方的农业生产做出了重大贡献，自然成为日军重点打击的目标。1944年11月8日，沙塘沦陷。翌年7月，日寇始退。劫后归来，荒凉满目，昔日辉煌已不复存在。

所幸的是，沦陷前夕，"农都"科技人员在疏散中将较为重要的实验资料、仪器设备等转移出去，我们今天才得以了解当时农业科技人员的实验结果及其运用状况。抗战结束后，广西农事试验场在政府的支持帮助下逐渐修复了一些建筑，接着又扩建了一些建筑，增添了一些设备，使这所广西近代农业科研机构的基本功能得以恢复。中央农业实验所等农业科研机构战后陆续迁回原址，原来承担其实验任务的垦区逐渐开始独立生产，与试验场脱离了联系。"农都"的使命就此结束。

但是，"农都"的文化遗产却需要继承、保护和利用。近年来，"农都"是中国战时"唯一仅存的农业实验中心"，是中国农业科技人员与社会各界共同创造的文化遗产等认识越来越深入人心。"农都"遗址的保护与开发利用已受到政府的重视，柳州市政协多次组织力量考察沙塘，提出相关方案。[33]经过努力，陆续从南京、北京以及广西各地收集了不少文物和史料。2015年9月1日，博物馆在沙塘建成正式对外开放，目前展出的文物186件，图片456幅。[34]这些措施，对保护和利用"战时农都"文化遗产奠定了一定的基础。

文化遗产属于整个社会。当前，要使其价值得到更有效的利用，产生更大的社会效益和经济效益，应更新理念，开阔视野，采取更有力的措施，在"求实"和"创新"方面多下功夫。

既然"战时农都"具有唯一性，地位又非常重要，就应该精心设计其标识。标识既便于识别，又便于利用。越是珍贵的文化遗产，越需要设计标识。标识应包括历史、现实、地区、行业、意义等因素。除在"农都"

所有遗址（含各垦区）运用外，还应运用于文献资料、档案、文物上。标识的设计应通过公开、公平的方式竞争，这样才能实现标识的最优化。标识确立后，还应通过公证的途径，使其纳入法律保护的范围，防止被无端侵害。有了统一、规范、有创意的标识，"农都"的文化遗产才能得到聚合，形成强大的影响力。

作为以农业科研为主的"战时农都"，有关战时农业的研究成果最能体现其意义，刊登这些成果的刊物也最有价值。因此，如何让社会认识这些成果和这些刊物，应成为"农都"文化遗产保护与利用的重点。为此，要动员各种力量，将"农都"散落在各地的调查报告、实验报告、论文、计划、报道、消息，以及各种实物等收集起来，经过整理分析，使之逐渐恢复原貌。在此基础上，借助现代科技手段，实现资料的电子信息化。本着互利互惠的原则，与各地文化教育机构、科研机构的资料系统对接，使资料得到广泛的利用。文化遗产不利用就不会产生价值，而利用得越多，其价值才会越受到认可，社会才会给予更多的支持，进而获得更大范围、更有效的保护。

当然，沙塘"农都"所研究的主要是大后方地区如何提高粮食产量的问题。科研程序、方法、作用等固然需要关注，但更需要关注的是科研救国、科研兴国的精神及力量。因为从历史的角度看，这种力量的影响是很大、很深远的。红薯、玉米、马铃薯等旱地粮食作物的品种主要由国外引进，品种改良优化及传播过程本身就异常复杂，而战争使这个过程更为曲折艰难。"农都"文化遗产的开发与利用，应与全国抗战的文化遗产和世界反法西斯战争的文化遗产结合起来，这样才能凸显其特点及意义。

现代社会的文化需求是多元的，文化遗产的继承、保护与开发利用，应围绕着这种特性开展，运用多种力量。中国战时农都博物馆建起之后，每逢国家抗战纪念日等重大活动，都可以在此开展爱国主义教育，使年轻人都能了解"农都"的光荣历史，保存历史记忆，进而珍惜"农都"的文化遗产，自觉地加以保护和利用。随着现代经济的转型，旅游业的地位越来越重要，因此，柳州市政府计划将广西农事试验场旧址、垦村、江湾村、花果山景区连成一片，打造成农业旅游品牌。[35] 在旅游业的带动下，全国各地的旅游者在领略当地生态农业的美景和美食的同时，认识"农都"，热爱"农都"，敬仰"农都"，"农都"的文化遗产价值因此得到弘扬。抗战时期的柳州是大后方地区重要的工业基地，许多工厂企业都打上了鲜明的抗战烙印。在科学规划的指导下，将这些抗战遗址组合在一起，配合其他旅游资源，开辟新的历史旅游路线，同样可以产生较好的社会效益和经济效益。

"农都"的文化遗产不可再生。因此，无论如何开发利用，都要把保护放在第一位。只有精心保护，科学利用，追求长远的社会效益，才能真正做到无愧于历史，从容面对未来。

注 释

研 究 缘 起

[1] 亢世勇、刘海润：《现代汉语新词语词典》，上海：上海辞书出版社，2009 年。

[2] Berthold Laufer, "The Introduction of Maize into East Asia", *Congres international des Americanistes*, XVe session, 1906。转引自何炳棣《美洲作物的引进、传播及其对中国粮食生产的影响（二）》，《世界农业》1979 年第 5 期。

[3] 何炳棣：《美洲作物的引进、传播及其对中国粮食生产的影响》，《世界农业》1979 年第 4 期。

[4] 阿图洛·瓦尔曼：《玉米与资本主义：一个实现了全球霸权的植物杂种的故事》，谷晓静译，上海：华东师范大学出版社，2005 年。

[5] 罗尔纲：《玉蜀黍传入中国》，《历史研究》1956 年第 3 期。

[6] 胡锡文：《甘薯来源和我们劳动祖先的栽培技术》，载中国农业科学院、南京农学院、中国农业遗产研究室编《农业遗产研究集刊》（第二册），北京：中华书局，1958 年。

[7] 这四篇文章分别为：王家琦《略谈甘薯和〈甘薯录〉》，《文物》1961 年第 3 期；吴德铎《关于甘薯和〈金薯传习录〉》，《文物》1961 年第 8 期；夏鼎《略谈番薯和薯蓣》，《文物》1961 年第 8 期；王家琦《〈略谈番薯和薯蓣〉等二文读后》，《文物》1961 年第 8 期。

［8］参见万国鼎：《中国种玉米小史》，《作物学报》1962 年第 2 期；万国鼎：《五谷史话》，北京：中华书局，1964 年。

［9］佟屏亚：《玉米的起源与进化》，《化石》1976 年第 3 期。

［10］周源和：《甘薯的历史地理——甘薯的土生、传入、传播与人口》，《中国农史》1983 年第 3 期。

［11］陈树平：《玉米和番薯在中国传播情况研究》，《中国社会科学》1980 年第 3 期。章楷：《番薯的引进和传播》，载《农史研究》（第二辑），北京：农业出版社，1982 年。郭松义：《玉米、番薯在中国传播中的一些问题》，载中国社会科学院历史研究所清史研究室编《清史论丛》（第七辑），北京：中华书局，1986 年。咸金山：《从方志记载看玉米在我国的引进和传播》，《古今农业》1988 年第 1 期。龚胜生：《清代两湖地区的玉米和甘薯》，《中国农史》1993 年第 3 期。耿占军：《清代玉米在陕西的传播与分布》，《中国农史》1998 年第 1 期。马雪芹：《明清时期玉米、番薯在河南的栽种与推广》，《古今农业》1999 年第 1 期。复旦大学中国历史地理研究所编《历史地理研究》（2），上海：复旦大学出版社，1990 年。张箭：《论美洲粮食作物的传播》，《中国农史》2001 年第 3 期。

［12］文章最先发表在香港《大公报》复刊三十周年纪念论文集上，后（1979 年）于《世界农业》第 4、5、6 期连载，本书参考《世界农业》连载的版本。

［13］闵宗殿：《海外农作物的传入和对我国农业生产的影响》《美洲粮食作物的传入对我国人民饮食生活的影响》，《古今农业》1991 年第 1 期。赵冈等：《清代粮食亩产量研究》，北京：中国农业出版社，1995 年。陈树平：《玉米和番薯在中国传播情况研究》，《中国社会科学》1980 年第 3 期。

［14］李映发：《清初移民与玉米甘薯在四川地区的传播》，《中国农史》2003 年第 2 期。

［15］王思明：《美洲原产作物的引种栽培及其对中国农业生产结构的影响》，《中国农史》2004 年第 2 期。

［16］曹玲：《美洲粮食作物的传入对我国农业生产和社会经济的影响》《美洲粮食作物的传入对我国人民饮食生活的影响》，《古今农业》2005 年第 3 期。王宝卿：《明清以来美洲作物的引种推广对经济社会发展的影响——以山东为例（1368—1949）》，《中国农史》2006 年第 3 期。梁四宝、王云爱：《玉米在山西的传播引种及其经济作用》，《中国农史》2004 年第 1 期。

［17］蓝勇：《明清美洲农作物引进对亚热带山地结构性贫困形成的影响》，《中国农史》2001 年第 4 期。

［18］韦诗业：《试析近代广西农作物传播的社会环境因素》，《广西教育学院学报》2004 年第 6 期。

［19］张祥稳、惠富平：《清代中晚期山地广种玉米之动因》，《史学月刊》2007 年第 10 期。

［20］刘祥学：《论明清以来壮族种植结构的变迁》，《古今农业》2012 年第 4 期。

［21］郑维宽：《论明清时期桂西民族地区的农业开发与生态变迁》，《农业考古》2013 年第 6 期。

［22］朱圣钟：《历史时期四川凉山彝族地区主要农作物的种植与传播》，《中国农史》2006 年第 2 期。

［23］娄自昌：《18 世纪末～20 世纪中叶苗族向滇东南和中印半岛北部迁徙的政治与经济因素》，《文山学院学报》2010 年第 1 期。

［24］温春来：《王朝开拓、移民运动与民族地区农业传统的演变——明清时期黔西北的农业》，《中国农史》2004 年第 4 期。

［25］方慧：《略论清初西南少数民族地区的新变化》，《思想战线》1994 年第 3 期。

［26］唐凌：《民族经济融合史研究论纲》，《广西民族研究》2003 年第 4 期。

［27］张芳：《明清时期南方山区的垦殖及其影响》，《古今农业》1995 年第 4 期。

［28］曹玲：《美洲粮食作物的传入、传播及其影响研究》，硕士学位论文，南京农业大学，2003年。宋军令：《明清时期美洲农作物在中国的传种及其影响研究——以玉米、番薯、烟草为视角》，博士学位论文，河南大学，2007年。杨海莹：《域外引种作物本土化研究》，硕士学位论文，西北农林科技大学，2007年。郑南：《美洲原产作物的传入及其对中国社会影响问题的研究》，博士学位论文，浙江大学，2010年。

［29］郑维宽：《清代玉米和番薯在广西传播问题新探》，《广西民族大学学报（哲学社会科学版）》2009年第6期。

［30］李闰华：《民族交往民族交往与近代广西农业的发展变化》，硕士学位论文，广西师范大学，2001年。

［31］秦宏毅、侯宣杰：《抗战时期的广西农业》，北京：中国时代经济出版社，2005年。

［32］韦丹芳、石慧：《"农都"与抗战时期的农业科学研究》，《农业考古》2014年第3期。

［33］韦丹芳、石慧：《抗战时期广西沙塘农业学术群体研究》，《中国科技史杂志》2015年第2期。

［34］范柏樟、黄启文：《抗日战争时期的中国"农都"——沙塘》，《中国科技史料》1992年第1期。

［35］郭松义：《玉米、番薯在中国传播中的一些问题》，载中国社会科学院历史研究所清史研究室编《清史论丛》（第七辑），北京：中华书局，1986年。

［36］咸金山：《从方志记载看玉米在我国的引进和传播》，《古今农业》1988年第1期。

［37］杨永福、邱学云：《论明清移民与文山地区的开发（1382—1840）》，《文山师范高等专科学校学报》2007年第3期。

［38］李映发：《清初移民与玉米甘薯在四川地区的传播》，《中国农史》2003年第2期。

［39］张青瑶：《马铃薯引种山西及相关社会经济影响》，载周振鹤、辛德勇主编《历史地理》（第二十七辑），上海：上海人民出版社，2013 年。

［40］《柳州日报》，2003 年 12 月 21 日。转引自覃仁生、覃继来主编《沙塘镇志》，南宁：广西人民出版社，2008。

［41］史鉴：《结缘农业七十年—农业部原部长何康访谈录》，《百年潮》2013 年第 2 期。

［42］《结缘农业七十年：农业部原部长何康访谈录》，《新华文摘》2013 年第 8 期。

第 一 章

［1］广西统计局编《广西年鉴》（第二回），1935 年，第 187 页。

［2］广西壮族自治区地方志编纂委员会编《广西通志·农业志》，南宁：广西人民出版社，1995 年，第 248 页。

［3］佟屏亚编著《中国玉米科技史》，北京：中国农业科技出版社，2000 年，第 23 页。

［4］同上。

［5］同上。

［6］何炳棣：《美洲作物的引进、传播及其对中国粮食生产的影响（二）》，《世界农业》1979 年第 5 期。

［7］尹二苟：《〈马首农言〉中"回回山药"的名实考订——兼及山西马铃薯引种史的研究》，《中国农史》1995 年第 3 期，第 105—109 页。

［8］梁四宝、张晓玲：《马铃薯在山西的传播引种及其经济作用》，《山西大学学报（哲学社会科学版）》2007 年第 4 期，第 92—96 页。

［9］叶君主编《汪曾祺散文·淡淡秋光（闲情野趣卷）》，哈尔滨：北方文艺出版社，2014 年，第 81 页。

［10］《广州蔬菜品种志》编写组编《广州蔬菜品种志》，上海：上海人民

出版社，1974 年，第 366 页。

［11］温州市农业志编辑部编《温州市志·农业卷·粮食生产志》（送审稿），1992 年，第 48 页。

［12］沈福伟：《中西文化交流史》，上海：上海人民出版社，2014 年，第 344 页。

［13］佟屏亚编著《中国玉米科技史》，北京：中国农业科技出版社，2000 年，第 13 页。

［14］［美］尤金·N. 安德森：《中国食物》，马孆、刘东译，南京：江苏人民出版社，2003 年，第 75—76 页。

［15］（明）田艺蘅：《留青日札》卷二十六，明万历重刻本。

［16］陈树平：《玉米和番薯在中国传播情况研究》，《中国社会科学》1980 年第 3 期，第 187—188 页。

［17］万国鼎：《五谷史话》，北京：中华书局，1961 年，第 29 页。

［18］陈树平：《玉米和番薯在中国传播情况研究》，《中国社会科学》1980 年第 3 期，第 188 页。

［19］广西壮族自治区地方志编纂委员会编《广西通志·农业志》，南宁：广西人民出版社，1995 年，第 233 页。

［20］覃乃昌：《壮族稻作农业史》，南宁：广西民族出版社，1997 年，第 327 页。

［21］郑维宽：《清代玉米和番薯在广西传播问题新探》，《广西民族大学学报（哲学社会科学版）》2009 年第 6 期，第 115 页。

［22］（清）苏士俊纂修《南宁府志》卷十八《食货志五·物产上》，清乾隆八年（1743）刻本。

［23］谢祖萃、陈寿民修，莫炳奎总纂《邕宁县志》卷十八《食货志五·物产上》，民国二十六年（1937）铅印本。

［24］郑维宽：《清代玉米和番薯在广西传播问题新探》，《广西民族大学学报（哲学社会科学版）》2009 年第 6 期，第 115 页。

[25]（清）金鉷修，钱元昌、陆纶纂《广西通志》卷三十一《物产》，清雍正十一年（1733）刻本。

[26]（清）谢启昆修，胡虔纂《广西通志》卷八十九《舆地略十·物产一》，清嘉庆六年（1801）刻本。

[27]（清）谢启昆修，胡虔纂《广西通志》卷九十三《舆地略十二·物产四》，清嘉庆六年（1801）刻本。

[28] 郑维宽：《清代玉米和番薯在广西传播问题新探》，《广西民族大学学报（哲学社会科学版）》2009 年第 6 期。

[29] 谢祖萃、陈寿民修，莫炳奎总纂《邕宁县志》卷十八《食货志五·物产上·谷之属》，民国二十六年（1937）铅印本。

[30] 胡学林、陈学人修，朱昌奎纂《宾阳县志》第四编《经济·产业·农产·谷之属》，民国三十七年（1948）稿本。

[31] 广西统计局编《广西年鉴》（第二回），1935 年，第 189 页。

[32] 张培刚：《广西粮食问题》，长沙：商务印书馆，1938 年，第 20 页。

[33] 同上。

[34] 同上。

[35] 同上。

[36] 同上。

[37] 相关研究有：陈树平：《玉米和番薯在中国传播情况研究》，《中国社会科学》1980 年第 3 期，第 192—200 页；杨宝霖：《我国引进番薯的最早之人和引种番薯的最早之地》，《农业考古》1982 年第 2 期，第 79—83 页；曹树基：《玉米和番薯传入中国路线新探》，《中国社会经济史研究》1988 年第 4 期，第 62—74 页；黄福铭：《明清时期番薯引进中国研究》，硕士学位论文，山东师范大学，2011 年。

[38] 周宏伟：《清代两广农业地理》，长沙：湖南教育出版社，1998 年，第 171 页。

[39] 傅荣寿等编著《广西粮食生产史》，南宁：广西民族出版社，1992

年，第 65 页；左国金等编著《广西农业经济史》，北京：新时代出版社，1988 年，第 81 页；李炳东等编著《广西农业经济史稿》，南宁：广西民族出版社，1985 年，第 160 页。

[40] 详细的分析过程，可以参考郑维宽：《清代玉米和番薯在广西传播问题新探》，《广西民族大学学报（哲学社会科学版）》2009 年第 6 期，第 115—118 页。

[41] 郑维宽：《清代玉米和番薯在广西传播问题新探》，《广西民族大学学报（哲学社会科学版）》2009 年第 6 期，第 117—118 页。

[42] 韩茂莉：《中国历史农业地理》（中），北京：北京大学出版社，2012 年，第 661—662 页。

[43] 沈福伟：《中西文化交流史》，上海：上海人民出版社，2014 年，第 344 页。

[44] 章厚朴：《中国的蔬菜》，北京：人民出版社，1988 年，第 66 页。

[45] 蒋先明编《马铃薯》，北京：高等教育出版社，1959 年，第 2 页。

[46] 韩茂莉：《中国历史农业地理》（中），北京：北京大学出版社，2012 年，第 663 页。

[47]（苏）赫沃斯托娃、雅什娜主编《马铃薯遗传学》，唐洪明、李克来译，北京：农业出版社，1981 年，第 8 页。

[48]（英）P. M. 哈里斯主编《马铃薯改良的科学基础》，蒋先明等译，北京：农业出版社，1984 年，第 14 页。

[49] 翟乾祥：《16—19 世纪马铃薯在中国的传播》，《中国科技史料》2004 年第 1 期，第 49—53 页。

[50]（清）吴其濬：《植物名实图考》卷六《蔬类·阳芋》。

[51] 温州市农业志编辑部编《温州市志·农业卷·粮食生产志》（送审稿），1992 年，第 48 页。

[52] 王武代主编《河北省志·农业志》，北京：中国农业出版社，1995 年，第 178 页。

［53］孙文文：《明朝万历年：马铃薯传入中国》，《北京晚报》2015 年 3 月 13 日。

［54］翟乾祥：《16—19 世纪马铃薯在中国的传播》，《中国科技史料》2004 年第 1 期，第 49—53 页。

［55］同上。

［56］韩茂莉：《中国历史农业地理》（中），北京：北京大学出版社，2012 年，第 664 页。

［57］何炳棣：《美洲作物的引进、传播及其对中国粮食生产的影响（三）》，《世界农业》1979 年第 6 期，第 28 页。

［58］广西壮族自治区地方志编纂委员会编《广西通志·农业志》，南宁：广西人民出版社，1995 年，第 248 页。

［59］傅荣寿等编著《广西粮食生产史》，南宁：广西民族出版社，1992 年，第 376 页。

［60］谢祖萃、陈寿民修，莫炳奎总纂《邕宁县志》卷十八《食货志五·物产上》，民国二十六年（1937）铅印本。

［61］傅荣寿等编著《广西粮食生产史》，南宁：广西民族出版社，1992 年，第 378 页。

［62］黄占梅、程大璋纂《桂平县志》卷十九《纪地·物产下》，民国九年（1920）铅印本，台北：成文出版社，1968 年，第 580 页。

［63］关锡琨修，李寿祺纂《北流县志》第三编《经济·农产》，民国二十五年（1936）铅印本。

［64］丁晓蕾：《马铃薯在中国传播的技术及社会经济分析》，《中国农史》2005 年第 3 期。

［65］杨光芬：《外来旱地粮食作物传入桂东南与民族经济融合研究——以玉米、番薯、马铃薯为载体》，硕士学位论文，广西师范大学，2014 年，第 26 页。

［66］广西壮族自治区地方志编纂委员会编《广西通志·农业志》，南宁：

广西人民出版社，1995年，第249页。

[67] 同上，第248—249页。

[68]《广西1931年度粮食增产实施计划》，转引自傅荣寿等《广西粮食生产史》，南宁：广西民族出版社，1992年，第376页。

[69] 详见钟文典主编的《广西通史》（第一卷）第三十一章《古代广西的人口迁移》"三、经济型移民"部分。

[70] 黄昆山等修，唐载生等纂《全县志》第一编《地理·气候》，民国二十四年（1935）铅印本。

[71] 唐楚英、刘溯福、全州县志编纂委员会编《全州县志》，南宁：广西人民出版社，1998年，第52页。

[72] 钟文典主编《广西通史》（第一卷），南宁：广西人民出版社，1999年，第1页。

[73] 李炳东、弋德华编著《广西农业经济史稿》，南宁：广西民族出版社，1985年，第186页。

[74]《清世宗实录》卷六一。

[75] 钟文典主编《广西通史》（第一卷），南宁：广西人民出版社，1999年，第521页。

[76] 徐珂：《清稗类钞》（第十二册），北京：中华书局，1984年，第5724—5725页。

[77] 蒋晃编著《东兰县政纪要》，东兰县政府，1947年，第8页。

[78] 徐珂：《清稗类钞》（第十二册），北京：中华书局，1984年，第5724—5725页。

[79]（清）罗勋等原纂，黄玉柱等续修、续纂《苍梧县志》卷十《食货志下·物产·百谷之属》，清同治十三年（1874）续修刻本。

[80]（清）吴九龄修，史鸣皋纂《梧州府志》卷三《舆地志·物产·蔬之属》，清乾隆三十五年（1770）刻本。

[81] 详见钟文典主编《广西通史》（第一卷）第三十一章"五、移民对

广西历史和社会发展的影响"部分。

[82] 胡学林等修，朱昌奎纂《宾阳县志》第四编《经济·产业·农产·薯芋之类》，民国三十七年（1948）稿本。

[83] 王文效修，王辑熙总编《横县志》第四编《经济·农产·蔬之属》，民国三十一年（1942）本。

[84] 李文雄等修，曾竹繁纂《思乐县志》卷二《经济编·物产·植物·杂粮类》，民国三十七年（1948）石刻本。

[85]（清）金鉽修，钱元昌、陆纶纂《广西通志》卷三十一《物产》，清雍正十一年（1733）刻本。

[86]（清）易绍德等修，封祝唐等纂《容县志》卷五《舆地志五·物产上·谷属》，清光绪二十四年（1898）铅印本。

[87]（清）羊复礼纂修《镇安府志》卷十二《舆地志五·物产·谷蔬》，清光绪十八年（1892）刻本。

[88] 谢祖萃、陈寿民修，莫炳奎总纂《邕宁县志》卷十八《食货志五·物产上·谷之属》，民国二十六年（1937）铅印本。

[89] 同上。

[90] 吴克宽修，陆庆祥纂《隆山县志》第六编《经济·产业·农产》，民国三十七年（1947）油印本。

[91]（清）王言纪修，朱锦纂《白山司志》卷十《物产·谷之属》，清道光十年（1830）刻本。

[92]（清）王锦修，吴光升纂《柳州府志》卷十二《物产·蔬属》，清乾隆二十九年（1764）刻本。

[93] 谢祖萃、陈寿民修，莫炳奎总纂《邕宁县志》卷十八《食货志五·物产上·芋薯类》，民国二十六年（1937）铅印本。

[94] 胡学林等修，朱昌奎等纂《宾阳县志》第四编《经济·产业，农产·薯芋之类》，民国三十七年（1948）稿本。

[95] 李文雄等修，曾竹繁纂《思乐县志》卷二《经济篇·物产·植物·

薯类》，民国三十七年（1948）石刻本。

[96] 胡学林等修，朱昌奎等纂《宾阳县志》第四编《经济·产业·农产·薯芋之类》，民国三十七年（1948）稿本。

[97] 黄志勋修，龙泰任纂《融县志》第四编《经济·物产·农产》，民国二十五年（1936）铅印本。

[98]（清）《归顺直隶州志》卷三《山川志·附水利·物产》，1897年。

[99]（清）羊复礼纂修《镇安府志》卷十二《舆地志五·物产·谷蔬》，清光绪十八年（1892）刻本。

[100] 蒋晃编著《东兰县政纪要》，东兰县政府，1947年，第8页。

[101] 于凤文等修，蒋良术等纂《灌阳县志》卷五《物产·蔬属》，民国三年（1914）刻本。

[102]（清）易绍德等修，封祝唐等纂《容县志》卷五《舆地志五·物产上·蔬属》，清光绪二十三年（1897）铅印本。

[103] 黄志勋修，龙泰任纂《融县志》第四编《经济·物产·谷之属》，民国二十五年（1936）铅印本。

第 二 章

[1] 小丁：《金陵儿女满天下（续）》，《金陵大学校刊》第354期，1945年，第4—5页。

[2] 广西壮族自治区地方志编纂委员会编《广西通志·农业志》，南宁：广西人民出版社，1995年，第166页。

[3] 广西农事试验场编《广西农事试验场概况》，1940年，第31页。

[4] 钟文典：《1912年广西的"迁省之争"》，见钟文典主编《近代广西社会研究》，南宁：广西人民出版社，1990年。

[5]《农商部指令第96号》，北洋《政府公报》1914年2月7日，第630号，"命令"。

[6]《统计局编行政统计汇报》，北洋《政府公报》1917 年 8 月 8 日，第 1238 号，"公文"。

[7]《农林部咨广西民政长据庆远府知事苏桢侯呈送报拟〈奖励实业简章〉准作为一种暂行办法请查核办理文》，北洋《政府公报》1913 年 5 月 10 日，第 362 号，"公文"。

[8] 广西大百科全书编纂委员会编《广西大百科全书·历史》，北京：中国大百科全书出版社，2008 年，第 742 页。

[9] 同上。

[10] 同上。

[11] 向尚等：《西南旅行杂写》，上海：中华书局，1937 年，第 106—110 页。

[12] 李厚全主编《柳州 20 世纪图录》，南宁：广西人民出版社，2001 年，第 39 页。

[13] 柳州市地方志编纂委员会编《柳州市志》第七卷，"大事记"，南宁：广西人民出版社，2003 年，第 395 页。

[14] 广西壮族自治区地方志编纂委员会编《广西通志·农业志》，南宁：广西人民出版社，1995 年，第 166 页。

[15] 沙塘镇地方志编纂委员会编《沙塘镇志·大事记》，南宁：广西人民出版社，2008 年，第 6 页。

[16] 广西壮族自治区地方志编纂委员会编《广西通志·农业志》，南宁：广西人民出版社，1995 年，第 167 页。

[17] 广西壮族自治区地方志编纂委员会编《广西通志·侨务志》，南宁：广西人民出版社，1994 年，第 118 页。

[18] 潘洵：《论抗战大后方战略地位的形成与演变——兼论"抗战大后方"的内涵和外延》，《西南大学学报（社会科学版）》2012 年第 2 期第 5—13 页。

[19] 见张同新编著《国民党新军阀混战史略》，哈尔滨：黑龙江人民出版

社，1982 年，第三、四章。

［20］柳州市地方志编纂委员会编《柳州市志》第七卷，"大事记"，南宁：广西人民出版社，2003 年，第 392—423 页。

［21］沙塘镇地方志编纂委员会编《沙塘镇志·大事记》，南宁：广西人民出版社，2008 年，第 7 页。

［22］柳州市地方志编纂委员会编《柳州市志》第七卷，"大事记"，南宁：广西人民出版社，2003 年，第 415—416 页。

［23］沙塘镇地方志编纂委员会编《沙塘镇志·大事记》，南宁：广西人民出版社，2008 年，第 6 页。

第 三 章

［1］《追忆马君武博士讲演中国农业》，《广西农业》1940 年第 1 卷第 5 期，第 285—286 页。

［2］从第 76 页至此段的内容，皆引自邱式邦：《玉米螟害与寄主生长状况之关系及其在玉米育种上之重要性》，《广西农业》1941 年第 2 卷第 2 期，第 126—132 页。

［3］邱式邦：《广西之玉米螟》，《广西农业》1941 年第 2 卷第 3 期，第 209 页。

［4］邱式邦：《玉米播种时期与玉米螟灾害轻重之关系》，《广西农业》1940 年第 1 卷第 6 期，第 377 页。

［5］邱式邦：《广西之玉米螟》，《广西农业》1941 年第 2 卷第 3 期，第 216—218 页。

［6］范福仁、顾文斐、徐国栋：《行距、肥料、播种期、品种及每穴株数对于玉蜀黍主要农艺性状之影响》，《广西农业》1940 年第 1 卷第 3 期，第 143—157 页。

［7］范福仁、顾文斐、徐国栋：《移植及培土对于玉蜀黍产量与生长之影

响》，《广西农业》1940 年第 1 卷第 6 期，第 384—390 页。

[8] 沙塘镇地方志编纂委员会编《沙塘镇志》，南宁：广西人民出版社，2008 年，第 5—6 页。

[9] 广西省政府十年建设编撰委员会编《桂政纪实（民国廿一年至民国三十年）》（中），1946 年，经 15—17 页。

[10] 潘洵：《论抗战大后方战略地位的形成与演变——兼论"抗战大后方"的内涵和外延》，《西南大学学报（社会科学版）》2012 年第 2 期，第 5—13 页。

[11] 广西农事试验场编《广西农事试验场二十九年度工作报告》，"序言"（工作总述），1942 年 10 月。

[12] 沙塘镇地方志编纂委员会编《沙塘镇志》，南宁：广西人民出版社，2008 年，第 5—6 页。

[13] 广西农事试验场编《广西农事试验场二十七年度工作报告》，1940 年 10 月，第 38—40 页。

[14] 柳州市地方志编纂委员会编《柳州市志》，南宁：广西人民出版社，2003 年，第 400—407 页。

[15] 依据沙塘农都创立期间出版发行的《广西农业》《广西农业通讯》《三区农业》《广西农事试验场年度工作报告》《沙塘农讯》等刊物进行统计，有的成果或消息涉及多方面的信息，依据其主要内容归类。

[16] 详见《广西省三十一年度粮食增产工作竞赛办法》，《广西农业通讯》1942 年第 2 卷第 10—11 期，第 78 页。

第 四 章

[1] 马保之、范福仁、顾文斐、徐国栋：《广西引种美国杂交玉蜀黍结果简报》，《广西农业》1940 年第 1 卷第 4 期，第 207—212 页。

[2] 国立广西大学农学院、中央农业实验所广西工作站、广西农事试验

场、广西省立高级农业职业学校：《沙塘农讯》1940 年第 8 期，第 2 页。

［3］乔启明：《农业推广组织问题》，《农业推广通讯》1939 年第 1 卷第 2 期，第 7 页。

［4］范福仁、顾文斐、徐国栋：《行距、肥料、播种期、品种及每穴株数对于玉蜀黍主要农艺性状之影响》，《广西农业》1940 年第 1 卷第 3 期。

［5］广西农事试验场编《广西农事试验场二十九年度工作报告》，1942 年 10 月。

［6］蓝文彦、余靖成：《玉蜀黍去雄与培土对于产量之影响》，《西大农讯》，复刊第 16—17 期，1943 年 7 月，第 12 页。

［7］蒋杰：《增进工作效率几点建议》，《农业推广通讯》1940 第 2 卷第 10 期，第 2 页。

［8］《农业消息》，《广西农业》1941 年第 2 卷第 4 期，第 341 页。

［9］《广西省三十年度农业督导会议记录》，《广西农业通讯》1942 年第 2 卷第 1 期，第 66 页。

［10］杨士钊、程侃声：《农林试验场之意义与工作》，《农林汇刊》1934 年第 1 期，第 69—81 页。

［11］《广西农林试验场陈列所标本分类目录》（民国二十三年），《农林汇刊》1934 年第 2 期。

［12］柳州沙塘镇地方志编纂委员会编《沙塘镇志》，南宁：广西人民出版社，2008 年，第 203—204 页。

［13］同上，第 139 页。

［14］广西农事试验场编《广西农事试验场二十九年度工作报告》，1942 年 10 月，第 2 页。

［15］杨丰年：《宜山县中区水陆稻品种检定报告》，《三区农业》1941 年第 1 卷第 3 期，第 206 页。

［16］《三十年度本省农业施政概况报告》，《广西农业通讯》1942 年第 2 卷第 1 期，第 13 页。

[17]《广西省三十一年度粮食增产实施计划纲要》，《广西农业通讯》，1942 年第 2 卷第 2 期，第 4 页。

[18] 同上。

[19]《农业消息》，《广西农业》1941 年第 2 卷第 5 期，第 424—426 页。

[20] 黄瑞采：《广西土壤与农林之关系（上）》，《广西农业》1942 年第 3 卷第 1 期，第 73 页。

[21] 广西农事试验场编《追忆马君武博士讲演中国农业》，《广西农业》1940 年第 1 卷第 5 期，第 283 页。

[22]《农业消息》，《广西农业》1941 年第 2 卷第 5 期，第 424 页。

[23] 杨丰年：《宜山县中区水陆稻品种检定报告》，《三区农业》1941 年第 1 卷第 3 期，第 208 页。

[24]《农业消息》，《广西农业》1941 年第 2 卷第 5 期，第 424—426 页。

[25]《广西省三十一年度粮食增产实施计划纲要》，《广西农业通讯》1942 年第 2 卷第 2 期，第 2—4 页。

[26]《农业消息》，《广西农业》1941 年第 2 卷第 5 期，第 424—426 页。

[27] 广西壮族自治区地方志编纂委员会编《广西通志·农业志》，南宁：广西人民出版社，1995 年，第 166 页。

[28]《广西省政府公报》第 1066 期，广西省政府编印，1941 年。

[29]《广西省政府公报》第 522 期，广西省政府编印，1939 年。

[30]《广西省政府公报》第 1299 期，广西省政府编印，1942 年。

[31]《农业消息》，《广西农业》1941 年第 2 卷第 5 期，第 424—426 页。

[32] 蒋杰：《推广效果的检讨》，《农业推广通讯》1939 年第 1 卷第 3 期，第 2 页。

[33] 陈隽人：《本省过去办理农贷情形及对将来之希望——农业督导会议致词》，《广西农业通讯》1942 年第 2 卷第 1 期，第 4—5 页。

[34]《广西省三十一年度粮食增产实施计划纲要》，《广西农业通讯》1942 年第 2 卷第 2 期，第 4 页。

第 五 章

[1]《广西实业院十六度工作情形总报告书》,《广西建设月刊》1928 年第 1 卷第 5 期, 第 27、29 页。

[2]《南宁农林试验场七月份职务经过报告书》,《广西建设月刊》1928 年第 1 卷第 5 期, 第 66 页。

[3] 秉文:《对于广西农业改良问题之建议》,《广西建设月刊》1928 年第 1 卷第 5 期, 第 6 页。

[4] 广西省政府十年建设编撰委员会编《桂政纪实(民国廿一年至民国三十年)》(中), 1946 年, 经 15—17 页。

[5] 同上, 经 20 页。

[6] 陈大宁:《本省农业设施概要及其得失——农业督导会议报告》, 载《广西农业通讯录》, 1942 年第 2 卷第 1 期, 第 2 页。

[7] 马保之等:《广西引种美国杂交玉蜀黍结果简报》,《广西农业》第 1 卷第 4 期, 1940 年, 第 207 页。

[8] 秉文:《对于广西农业改良问题之建议》,《广西建设月刊》1928 年第 1 卷第 5 期, 第 4 页。

[9] 童润之:《农业建设与农业教育联系之重要——农业督导会议致词》,《广西农业通讯》1942 年第 2 卷第 1 期, 第 3 页。

[10] 同上。

[11] 陈大宁:《本省农业设施概要及其得失——农业督导会议报告》, 载《广西农业通讯录》, 1942 年第 2 卷第 1 期, 第 2 页。

[12] 马保之等:《广西引种美国杂交玉蜀黍结果简报》,《广西农业》第 1 卷第 4 期, 1940 年, 第 207 页。

[13] 邱式邦:《玉米播种期与玉米螟灾害轻重之关系》,《广西农业》1940 年第 1 卷第 6 期, 第 373—383 页。

［14］范福仁、顾文斐、徐国栋：《行距、肥料、播种期、品种及每穴株数对于玉蜀黍主要农艺性状之影响》，《广西农业》1940 年第 1 卷第 3 期，第 143—206 页。

［15］蒙弘等：《玉米氮质肥料辅佐农家肥实验》，《广西农事试验场二十九年度工作报告》，1942 年 10 月。

［16］《二十八年度本省办理农业推广实验县经过》，《广西农业通讯》1940 年第 1 卷第 1 期，第 47—51 页。

［17］同上。

［18］同上。

［19］同上。

［20］1939 年底，桂南战役爆发，武鸣、田东、龙津三县接近战区，无法开展农业实验，于是取消其实验县地位。次年初另选柳江、宜山、容县三县为农业推广试验县。

［21］《广西省二十九年度提倡栽培冬季作物实施办法》，《广西农业通讯》1940 年第 1 卷第 2 期，第 48 页。

［22］《二十八年度本省办理农业推广实验县经过》，《广西农业通讯》1940 年第 1 卷第 1 期，第 47—51 页。

［23］同上。

［24］同上。

［25］同上。

［26］同上。

［27］同上。

［28］同上。

［29］同上。

［30］《三十年度本省农业施政概况报告》，《广西农业通讯》1942 年第 2 卷第 1 期，第 10 页。

［31］《广西省政府公报》1941 年第 1152 期，第 5—6 页。

[32] 同上，第 8 页。

[33]《广西省政府公报》1941 年第 1162 期第 12—15 页。

[34]《广西省三十一年度粮食增产实施计划纲要》，《广西农业通讯》1942 年第 2 卷第 2 期，第 2—3 页。

[35]《广西省三十一年度提倡冬季作物实施办法》，《广西农业通讯》1942 年第 2 卷第 2 期，第 41 页。

[36]《广西省三十一年度粮食增产工作竞赛办法》，《广西农业通讯录》1942 年第 2 卷第 10—11 期，第 78 页。

[37]《广西省政府公报》1941 年第 1229 期第 3—5 页。

[38] 黄旭初修，岑启沃纂《田西县志》，民国二十七年（1938）铅印本，台北：成文出版社，1975 年，第 154 页。

[39]《广西省政府公报》1941 年第 1172 期第 12—13 页。

[40] 李宗仁等：《广西之建设》，桂林：广西建设研究会，1939 年，第 325—328 页。

[41] 沙塘镇地方志编纂委员会编《沙塘镇志》，南宁：广西人民出版社，2008 年，第 6 页。

[42] 广西壮族自治区地方志编纂委员会编《广西通志·农业志》，南宁：广西人民出版社，1995 年，第 167 页。

第 六 章

[1]《创刊辞》，《农业推广通讯》1939 年第 1 卷第 1 期，第 2 页。

[2] 乔启明：《战时农业推广》，《农业推广通讯》1939 年第 1 卷第 1 期，第 3—6 页。

[3] 包望敏：《农推视察纪行（一）》，《农村推广通讯》1940 年第 2 卷第 7 期，第 50—51 页。

[4] 包望敏：《农推视察纪行（二）》，《农业推广通讯》1940 年第 2 卷第

8 期，第 39—40 页。

[5] 同上。

[6]《广西农事试验场本年进行大规模小麦选种》，《沙塘农讯》1940 年第 7 期，第 4—5 页。

[7]《范福仁先生赴定晋乡政学院讲演田间试验》，《沙塘农讯》1940 年第 7 期，第 4 页。

[8]《人事消息》，《农业推广通讯》1939 年第 1 卷第 2 期，第 24—25 页。

[9] 同上。

[10] 陈大宁：《抗战六年来的广西农林建设》，《广西建设季刊》创刊号，1943 年。

[11]《人事消息》，《农业推广通讯》1939 年第 1 卷第 2 期，第 24—25 页。

[12] 刘建业主编《中国抗日战争大辞典》，"农产促进委员会"条，北京：北京燕山出版社，1997 年。

[13]《广西省政府建设厅农业管理处工作报告（中华民国卅一年度七八九月份）》，《广西农业通讯》1944 年第 3 卷第 8—12 期，第 32—43 页。

[14] 沙塘镇地方志编纂委员会编《沙塘镇志》，南宁：广西人民出版社，2008 年，第 119 页。

[15]《本省各县卅一年度上半年雨水及各项作物生长收成情况表》，《广西农业通讯》1942 年第 2 卷第 8—9 期，第 20—22 页。

[16]《第二区行政督察专员公署视察各县卅二年春耕受旱情形报告》，《广西农业通讯》1944 年第 3 卷第 8—12 期。

[17]《广西省政府建设厅农业管理处工作报告（中华民国卅一年度七八九月份）》，《广西农业通讯》1944 年第 3 卷第 8—12 期，第 32—43 页。

[18] 农产促进委员会所收录的报告形式多样，有的是该委员会专家的视察报告，有的是其派出专业人员的考察见闻或工作报告，有的是实验县的工作简报等，详见《农业推广通讯》各期的有关内容。

［19］张沐：《米脂薯类及杂粮作物之推广》，《农业推广通讯》1940年第2卷第6期，第52—55页。

［20］张绍钫：《优良种苗的繁殖与推广》，《农业推广通讯》1940年第2卷第7期，第39—42页。

［21］蒋杰：《战时农业生产现状及其发展途径——民国二十九年五月三十一日成都广播电台播音讲稿》，《农业推广通讯》1940年第2卷第6期，第10—16页。

［22］姚石菴：《我国农业推广发展之理论及其问题》，《农业推广通讯》1940年第2卷第5期，第3—8页。

［23］《广西省三十一年度粮食增产实施计划纲要》，《广西农业通讯》1942年第2卷第2期，第1—18页。

［24］见《全国农林试验研究报告辑要》1943年第3卷第1—2期，第3页。

［25］详见《沙塘农讯》1940年第8期，第2页；1940年第9期，第1页。

第 七 章

［1］《广西经济委员会农村建设试办区组织章程》，载沙塘镇地方志编纂委员会编《沙塘镇志》，南宁：广西人民出版社，2008年，第133页。

［2］赖彦于主编《广西一览》，南宁：广西印刷厂，1936年。

［3］沙塘镇地方志编纂委员会编《沙塘镇志》，南宁：广西人民出版社，2008年，第5页。

［4］林玉文：《广西农事试验场附属沙塘、无忧、石碑坪三区调查》，广西农事试验场，1939年，第4页。

［5］李斗山：《广西垦殖水利试办区见闻》，转引自沙塘镇地方志编纂委员会编《沙塘镇志》，南宁：广西人民出版社，2008年，第131页。

［6］林玉文：《广西农事试验场附属沙塘无忧石碑坪三垦区调查》，广西

农事试验场，1939 年 11 月，第 51 页。

[7]《广西农村建设试办区无忧垦区有限责任消费合作社社章》，载林玉文《广西农事试验场附属沙塘、无忧、石碑坪三区调查》，广西农事试验场，1939 年，第 71—74 页。

[8] 详见范福仁、顾文斐、徐国栋《移植及培土对于玉蜀黍产量与生长之影响》（《广西农业》1940 年第 1 卷第 6 期）、邱式邦《玉米播种时期与玉米螟灾害轻重之关系》（《广西农业》1940 年第 1 卷第 6 期）等。

[9]《广西农村建设试办区无忧垦区有限责任消费合作社社章》，载林玉文《广西农事试验场附属沙塘、无忧、石碑坪三区调查》，广西农事试验场，1939 年 11 月，第 71—74 页。

[10] 乔启明：《论农业推广与农贷关系及其联系》，《农业推广通讯》1940 年第 2 卷第 4 期；朱晋卿：《从发展农业推广说到扩大农贷》，《农业推广通讯》1940 年第 2 卷第 4 期。

[11] 四联总处编《农贷宣传纲要草案》，《农业推广通讯》1940 年第 2 卷第 6 期。

[12] 广西省政府统计处编《广西年鉴》（第三回），广西省政府统计处，1944 年，第 900 页。

[13] 李厚全主编《柳州 20 世纪图录》，南宁：广西人民出版社，2001 年，第 93 页。

[14] 沙塘镇地方志编纂委员会编《沙塘镇志》，南宁：广西人民出版社，2008 年，第 7 页。

[15] 同上，第 6—7 页。

[16] 柳州市地方志编纂委员会编《柳州市志》第七卷，南宁：广西人民出版社，2003 年，第 414 页。

[17] 向尚等：《西南旅行杂写》，上海：中华书局，1937 年。

[18] 柳州市地方志编纂委员会编《柳州市志》第七卷，南宁：广西人民出版社，2003 年，第 407—419 页。

［19］同上，第 416 页。

［20］广西壮族自治区地方志编纂委员会编《广西通志·教育志》，南宁：广西人民出版社，1995 年，第 2—3 页。

［21］沙塘镇地方志编纂委员会编《沙塘镇志》，南宁：广西人民出版社，2008 年，第 87 页。

［22］向尚等：《沙塘农村建设试办区》，载沙塘镇地方志编纂委员会编《沙塘镇志》，南宁：广西人民出版社，2008 年，第 130 页。

［23］沙塘镇地方志编纂委员会编《沙塘镇志》，南宁：广西人民出版社，2008 年，第 133—134 页。

［24］《广西省政府公报》第 1066 期，广西省政府编印，1941 年。

［25］《广西省政府公报》第 522 期，广西省政府编印，1939 年。

第 八 章

［1］薛暮桥、刘瑞生：《广西农村经济概况调查报告》，广西省立师范专科学校农村经济研究会，1935 年，第 7 页。

［2］邓赞枢修，梁明伦纂《雷平县志》第五编《经济》，民国三十五年（1946）油印本。

［3］张培刚：《广西粮食问题》，长沙：商务印书馆，1938 年，第 17 页。

［4］张先辰：《广西经济地理》，桂林：文化供应社，1941 年，第 41—44 页。

［5］梁杓修，吴瑜纂《思恩县志》第四编《经济》，民国二十四年（1935）铅印本。

［6］《凤山县志》第五编《经济》，南宁市自然美术油印社承制。

［7］李树楠、吴寿崧、梁材鸿纂《昭平县志》卷六，民国二十三年（1934）铅印本。

［8］《宾阳县志》第四编《经济》，广西壮族自治区档案馆，1961 年翻

印本。

　　[9]（清）陈知金修，华本松纂《百色厅志》卷三，清光绪十七年（1891）刻本。

　　[10]（清）羊复礼纂修《镇安府志》卷十二，清光绪十八年（1892）刻本。

　　[11]（清）徐作梅修，李士琨纂《北流县志》卷八，清光绪六年（1880）刻本。

　　[12]（清）冯德材等修，文德馨等纂《郁林州志》卷四，清光绪二十年（1894）刻本。

　　[13] 岑溪市志编纂委员会编《岑溪市志》，南宁：广西人民出版社，1996年第147页。

　　[14]《宾阳县志》第四编《经济》，广西壮族自治区档案馆，1961年翻印本。

　　[15] 全国人民代表大会民族委员会办公室编《广西隆林各族自治县委乐乡僮族社会历史情况调查（初稿）》，1958年，第4页。

　　[16] 中国科学院民族研究所、广西少数民族社会历史调查组编《广西僮族自治区上林县正万乡瑶族社会历史调查报告》，1965年，第9页。

　　[17] 梁杓修，吴瑜纂《思恩县志》第四编《经济》，民国二十四年（1935）铅印本。

　　[18] 李志修，覃玉成纂《宜北县志》第四编《经济》，民国二十六年（1937）铅印本。

　　[19] 中国科学院民族研究所、广西少数民族社会历史调查组编《广西都安瑶族自治县七百弄、文华区瑶族社会历史调查报告》，1964年，第12页。

　　[20] 全国人民代表大会民族委员会办公室编《广西隆林各族自治县委乐乡僮族社会历史情况调查（初稿）》，1958年，第3页。

　　[21] 全国人民代表大会民族委员会办公室编《广西僮族自治区南丹县大瑶寨瑶族社会概况》，1958年，第6页。

［22］全国人民代表大会民族委员会办公室编《广西僮族自治区天峨县白定乡僮族社会历史情况调查（初稿）》，1958年，第3页。

［23］中国科学院民族研究所、广西少数民族社会历史调查组编印《广西隆林苗族社会历史调查报告》，1964年，第18页。

［24］全国人民代表大会民族委员会办公室编《广西隆林各族自治县委乐乡僮族社会历史情况调查（初稿）》，1958年，第3页。

［25］同上。

［26］中国科学院民族研究所、广西少数民族社会历史调查组编《广西都安瑶族自治县七百弄、文华区瑶族社会历史调查报告》，1964年，第11页。

［27］中国科学院民族研究所、广西少数民族社会历史调查组编《广西僮族自治区巴马瑶族自治县甘长乡瑶族社会历史调查》，1964年，第10页。

［28］桂平县志编纂委员会编《桂平县志》，南宁：广西人民出版社，1991年，第182页。

［29］北海市地方志编纂委员会编《北海市志》（上册），南宁：广西人民出版社，2002年，第643页。

［30］蒙山县志编纂委员会编《蒙山县志》，南宁：广西人民出版社，1993年，第272、263页。

［31］梁杓修，吴瑜纂《思恩县志》第四编《经济》，民国二十四年（1935）铅印本。

［32］李志修，覃玉成纂《宜北县志》第四编《经济》，民国二十六年（1937）铅印本。

［33］韦冠英修，梁培煐、龙先钰纂《贺县志》卷四《经济部·农产农业》，民国二十三年（1934）铅印本。

［34］黄昆山等修，唐载生等纂《全县志》第七编《经济·农具》，民国二十四年（1935）铅印本。

［35］中国科学院民族研究所、广西少数民族社会历史调查组编《广西隆林磨基乡仡佬族社会历史调查报告》，1964年，第5页。

[36] 全国人大民族委员会办公室编《广西僮族自治区南丹县大瑶寨瑶族社会概况》，1958 年，第 6 页。

[37] 防城县志编纂委员会编《防城县志》，南宁：广西民族出版社，1993 年，第 181 页。

[38] 贺州市地方志编纂委员会编《贺州市志》（上卷），南宁：广西人民出版社，2001 年，第 232 页。

[39] 田林县地方志编纂委员会编《田林县志》，南宁：广西人民出版社，1996 年，第 252 页。

[40] 广西省政府统计处编《广西土地问题之症结》（广西统计资料分析研究室报告，第七号），1948 年，倒数第 2 页。

[41] 周天豹、凌承学主编《抗日战争时期西南经济发展概述》，重庆：西南师范大学出版社，1988 年，第 194 页。

[42] 梁明政：《战时基层经济建设》，南宁：民团周刊社，1938 年，第 22—23 页。

[43] 广西省政府统计处编《广西土地问题之症结》（广西统计资料分析研究室报告，第七号），1948 年，倒数第 1 页。

[44] 据《广西年鉴》（第三回上）中《各县垦殖公司（场）概况》（第 444—446 页）统计得出。

[45] 言石：《民国时期柳城的私营垦殖业》，《柳城文史》（第七辑），1998 年，第 156 页。

[46] 黄旭初：《县政建设与基层建设》，桂林：桂林建设书店，1941 年，第 203 页。

[47]《宜山农业推广实验县概况》，1942 年，第 11 页。广西壮族自治区桂林图书馆藏书。

[48] 同上，第 14 页。

[49] 广西省政府统计处编《广西年鉴》（第三回上），1944 年，第 444—445 页。

［50］吴克宽等修，刘策群纂《象县志》第四编《经济》，民国三十七年（1948）铅印本。

［51］广西省政府建设厅统计室编《广西经济建设手册》，1947年，第101页。

［52］廖振钧编著《广西农业科技史》，南宁：广西人民出版社，1996年，第102—103页。

［53］《广西农事试验场育成丰产单杂交玉蜀黍》，《沙塘农讯》1940年第9期，第2页。

［54］《广西农事试验场育成优良测交玉蜀黍》，《沙塘农讯》1941年第13期，第1页。

［55］广西农事试验场、农林部广西省推广繁殖站、农林部中央农业实验所广西各系联合办公室汇编《科学与广西植物生产》，1943年，第95页。

［56］广西省政府统计处编《广西年鉴》（第三回上），1944年，第369—372页。

［57］广西农事试验场编《广西农事试验场三十三、三十四年度工作报告》（第十号），1947年3月，第11页。

［58］广西省政府建设厅统计室编《广西经济建设手册》，1947年，第101页。

［59］廖振钧编著《广西农业科技史》，南宁：广西人民出版社，1996年，第104页。

［60］广西农事试验场编《广西农事试验场二十八年度工作报告》（第五号），1941年10月，第49页。

［61］廖振钧编著《广西农业科技史》，南宁：广西人民出版社，1996年，第104页。

［62］广西省政府统计处编《广西年鉴》（第三回上），1944年，第369—372页。

［63］广西宜山第三区农场编《广西第三区农场概况》，1941年，第9页。

[64] 广西壮族自治区地方志编纂委员会编《广西通志·农业志》，南宁：广西人民出版社，1995年，第233页。

[65]《宜山农业推广试验县概况》，1942年，第7页。广西壮族自治区桂林图书馆藏书。

[66] 同上，第14页。

[67] 养利县政府编《养利三年》（1941. 6—1944. 6），1944年。广西壮族自治区桂林图书馆藏书。

[68] 广西省政府十年建设委员会编《桂政纪实（民国廿一年至民国三十年）》（中），1946年，经26页。

[69] 同上。

[70] 同上，经27—28页。

[71] 广西省政府农业管理处编《广西省三十一年度提倡冬季作物实施办法》，1942年，第1页。广西壮族自治区桂林图书馆藏书。

[72] 同上，第2页。

[73]《三十年度本省农业施政情况报告》，《广西农业通讯》1942年第2卷第1期，第46页。

[74] 魏任重修，姜玉笙纂《三江县志》卷四《经济》，1946年铅印本，第423—424页。

[75] 同上，第420—421页。

[76]《广西农事试验场三十三、三十四年度工作报告》（第十号），广西农事试验场，1947年3月，第11页。

[77] 广西农事试验场编《广西农林试验场民国二十一年试验成绩及工作报告》（第一号），1932年，第7页。广西壮族自治区桂林图书馆藏书。

[78] 同上，第104页。

[79] 黄瑞采：《广西土壤与农林之关系》，《广西农业》1941年第3卷第1期，第73—74页。

[80] 同上。

［81］廖振钧编著《广西农业科技史》，南宁：广西人民出版社，1996 年，第 121 页。

［82］罗城仫佬族自治县志编纂委员会编《罗城仫佬族自治县志》，南宁：广西人民出版社，1993 年，第 259 页。

［83］养利县政府编《养利三年》（1941.6—1944.6），1944 年。广西壮族自治区桂林图书馆藏书。

［84］"宜山农业推广实验县二十九三十年工作统计表"，参见《宜山农业推广实验县概况》，1942 年，第 11 页。广西壮族自治区桂林图书馆藏书。

［85］廖振钧编著《广西农业科技史》，南宁：广西人民出版社，1996 年，第 122 页。

［86］同上，第 124—125，129 页。

［87］广西宜山第三区农场编《广西第三区农场概况》，1941 年，第 11 页。广西壮族自治区桂林图书馆藏书。

［88］柳州沙塘广西农事试验场编《广西农事试验场三十三、三十四年度工作报告》，1947 年 3 月，第 7 页。广西壮族自治区桂林图书馆藏书。

［89］桂平县广西第二区区农场编《广西第二区区农场三十一年度报告书》，1943 年 9 月，第 110—111 页。广西壮族自治区桂林图书馆藏书。

［90］闭树准编《广西大事记》（抄本）（民国二十八年五月至三十四年底）。广西壮族自治区桂林图书馆藏书。

［91］《三十年度本省农业施政概况报告》，《广西农业通讯》1942 年第 2 卷第 1 期，第 17 页。

［92］闭树准编《广西大事记》（抄本）（民国二十八年五月至三十四年底）。广西壮族自治区桂林图书馆藏书。

［93］《宜山农业推广实验县概况》，1942 年 1 月，第 7 页。广西壮族自治区桂林图书馆藏书。

［94］广西省政府十年建设委员会编《桂政纪实（民国廿一年至民国三十年）》（中），1946 年，经 31 页。

第　九　章

［1］中国科学院民族研究所、广西少数民族社会历史调查组编《广西僮族自治区巴马瑶族自治县甘长乡瑶族社会历史调查》，1964年，第10页。

［2］中国科学院民族研究所、广西少数民族社会历史调查组编《广西隆林苗族社会历史调查报告》，1964年，第18页。

［3］颜复礼、商承祖编《广西凌云瑶人调查报告》，国立中央研究院社会科学研究所专刊，1929年，第6、13、22、23页。

［4］黄旭初修，吴龙辉纂《崇善县志》第二编《社会风俗·起居饮食》，民国二十六年（1937）抄本。

［5］邓赞枢修，梁明伦纂《雷平县志》第五编《经济产业》，民国三十五年（1946）油印本，第168页。

［6］黄旭初监修，张智林纂《平乐县志》卷二《社会·饮食》，民国二十九年（1940）铅印本。

［7］兴安县地方志编纂委员会编《兴安县志》，南宁：广西人民出版社，2002年，第265页。

［8］忻城县志编纂委员会编《忻城县志》，南宁：广西人民出版社，1997年，第176、182页。

［9］博白县志编纂委员会编《博白县志》，南宁：广西人民出版社，1994年，第172页。

［10］广西统计局编《广西年鉴》（第二回），1935年，第295—296页。

［11］张培刚：《广西粮食问题》，长沙：商务印书馆，1938年，第138页。

［12］同上，第189页。

［13］黄旭初等修，刘宗尧纂《迁江县志》第四编《经济·物产略·农业·谷之属》，民国二十四年（1935）铅印本。

［14］张先辰：《广西经济地理》，桂林：文化供应社，1941年，第45页。

［15］张培刚：《广西粮食问题》，长沙：商务印书馆，1938年，第138页。

［16］同上，第137页。

［17］沙塘镇地方志编纂委员会编《沙塘镇志》，南宁：广西人民出版社，2008年，第369—372页。

［18］广西省政府农业管理处编《广西省三十一年度提倡冬季作物实施办法》，第6页。广西壮族自治区桂林图书馆藏。

［19］尢真化、梁上燕：《改良风俗的实施》，桂林：民团周刊社，1938年，第4—6页。

［20］广西统计局编《柳城概况》（广西统计丛书第三种），1934年，第11页。

［21］全国人民代表大会民族委员会办公室编《广西隆林各族自治县委乐乡僮族社会历史情况调查（初稿）》，1958年，第3页。

［22］《宜山农业推广实验县概况》，1942年，第11页。广西壮族自治区桂林图书馆藏。

［23］《三十年度本省施政概况报告》，《广西农业通讯》1942年第2卷第1期第45页。

［24］苏希洵：《广西省成人教育年实施总报告》，《国民教育指导月刊（广西）》1941年第1卷第3期。

［25］龙燊：《梧州夏郢区冬荒调查报告及救荒办法献议》，《西大农讯》1937年第2期，第47—48页。

［26］广西壮族自治区编辑组编《广西瑶族社会历史调查》（第一册），南宁：广西民族出版社，1984年，第128页。

［27］广西壮族自治区编辑组编《广西仫佬族社会历史调查》，南宁：广西民族出版社，1985年，第245页。

［28］广西壮族自治区编辑组编《广西仫佬族毛难族社会历史调查》，南宁：广西民族出版社，1987年，第70页。

［29］同上。

［30］广西壮族自治区编辑组编《广西彝族仡佬族水族社会历史调查》，南宁：广西民族出版社，1987 年，第 172—173 页。

［31］同上，第 115 页。

［32］《毛南族简史》修订本编写组编《毛南族简史》，北京：民族出版社，2008 年，第 102 页。

［33］广西壮族自治区地方志编纂委员会编《广西通志·民俗志》，南宁：广西人民出版社，1992 年，第 79 页。

［34］广西壮族自治区编辑组编《广西壮族社会历史调查》（第七册），南宁：广西民族出版社，1987 年，第 119 页。

［35］广西壮族自治区地方志编纂委员会编《广西通志·民俗志》，南宁：广西人民出版社，1992 年，第 77 页。

［36］广西壮族自治区编辑组编《广西瑶族社会历史调查》（第一册），南宁：广西民族出版社，1984 年，第 319 页。

［37］张培刚：《广西粮食问题》，长沙：商务印书馆，1938 年，第 137 页。

［38］张桂编《我国战时粮食管理》，台北：正中书局，1944 年，第 171—172 页。

［39］广西通志馆旧志整理室编《广西方志物产资料选编》，南宁：广西人民出版社，1991 年，第 706 页。

［40］欧卿义修，梁崇鼎等纂《贵县志》（民国二十三年铅印本），台北：成文出版社，1967 年，第 723 页。

［41］同上，第 737 页。

［42］博白县志编纂委员会编《博白县志》，南宁：广西人民出版社，1994 年，第 253 页。

［43］陆川县志编纂委员会编《陆川县志》，南宁：广西人民出版社，1993 年，第 417 页。

［44］博白县志编纂委员会编《博白县志》，南宁：广西人民出版社，1994 年，第 183 页。

［45］欧卿义修，梁崇鼎等纂《贵县志》（民国二十三年铅印本），台北：成文出版社，1967年，第737页。

［46］蒙山县志编纂委员会编《蒙山县志》，南宁：广西人民出版社，1993年，第300、301页。

［47］岑溪市志编纂委员会编《岑溪市志》，南宁：广西人民出版社，1996年，第202页。

［48］广西壮族自治区地方志编纂委员会编《广西通志·农业志》，南宁：广西人民出版社，1995年，第490页。

［49］同上，第503页。

［50］《广西省政府公报》第468期，广西省政府编印，1939年。

［51］《广西省政府公报》第1387期，广西省政府编印，1942年。

［52］广西壮族自治区地方志编纂委员会编《广西通志·农业志》，南宁：广西人民出版社，1995年，第531—532页。

［53］广西壮族自治区地方志编纂委员会编《广西通志·农业志》，南宁：广西人民出版社，1995年，第516、521页。

［54］《农试场农化组制造酵母酒》，《沙塘农讯》1942年第21期。

［55］陈雄：《民国二十九年广西经济建设施政纲要》，1940年，第24页。

［56］罗尔纶：《解放前贵县农业推广的问题》，载《贵县文史资料》（第十一辑），1988年，第81页。

［57］广西第二区区农场编《广西第二区区农场三十一年度工作报告书》，1943年9月，第111页。

第 十 章

［1］李振英：《西南旅行杂写对广西的报导》，《广西文献》（台北），1982年第17期，第19页。

［2］黄明：《广西农村建设试办区工作纪要》，《农业建设》1937年第1卷

第 5 期，第 593 页。

　　［3］同上。

　　［4］同上。

　　［5］同上，第 594 页。

　　［6］《广西农事试验场、农林部广西省推广繁殖站、农林部中央农业试验所广西各系联合室概况》，1943 年，第 2 页。

　　［7］广西农事试验场编《广西农事试验场概况》，1940 年，第 10 页。

　　［8］黄明：《广西农村建设试办区工作纪要》，《农业建设》1937 年第 1 卷第 5 期，第 598 页。

　　［9］同上，第 593 页。

　　［10］广西农事试验场、农林部广西省推广繁殖站、农林部中央农业实验所广西各系联合办公室汇编《科学与广西植物生产》，1943 年，第 4 页。

　　［11］广西农事试验场编《广西农事试验场概况》，1940 年，第 10 页。

　　［12］《广西农村建设试办区近况》，《乡村建设》1935 年第 5 卷第 2 期，第 47—48 页。

　　［13］广西农事试验场编《广西农事试验场概况》，1940 年，第 32 页。

　　［14］《广西农事试验场、农林部广西省推广繁殖站、农林部中央农业试验所广西各系联合室概况》，1943 年，第 4 页。

　　［15］范柏章、黄启文：《抗日战争时期的中国“农都”——沙塘》，《中国科技史料》1992 年第 1 期，第 22 页。

　　［16］《第三次沙塘农民联欢大会特辑》，《沙塘农讯》1943 年第 34 期。

　　［17］《广西农事试验场、农林部广西省推广繁殖站、农林部中央农业试验所广西各系联合室概况》，1943 年，第 3 页。

　　［18］广西农事试验场编《广西农事试验场概况》，1940 年，第 34 页。

　　［19］柳州地方志办公室编《柳州民国文献集成》（第三集），香港：京华出版社，2006 年，第 173—174 页。

　　［20］同上，第 174—175 页。

310

［21］同上，第 175 页。

［22］马保之：《广西省推广繁殖站概况》，《农业推广通讯》1943 年第 5 卷第 5 期，第 14 页。

［23］同上。

［24］《第三次沙塘农民联欢大会特辑》，《沙塘农讯》1943 年第 34 期。

［25］傅硕龄主编《广西农业大学校史》，南宁：广西科学技术出版社，1998 年，第 18 页。

［26］同上。

［27］同上，第 19 页。

［28］同上，第 20 页。

［29］《广西大学柳州林场积极造林》，《沙塘农讯》1940 年第 7 期，第 3 页。

［30］《广西省政府筹设高级农业职业学校》，《广西农业》1940 年第 1 卷第 2 期，第 138 页。

［31］廖锋：《广西第一所中等农技校在柳州创办的回忆》，载《柳州文史资料》（第九辑），1992 年，第 143 页。

［32］同上。

［33］同上。

［34］《劫后沙塘——不堪回首》，《沙塘农讯》1946 年第 35 期。

［35］广西省政府十年建设编纂委员会编《桂政纪实（民国廿一年至民国三十年）》（中），1946 年，经 15 页。

［36］同上，经 16 页。

［37］同上。

［38］同上。

［39］同上，经 17 页。

［40］同上。

［41］同上。

［42］《第三次沙塘农民联欢大会特辑》，《沙塘农讯》1943 年第 34 期。

［43］傅硕龄主编《广西农业大学校史》，南宁：广西科学技术出版社，1998 年，第 31 页。

［44］同上，第 33 页。

［45］同上。

［46］同上，第 36 页。

［47］魏任重修，姜玉笙纂《三江县志》，民国三十五年（1946）铅印本，台北：成文出版社，1975 年，第 421 页。

［48］同上。

［49］广西农事试验场编《广西农事试验场三十三、三十四年度工作报告》，1947 年，第 1 页。

［50］同上，第 10 页。

［51］同上。

［52］柳州市农业科学研究所、来宾市档案馆编《中国战时农都纪实》，内部交流资料，准印证号：桂 1009020，2016 年，第 157 页。

［53］同上。

［54］廖锋：《广西第一所中等农技校在柳州创办的回忆》，载《柳州文史资料》（第九辑），1992 年，第 143 页。

［55］《省区农场复员情形》，《广西农业通讯》1946 年第 5 卷第 3—4 期，第 39—40 页。

［56］《广西大学农学院及广西农事试验场迁返柳州及其近况》，《中华农学会通讯》1945 年第 54—55 期，第 14—15 页。

［57］黄永福：《漫天烟雨话沙塘》，《农业推广通讯》1946 年第 8 卷第 10 期，第 40 页。

［58］马保之：《广西农事试验场一年来之工作概况》，《广西农业通讯》1947 年第 6 卷第 1—2 期，第 7 页。

［59］马保之：《广西农事试验场一年来之工作概况》，《广西农业通讯》

1947 年第 6 卷第 1—2 期，第 7 页。

［60］廖锋：《广西第一所中等农技校在柳州创办的回忆》，载《柳州文史资料》（第九辑），1992 年，第 144 页。

［61］《劫后沙塘——不堪回首》，《沙塘农讯》1946 年第 35 期。

［62］《广西大学农学院及广西农事试验场迁返柳州及其近况》，《中华农学会通讯》1945 年第 54—55 期，第 15 页。

［63］广西农事试验场编《广西农事试验场三十三、三十四年度工作报告》，1947 年，第 10 页。

［64］《劫后沙塘——不堪回首》，《沙塘农讯》1946 年第 35 期。

［65］《广西大学农学院及广西农事试验场迁返柳州及其近况》，《中华农学会通讯》1945 年第 54—55 期，第 15 页。

［66］廖锋：《广西第一所中等农技校在柳州创办的回忆》，载《柳州文史资料》（第九辑），1992 年，第 144 页。

［67］《劫后沙塘——不堪回首》，《沙塘农讯》1946 年第 35 期。

［68］《省区农场复员情形》，《广西农业通讯》1946 年第 5 卷第 3—4 期，第 40 页。

［69］《省区农场复员情形》，《广西农业通讯》1946 年第 5 卷第 3—4 期，第 40 页。

［70］《柳州沙塘素描》，《广西日报》（南宁）1947 年 5 月 16 日。

［71］黄永福：《漫天烟雨话沙塘》，《农业推广通讯》1946 年第 8 卷第 10 期，第 40 页。

［72］傅硕龄主编《广西农业大学校史》，南宁：广西科学技术出版社，1998 年，第 33 页。

［73］马国川：《共和国部长访谈录》，北京：生活·读书·新知三联书店，2009 年，第 90—91 页。

［74］覃卫国、刘文俊：《桂系战史》，桂林：广西师范大学出版社，2013 年，第 303 页。

第十一章

[1] 李厚全主编《柳州 20 世纪图录》，南宁：广西人民出版社，2001 年，第 30—41 页。

[2] 沙塘镇地方志编纂委员会编《沙塘镇志》，南宁：广西人民出版社，2008 年，第 5—6 页。

[3] 柳州市地方志编纂委员会编《柳州市志》（第七卷），南宁：广西人民出版社，2003 年，第 403 页。

[4] 同上，第 403—405 页。

[5] 同上，第 404 页。

[6] 同上，第 405 页。

[7] 同上，第 407 页。

[8] 陈大宁：《抗战期中本省农业生产的实施》，《广西农业通讯》1940 年第 1 卷第 1 期。

[9] 沙塘镇地方志编纂委员会编《沙塘镇志》，南宁：广西人民出版社，2008 年，第 7 页。

[10]《农业消息》，《广西农业》1940 年第 1 卷第 4 期，第 283 页。

[11] 沙塘镇地方志编纂委员会编《沙塘镇志》，南宁：广西人民出版社，2008 年，第 14 页。

[12] 张发奎：《抗战建国与农业生产》，《沙塘农讯》1942 年第 21 期，第 7—8 页。

[13]《广西省三十一年度粮食增产实施计划》，《广西农业通讯》1942 年第 2 卷第 2 期。

[14]《试验场玉蜀黍工作近况》，《沙塘农讯》1940 年第 8 期，第 2 页。

[15]《红薯花信》，《沙塘农讯》，1940 年第 9 期，第 1 页。

[16] 张树梓：《目前广西粮食问题之检讨》，《三区农业》1941 年第 1 卷

314

第 3 期。

[17] 广西壮族自治区地方志编纂委员会编《广西通志·农业志》，南宁：广西人民出版社，1995 年，第 245—247 页。

[18]《农业消息》，《广西农业》1941 年第 2 卷第 4 期，第 341 页。

[19]《征求》，《沙塘农讯》1942 年第 21 期，第 6 页。

[20] 沙塘镇地方志编纂委员会编《沙塘镇志》，南宁：广西人民出版社，2008 年，第 6 页。

[21] 柳州市地方志编纂委员会编《柳州市志》，南宁：广西人民出版社，2003 年，第 415—416 页。

[22]《技术人员动态》，《沙塘农讯》1937 年第 1 期，第 9—11 页。

[23]《冯报正冒暑来沙塘教授第二期积训班虫害防治等课程》，《沙塘农讯》1940 年第 7 期，第 8 页。

[24]《三十一年六月份推广组工作报告》，《广西农业通讯》第 2 卷第 7—8 期，第 24—28 页。

[25]《广西省三十一年度提倡冬季作物实施办法》，《广西农业通讯》1942 年第 2 卷第 2 期。

[26] 马鸣琴：《我用的农业推广宣传方法》，《农业推广通讯》1939 年第 1 卷第 3 期，第 24—25 页。

[27] 闵庆文、孙业红：《农业文化遗产的概念、特点与保护要求》，《资源科学》2009 年第 6 期。

[28] 范福仁、顾文斐、徐国栋：《播种期对于玉蜀黍农艺性状及螟害之影响》，《广西农业》1943 年第 4 卷第 1 期。

[29] 邱式邦：《玉米播种时期与玉米螟灾害轻重之关系》，《广西农业》1940 年第 1 卷第 6 期；《玉米螟害与寄主生长状况之关系及其在玉米育种上之重要性》，《广西农业》1941 年第 2 卷第 2 期。

[30] 广西农事试验场编《广西农事试验场二十八年度工作报告》（第五号），1941 年 10 月第 38—40 页。

［31］沙塘镇地方志编纂委员会编《沙塘镇志》，南宁：广西人民出版社，2008 年，第 143—144 页。

［32］同上，第 313—314 页。

［33］《（柳州）市政协学习文史委根据提案线索视察沙塘农都》，http://lzzx.liuzhou.gov.cn/lzkzwszl/lzkz_sqsl/lzkz_jyxc/201505/t20150502_783511.html。

［34］《柳州战时农都博物馆开馆》，http://culture.gxnews.com.cn/staticpages/20150903/newgx55e795c7-13502690.shtml。

［35］《文史委委员、专家献计保护开发沙塘广西农事试验场旧址》，http://lzzx.liuzhou.gov.cn/lzkzwszl/lzkz_sqsl/lzkz_jyxc/201505/t20150502_78351 5.html

附 录

"农都" 发展历程大事记

以农业科研为重点

1926 年

秋，成立柳江农林试验场。

1927 年

春，省建设厅在沙塘设柳庆垦荒局。

6 月，设立省营沙塘林场，辖地 2 000 余公顷。

10 月，广西实业院在柳州成立。下设农务、林务、畜牧、产品化验和制造、调查、推广、事务等部，还设有农场、气象观测所等。柳江农林试验场并入该院。

12 月，广西实业院从国外引进拖拉机、机引犁、机引耙、割稻机等农业机械。

1928 年

3 月，马平县兽疫流行，死猪 2 000 余头，牛 300 余头。广西实业院针对疫情，建立牛瘟血清制造所。

6 月，广西实业院举办首批农林技术人员养成班，来自 26 个县的 68 人参加学习。

9 月，在柳州成立兵农委员会，划地 3 万亩，以第十五军伍廷飏部试办开垦。

1929 年

2 月 20 日，广西实业院改组为广西农务局，下设秘书、农艺、林垦、畜牧兽医、蚕桑、农业工程、农业经济、农业技术、病虫害防治等部。因政局动荡，成立仅四个月即告解体。后于 1931 年 8 月在原址将其恢复为柳江农林试验场。1932 年更名为广西农林试验场，1934 年更名为柳州农场。

6 月，国民政府农矿、内政、教育三部会同颁布《农业推广规程》，第一次以法令形式，肯定了农业推广的重要性，并对各级推广组织建设及其应办事业做了具体的规定。《农业推广规程》成为当时全国各地兴办农业推广事业的法律依据。

12 月 25 日，国民政府组设中央农业推广委员会，作为全国农业推广工作的最高协调机关，负责指导和督促全国农业推广工作。

1931 年

5 月，广西政治委员会议决定恢复广西大学，并成立理学院，招收第一届本科生。（次年 9 月，又成立工学院、农学院。）

11 月，柳江农林试验场在羊角山建立了第一个配有专人管理的气候观测点。

1932 年

3 月，伍廷飏在柳州沙塘等地试行新农村建设，成立广西垦殖水利试办区。

7 月，柳江农林试验场改为广西农林试验场，次年设水稻试验分场于贵县，棉业试验分场于邕宁。并从美国、英国、菲律宾、苏联、日本等国购进优良牧草 20 多种试种。

是年，《广西农林试验场报告》编印发行。

1933 年

3 月 29 日，国民政府实业、内政、教育三部会联合修正通过《农业推广规程》并公布。

1934 年

《农林汇刊》（月刊）由广西农林试验场编印。

1 月，梁逸飞著《柳州附近之肥料问题》在《农林汇刊》（1 号）刊印发行。同时发行的还有广西农林试验场编的《羊角山》。

是月，广西农林试验场编的《集中重要杂粮同谷子的选种法》在《农林浅说》（2 号）刊印发行。

3 月 24 日，世界青年考察团一行 2 人到沙塘广西农村建设试办区考察。

是月，广西农林试验场编的《杂种和他的好处》在《农林浅说》（3 号）刊印发行。

7 月，广西垦殖水利试办区更名为广西经济委员会农村建设试办区，由伍廷飏主持经营，全区分沙塘、石碑坪、无忧三个垦区，总面积 32 万亩，为全省最大的省营农场。

12 月，第四集团军在柳城无忧建立种马场，先后引进蒙古马、阿拉伯马、日本马百多匹。

是月，广西大学副校长盘珠祁赴苏联考察农业。

是年，广西第一个农田水利工程古丹第一水塘和郭村第一水塘在沙塘建成。

1935 年

2 月，在柳州平角山成立广西土壤调查所，由日本帝国大学留学生、原北京大学农学院教授蓝梦九任所长。

6 月 26 日，广西省政府于省政府委员会第 183 次会议决议通过了《广西试验场组织章程》，在《广西省政府公报》第 77 期及《广西农林专刊》第 2 期同时刊发。

7 月，程侃声著的《广西农事试验场二十三年棉作试验概况》在《广西农事试验场研究专刊》（1 号）刊印发行。

8 月，廖斗光接替杨士钊，任柳州农场第二任场长。

秋，广西农事试验场派员分赴各县征集稻种，共采得水稻样品 3 319份，旱稻样品 220 份。

12 月，土壤调查所的《广西邕宁县土壤调查报告》在《广西农事试验场研究专刊》（8 号）刊印发行。

是年，柳州农场从柳州羊角山迁至沙塘广西农村建设试办区原址，并更名为广西农事试验场。

《国内消息：广西武鸣发生玉蜀黍黑穗病》在《昆虫与植病》第 3 卷第 34 期刊发。

胡颜立拍摄的照片《广西兴安之猺人：猺人之主要粮食——玉蜀黍》在《东方杂志》第 32 卷第 7 期刊发。

1936 年

1 月，设于羊角山的测候站迁往沙塘，开始连续又系统的气象观察。

4 月，蓝梦九著的《广西柳州县土壤调查报告》在《广西农事试验场研究专刊》（9 号）刊印发行。

7 月，土壤调查所的《广西桂林县土壤调查报告》在《广西农事试验场研究专刊》（10 号）刊印发行。

8 月，广西省立师范专科学校改组为广西大学文法学院，省立医学院改为广西大学医学院，并将理工两院合并为理工学院。文法、医学院、校本部设在省会南宁（后迁桂林），理工学院和农学院仍设在梧州。

10 月，广西大学校本部及文法学院从梧州迁至桂林雁山。

1936 年 10 月，程侃声、王育才、岑楼、张世爵合编的《棉作田间试验技术之研究》作为《广西农事试验场研究专刊》（7 号）刊印发行。

冬，广西首届农产品暨家畜比赛在沙塘举行。

是年，广西土壤调查所划归广西农事试验场。

陈大宁接替廖斗光任广西农事试验场第三任场长，并在南宁、桂平、桂林分设稻作试验分场。

范福仁在柳州沙塘进行了比较系统的玉米自交系选育和杂交种组配试验，先后从广西省内及云南、贵州、美国等地征集到国内外玉米品种413份，并进行了测交、单交、双交种的组配，共获845个组合。

试验场开始进行甘薯有性杂交育种试验。

1937 年

1月20日，省政府颁布《广西省各县厉行植桐办法》，限春季各村（街）种桐籽100斤。

是年，省政府以数十万元资本购买桐籽，发给农场及农民种植；实行植桐总动员，计划3年内植桐2.4亿株。

2月，广西大学农学院在梧州创办《西大农讯》（月刊），由广西大学农学院出版，9月迁往柳州沙塘后，继续出版。

2月至5月间，广西农事试验场推广包括玉米在内的农作物种子和树木种子拨付到中渡、柳城、明江、思恩、永淳、荔浦、龙州等各县及省内外各机关学校共49处。

6月16日，创办《沙塘农讯》（半月刊），由广西农村建设试办区、广西农事试验场、广西农林技术人员训练班合编。

9月4日，省政府决定停办广西大学文法学院文学系、社会学系，并将广西大学农学院由梧州迁往柳州沙塘，与广西农事试验场合办。

1938 年

1月，农林部中央农业实验所广西工作站（亦称农林部中央农业实验所广西各系联合办公室）在沙塘成立。与广西农事试验场合署办公，站长为马保之。

2月，黄旭初辞省立广西大学校长职，省政府呈请国民政府任命白鹏飞为校长。

是年春，著名植物生理学家汤佩松教授访问广西农事试验场。

4月12日至5月3日，广西省政府在沙塘首次开办稻作指导人员训练班，省内 17 个县、23 个农场派员参加。

6 月，广西农事试验场陆大京博士在柳江县上空 500—5000 米高度，捕获真菌孢子，开中国空中孢子调查之先河。

7 月，马保之接替陈大宁，任广西农事试验场第四任场长，直至 1947 年。

10 月 19 日，广西省政府于省政府委员会第 379 次会议决议上通过了《修正广西农事试验场章程》。

是月，省政府令广西大学理工学院迁往桂林良丰西林公园。

是年，沙塘广西农事试验场培育出 30 个水稻优良品种，这些品种被列为全国主要改良稻种。

1939 年

4 月，第一区、第三区、第四区、第五区、第六区各县联合农场先后成立，主要从事水稻、小麦、绿肥、甘蔗、荔枝、柑橘等品种的栽培试验及推广。

5 月，第二区各县联合农场成立，从事水稻纯系育种、甘薯交配育种试验等。

6 月，省政府确定临桂、柳城、武鸣、田东、龙津 5 县为农业推广实验县。每县设推广所和中心推广区，进行良种、肥料、病虫害防治、农机等的示范、推广。

8 月 22 日，国民政府行政院第四二〇次会议决定，将省立广西大学改为国立，任马君武为校长。

12 月，广西农事试验场经 4 年试验，从各地搜集到的 3 285 个水稻品种中选育出 30 个优良品种，产量较农家品种增 10% 至 20%。

林玉文著的《广西农事试验场附属沙塘无忧石碑坪三垦区调查》在《广西农事试验场研究专刊》（12 号）刊印发行。内分沙塘、无忧、石碑坪三垦区概述，垦区家庭与人口，家庭消费，田场周年经营之状况等 10 章。

是年，国民政府农产促进委员会派刘访维、余其浩到广西省政府农业管理处担任技士，任蒋德麒为农村促进委员会驻广西专员，到广西各农业实验区检查推广农业生产。

1940 年

1 月，马君武到沙塘，在广西农事试验场与中央农业实验所广西工作站联合纪念周上发表讲演，指出"广西农事试验场为广西全省最高之农业研究机关"。

广西农事试验场编辑室编的《广西农事试验场概况》在杂刊一号刊印发行。

2 月 12 日至 13 日，广西农事试验场及广西大学农学院在沙塘举办农民联欢会。内容有展览各项病虫害标本、农产品、农具等，并举行农民运动会、游艺会、家畜评比会。

是月，创办期刊《广西农业》，一年一卷，一卷六期，由国立广西大学农学院、广西农事试验场编辑及发行。

3 月，符宏洲等编著的《广西平乐县土壤调查报告》在《广西农事试验场研究专刊》（13 号）刊印发行。

是年春，六个区的各县联合农场均改名为某区农场，经费由省政府拨给。

4 月，广西省立柳州高级农业职业学校在沙塘成立，为中等专业性质，设有农科、林科、畜牧兽医科。学制 3 年。马保之兼任校长，直至 1947 年秋。

5—6 月，国民政府农产促进委员会指派包望敏为首的农业辅导团到广西考察农业，其中，沙塘地区的农业为考察重点。

6 月 30 日至 7 月 1 日，蔡廷锴在友人陪同下参观沙塘农场。

8 月 1 日，国立广西大学校长马君武因病逝世。蒋介石的唁电肯定其为"文化先驱"。周恩来通过八路军驻桂林办事处送来"一代宗师"挽词。

8 月 28 日，行政院会议决定，任命省教育厅长雷沛鸿接任国立广西大学校长。

9 月 17 日，广西省政府建设厅厅长陈雄在广西大学校长雷沛鸿陪同下到柳州沙塘视察广西大学农学院及广西农事试验场。陈雄厅长做题为《中国农业之失败及农业界人士之修养》的演讲，雷沛鸿校长做题为《农业科学与现代中国》的演讲。

9 月，《沙塘农讯》刊载了《试验场玉蜀黍工作近况》一文，报道了广西农事试验场玉蜀黍改良工作的三大项目——自交育种、引种试验、栽培试验所取得的成绩。

10 月 1 日，《沙塘农讯》刊载了《红薯花信》一文，该文报道了广西农事试验场红薯杂交育种所取得的成绩。还刊载了《广西农事试验场育成丰产单杂交玉蜀黍》一文，该文报道了广西农事试验场培育的单杂交玉蜀黍产量显著超过最好之标准品种"柳州白"，预测其复交至少可较"柳州白"多收 30%。

10 月，《广西农事试验场二十七年度工作报告》编印发行。

是年，由广西农事试验场组织，有 116 名农业技术人员参加，历时 3 年的广西各县水稻及种植情况调查结束，为全国农业生产提供了可靠的科学依据。

广西农事试验场孙仲逸从德国留学归来，带回欧美牧草种子 1 000 余份，在试验场试种。

广西农事试验场编印《广西农事试验场概况》，介绍该场沿革、组织、事业进行概况等，并附本场职员一览表、廿八年度试验工作一览表、本场出版刊物一览表。

《广西农业》第 1 卷第 1 期刊发的农业消息中，《高粱糖浆红薯制造汽油》一文介绍了利用红薯等制造汽油情况。

范福仁、顾文斐、徐国栋合著的《丰产单杂交玉蜀黍育成之初报》在《广西农业》第 1 卷第 1 期上刊发。

范福仁、顾文斐、徐国栋合著的《行距、肥料、播种期、品种及每穴株数对于玉蜀黍主要农艺性状之影响》在《广西农业》第1卷第3期上刊发。

马保之、范福仁、顾文斐合著的《广西引种美国杂交玉蜀黍结果简报》在《广西农业》第1卷第4期上刊发。

范福仁摘译的《玉蜀黍：植物营养之遗传变异（Harvey，P. H）》在《广西农业》第1卷第5期上刊发。

范福仁、顾文斐、徐国栋合著的《移植及培土对于玉蜀黍产量与生长之影响》在《广西农业》第1卷第6期上刊发。

1941 年

1月，黄瑞伦、李酉开著的《广西良种糖蔗品质比较及成熟期之测定》在《广西农事试验场研究专刊》（14号）刊印发行。

《沙塘农讯》刊载了《广西农事试验场育成优良测交玉蜀黍》一文，报道了广西农事试验场于1939年夏曾作百余种测交玉蜀黍，1940年在柳州、宜山、桂林三地举行比较试验，产量颇为显著。

2月，广西农事试验场编辑室编的《广西农事试验场概况》在杂刊二号刊印发行。

3月1至16日，湘桂铁路局、广西农事试验场、广西家畜保育所联合举办农产品巡回展览专列，展品2 000余件，在柳州至衡阳铁路各大站展出。

4月，范福仁著的《生物统计与试验设计（二版）》刊印发行。

10月，农林部在桂林成立中央畜牧实验所桂林畜牧试验总场，与广西家畜保育所合署办公，同时开办畜牧兽医用具制造厂。

10月，《广西农事试验场二十八年度工作报告》编印发行。

是年，广西种植由台湾引进的告罗达拉利亚夏季绿肥达1 775亩。

管家骧的《我国马铃薯之改进》在《广西农业》第2卷第4期上

刊发。

广西农事试验场、广西大学农学院、中央农业实验所广西工作站等单位在沙塘举办冬季农民联欢节。内容有展览各项病虫害标本、农产品、农具等，并举行农民运动会、游艺会、家畜评比会。

1942 年

2 月 17 日，民国政府农林部公布《改良作物品种登记规程》。

3 月 1 日，省政府在沙塘设害虫研究所。

6 月，农林部广西省推广繁殖站在沙塘成立，下设 3 个股，与广西农事试验场合署办公，站长为马保之。同时，中央农业实验所广西工作站奉令撤销，所有职员均调推广繁殖站工作，而"中央农业实验所广西各系联合办公室"的名称仍然继续沿用。

8 月 21 日，广西省政府修订通过《广西省区农场组织章程》并公布。

10 月 30 日，广西农事试验场在《沙塘农讯》刊登《征求玉米合作试验机关》广告，寻求玉米试验合作。

10 月，《广西农事试验场二十九年度工作报告》编印发行。

是年，范福仁著的《田间试验之设计与分析》刊印发行。

1943 年

4 月，广西农事试验场编辑室编的《广西农事试验场农林部广西推广繁殖站概况》作为杂刊三号刊印发行。

范福仁、马保之著的《遗传学导论》刊印发行。

《广西农事试验场三十年度工作报告》编印发行。

6 月 16 日，民国政府农林部修正公布《农林部各省推广繁殖站组织通则》。

9 月 18 日，省委会第六六九次会议通过《广西省政府建设厅农业管理处组织规程》。

是年，全省推广轧花机 277 架，打稻机 1 000 架，玉米脱粒机 100 架，榨蔗机 5 架，手摇离心制糖机 27 架，改良犁 10 架，旱田中耕器 5 架，水田中耕器 60 架，切蔓机 100 架。

范福仁、顾文斐、徐国栋合著的《播种期对于玉蜀黍农艺性状及螟害之影响》在《广西农业》第 4 卷第 1 期上刊发。

1944 年

6 月 19 日至 21 日，英国著名学者李约瑟到沙塘详细考察试验研究并讲学。

6 月，印度农业考察团经桂林到柳州，参观考察广西农事试验场。

农学院计划疏散路线为沿黔桂铁路迁往南丹。8 月，衡阳失守，桂柳告急。广西大学决定前往贵州榕江，农学院接到通知后，遂决定亦迁往贵州榕江。

秋，日寇侵桂，广西农事试验场疏散至三江县丹洲。日军逼近，再迁往三江县良口乡，直到抗战胜利后迁回沙塘原址。由于农林部广西省推广繁殖站与广西农事试验场合署办公，因而在疏散时，随广西农事试验场疏散至三江县良口乡。

11 月 8 日，沙塘被日军侵占。

11 月 10 日，桂林沦陷。

11 月 11 日，柳州沦陷。

广西省立柳州高级农业职业学校先疏散到融县达东村，继续上课。至 11 月中，由于融县县城沦陷，学校又被迫搬到融县大苗山区浦令村。11 月 28 日到达贵州榕江。一直到 1945 年夏日本退出广西，广西大学农学院都在贵州榕江办学。

1945 年

3 月 28 日，民国政府农林部发布修订后的《农林部协助各省设置农业推广辅导区办法纲要》。

4 月，由于生活难以维持，广西省立柳州高级农业职业学校再次被迫迁往三江县良口乡。直至同年 8 月日军投降，学校方才从三江县良口乡迁回柳州沙塘原址。

1945 年 6 月 10 日，民国政府行政院公布《县农业推广所组织规程》。

6 月，广西省政府通过《广西省各县农业推广所组织规程》并公布。

7 月，日军撤出沙塘。

7 月 28 日，桂林克复。

8 月 16 日，贵州榕江洪水暴发，全城房屋均被淹没，仅剩城墙露出水面。广西大学农学院的图书、仪器、档案等公物及私人财物，未及搬出，尽淹水中，损失巨大。

9 月，广西大学农学院迁回广西柳州。由于原来沙塘校舍被毁，借用鹧鸪江前第十六集团军妇孺工读学校旧址为临时校舍，后迁往桂林。

11 月 9 日，据重庆《中央日报》报道，入侵广西的日军退却时，沿途所经城市悉被破坏，尤以桂林、柳州两城为甚，桂林房屋被破坏约 99%，柳州房屋被破坏约 98%。99 县市中，遭日军蹂躏的达 72 县市。各县耕牛亦遭屠杀。1945 年春各地大半未能播种，秋收极微，民食颇成问题。全国各省中广西沦陷最后，收复最先，而受害最惨。

1946 年

2 月，广西省政府再次修正了《广西农事试验场章程》。

广西省政府奉行政院指令修正并公布《广西省各县农林场设置办法》。

3 月，设于贵州惠水的农林部西江水土保持实验区移迁柳州沙塘。

是年春，农林部广西省推广繁殖站改名为农林部西南推广繁殖站。

9 月上旬，美国农业部国外农业局远东组主任穆懿尔率领中美农业技术合作考察团桐油组 5 人，到桂林、柳州沙塘广西农事试验场考察，了解广西桐油生产、加工、销售及运输情况。

10 月，国民政府农林部在桂林良丰建牛种改良繁殖场，由广西大学农学院院长孙仲逸兼场长。联合国善后救济总署送给该场 90 头乳黄牛，含荷兰、短角、爱沙、娟珊 4 个品种。

12 月 9 日，农林部与广西救济分署在沙塘合办华南曳引机驾驶人员训练班，聘美国人为训练教授。同年，沙塘成立农垦复耕队，由训练班结业人员组成。

是年，沙塘广西大学农学院柳州牧场用从荷兰引进的黑白公牛与本地母牛配种，育出一代杂种母牛 3 头。这是广西进行黄牛品种改良的首次尝试。

1947 年

1 月 20 日，省政府在柳州创办无优集体农场，有垦民近 500 人，土地1.5 万亩。

1948 年

12 月 15 日，农林部中央农业试验所决定以柳州为甘薯研究中心，派各系技术人员 10 余名到沙塘配合广西农事试验场从事研究、试验。

是年，沙塘广西农事试验场育成的中桂马房籼、早禾 3 号、早禾 4 号，被列为全国优良水稻品种。

是年，范福仁著的《广西玉蜀黍育种工作》在《中华农学会报》第188 期上刊发。

1949 年

11 月 25 日，柳州解放，中国人民解放军接管广西农事试验场。

后　记

　　本课题组关注"战时农都"始于 2007 年。当时，课题组成员在桂中地区开展历史调查，柳州高等师范专科学校的教师带我们到来宾市农业科学研究所档案馆查阅资料，发现了"战时农都"遗存的大量资料，深感这些资料有重要的研究价值，同时，也深感作为历史工作者，有责任向社会展现"战时农都"的风貌。从那时起，我们课题组就积极收集资料，跟踪学术研究动向，学习借鉴相关的科研成果，为研究做准备。2011 年，我们课题组申报的国家社会科学基金项目《"战时农都"在外来旱地农作物本土化进程中的作用》获准立项（批文号：11BZS081）这给我们的研究注入了强大的动力，于是正式开始这一课题的研究。

　　本课题的研究涉及抗战史和中国农业科技发展史等一系列的问题，其中，最引起我们深思的是柳州沙塘为什么会成为中国的"战时农都"这一问题？我们课题组的成员多数长期在广西工作和生活，并且长期从事中国近现代史的教学与研究，对广西历史尤其是近现代史有较深刻的认识。我们知道广西由于地处西南边陲，开发较晚，社会发展水平较低。近代军阀之间的争斗，更是加剧了社会的动荡与民众的贫困化。然而，1937 年卢沟桥事变后，柳州沙塘却迅速成为中国农业科研力量的聚集地，和农业科研成果的培育地与传播源。这种社会的转变，是由中国共产党抗日民族统一战线推动形成的全民抗战局势使然。"农都"需要全社会的支持，没有全民抗战局势的形成，"农都"就不可能存在，科研人员也不可能有所作为。因此，在研究过程中，我们坚持用全民抗战的理念为指导，大力弘扬抗战精神，努力从具体的农业科研工作中揭示"农都"历史功绩的原因所在。我们认为，只有这样，才能使整个研究工作沿着正确的方向推进，取得真正有价值的研究成果。

外来旱地粮食作物引进、改良及传播是一个漫长的过程。全面抗战时期，以"农都"为推动者的引进、改良与传播运动，体现出许多特殊性。我们在研究中既重视引进、改良与传播过程的一般规律的展示，也重视战时条件下特殊方式的呈现，目的是引导人们认识到，高产的旱地粮食作物在促进生产力发展和生产方式变革，繁荣社会经济，增强国家竞争力方面具有重要的作用，进而认识到，历史发展的动力是多元的，高产的外来旱地粮食作物的引进、改良及传播，其实是推动历史进步的动力之一。

全面抗战时期，"农都"之所以在玉米、红薯、马铃薯等旱地粮食作物的引进、改良及传播中发挥出重要的作用，是因为有庞大的社会系统予以支持，包括各级政府组织机构、科研实验场所、各地各级农业示范区、农会、金融机构、学校、农业教育培训机构等。我们在研究中不仅介绍了该系统中各机构组织的作用，还整体阐述了其社会功能。同时，我们还将这一社会系统放在全民抗战的背景下审视，凸显民族意志和抗战精神，避免就事论事——把"农都"的功绩归结于具体的机构、团体和个人，从而忽视了"农都"真正的价值。

农业科技史是历史研究中的薄弱环节，可资借鉴的成果本来就十分有限，加上外来旱地粮食作物的改良与传播技术还涉及对外交往的内容，资料就更是严重缺乏。为克服困难，实现创新目标，我们在研究中始终坚持发掘新的资料，努力将各种科研实验报告及其数据运用于论证过程。我们认为，"战时农都"的历史地位与作用，主要体现在其研究成果方面，而研究成果的评析，必须依靠翔实的科研实验方案及相关数据。历史细节对增强研究的生动性和有效性具有重要意义。我们对"农都"的科研实验数据、生产数据认真进行考证，并将其运用在研究当中，以期抗战科技史研究上有所突破。

全面抗战时期，广西一开始是大后方地区的组成部分，桂南战役和桂柳战役的爆发，使广西两度成为中日争夺的军事要地。这种社会环境的变化不能不对"农都"产生影响。因此，我们将玉米、红薯、马铃薯等旱地粮食作物的引进、改良与传播情况与战局的变化结合起来考察，并对因战局变化而采取的改良与传播措施予以客观分析。我们认为，抗战时期的农业科研活动，战争因素不仅不能忽略，相反，还要特别关注。只有如此，才能得出正确的结论。

我们课题组努力将上述意图贯彻在整个研究工作中，至于是否实现了既定目标，取得较好效果，就只能由社会各界评判了。

本课题从正式开始研究到通过国家社科规划办公室组织的结题评审历时6年。这期间，国家对抗战的内涵重新进行了定义，明确将抗战的时间范围由1931年的"九一八事变"开始，至1945年8月15日日本投降为止。因此，本课题对书稿中与此相关的术语进行了相应的更改，如将"抗战期间"改为"全面抗战期间"等。本课题将最终成果定名为《战时农都：外来旱地粮食作物的引进、改良与传播》。

课题组分工如下：

研究缘起：李晓幸、唐凌

第一章、第十章以及附录"大事记"：潘济华

第二至第七章以及第十一章：唐凌

第八、九章：唐咸明

最后由唐凌通改定稿。

本课题负责人唐凌教授2008—2012年由广西师范大学选派到漓江学院担任党委书记兼常务副院长。由他牵头申报的《战时"农都"在外来旱地农作物本土化进程中的作用》，是漓江学院创办以来所获得的第一个国家社会科学基金项目。广西师范大学为支持漓江学院的发展，积极支持本课题的申报。漓江学院为课题组提供配套的科研经费。课题结题时，评审专家

提出了不少建设性的修改意见，帮助课题组开阔视野，提高理论认识。来宾市档案馆、来宾市农业科学研究所档案馆、柳州市档案馆、柳州市图书馆、中国战时农都博物馆、广西壮族自治区图书馆、桂林图书馆、广西师范大学图书馆、柳州高等师范专科学校图书馆等，为本课题组提供了许多重要的资料。广西师范大学学术委员会、广西人文社会科学发展研究中心、广西师范大学社会科学研究处、广西师范大学历史文化与旅游学院为本书的出版创造了各种条件。广西师范大学出版社深圳分社的李佳楠编辑为本书付出了大量的心血。在此一并致谢！还需要说明的是，广西师范大学中国近现代史 2011 级硕士研究生杨光芬、李辉也参加了本课题的部分调查研究工作，贡献了一定的智慧和力量，在此也向他们表示衷心的感谢！